現代日本の農政改革

生源寺眞一

東京大学出版会

Policy Reform in Japanese Agro-Food Sectors
Shinichi SHOGENJI

University of Tokyo Press, 2006
ISBN 978-4-13-071105-0

はしがき

　農産物の市場に対する政府の過剰な介入に別れを告げること，これが目下の農政改革をリードする基本指針である．日本だけではない．市場のシグナルの伝達を妨げる制度・政策上の障害を除去することは，多くの先進国に共通する改革の流れである．むしろ，この面で日本の農政は出遅れた．今日ようやく改革の本番を迎えている．

　もっとも，先進国の農政改革は単純なレッセフェールを志向しているわけではない．農業・農村の果たしている社会的な役割を再評価すること，ここに農政改革の根底を流れるもうひとつのライトモチーフがある．農業の有する多面的な機能を保全し，農村の地域経済の活性化をはかることは，1998年に採択されたOECD（経済協力開発機構）の農政原則の柱でもある．世に言う市場原理主義は，現代の農政改革の理念と重なり合うわけではない．市場原理主義ならぬ市場活用主義，これが農政改革の基本理念だと言ってよい．

　先進国の農政改革のもうひとつの共通項は，農業と食品産業のリンケージを強く意識している点にある．いま引いたOECDの農政原則では農業と食品産業を一連のシステムとして把握する観点から，agro-food sectors や agro-food systems といった表現が使われている．農業と食品産業はよく走る車の両輪のように調和していなければならないというわけである．このことは，食の安全の確保や農村の持続的な雇用創出にとっても決定的に重要である．両輪のハーモニーを妨げる障害物があるとすれば，これを取り除くことも農政改革の大切な任務となる．

　本書が目指すのは農政改革の解剖学である．対象は日本の農政改革であり，主要な分析ツールはミクロの経済学である．解剖学とはいうものの，神経系統の顕微鏡的な世界に分け入ろうというわけではない．むしろ，骨格の解剖学に

徹することにしたい．それでもメス一刀で間に合う単純な仕事というわけにはいかない．なによりも農政の改革は現在進行形の現象である．かつまた，先進国に共通する歴史的な政策転換の流れを背景に持つグローバルな現象でもある．同時に反面，日本の農業はモンスーンアジアの風土に根ざしたローカルな存在である．一筋縄ではいかないのである．果たして農政改革の本質を的確に掌握し，構造化する営みに貢献しえたか否か．自問してイエスと胸を張るだけの自信はない．ここは読者諸賢の忌憚のないご批判を仰ぎたい．

序章では現代日本の農業・農村問題を素描した．続く第Ⅰ部「変わる農政：到達点と明日への課題」は，2005年3月に閣議決定された食料・農業・農村基本計画を中心に，農政改革の到達点を確認するためのパートである．第1章で改革の全体像を把握したのち，価格政策からの脱却や減反政策の転換といったテーマを取り上げて，農政改革の具体的な意味合いを明らかにする（第2章・第3章）．また，条件不利地域政策と土地改良制度の課題を取り上げた第4章と第5章では，水田をベースに営まれる日本農業の特質に光を当てている．

第Ⅱ部「新たな農政と経済理論」は，改革の背景にある農業・農村の構造や新しい農政の手法について，ミクロ経済学の観点から厳密な検討を加えたパートである．第6章では古くて新しいテーマである農業の構造問題をめぐる研究動向を整理し，第7章では農業生産の基盤をなす農業用水などの地域共有資本をめぐる経済理論を提示する．地域の共有資本の存在も，先進国では特異なポジションにある日本の農業を理解するうえで，したがって日本の農政改革を構想するさいにも避けて通ることができない．さらに第8章と第9章では，近年一段と重要性の増した農業の環境負荷や多面的機能をめぐる経済理論を論じている．このふたつの章では，海外における政策の展開や農政をめぐる国際規律の動向を充分踏まえるように心がけた．

第Ⅲ部「農政を超えて：フードシステムの政策理論」はフードシステムの政策理論に挑戦している．ほとんど未開拓の領域であり，政策のジャンル区分の確立といった基礎的な作業にかなりのエネルギーを投入した（第10章）．先ほども述べたとおり，農業と食品産業は車の両輪の関係になければならない．しかしながら，現実の政策はふたつの産業の共助共存関係の醸成に充分な注意

を払ってきたとは言いがたい．こうした点を批判的に吟味したのが第 11 章である．「農政を超えて」という第 III 部のタイトルには，従来型の農政の発想だけではおのずから限界があるとの思いを込めている．

　日本の農政改革も，先進国の農政改革の流れと軌を一にする面が多い．したがって他の先進国の改革のトライアルに学ぶべき点も少なくない．このことを充分に認めたうえで，しかし，水田アジアの歴史のなかで形成された日本の農業・農村の特質を踏まえることの大切さをあらためて強調しておきたい．農業と農政の問題は，世界共通の原理論のみでもって処方箋を書くことができるほど単純ではない．けれども，だからと言って，没論理的な情動や政治的な力学に振り回されるようでも困る．いま心がけなければならないのは，日本の農業や農村に固有の要素を世界に通用する言語でもって把握し，伝達することであろう．

　農業と農村の問題をはじめとして，転機に立つ私たちがいま取り組むべき仕事は足元の日本社会の特質を見つめ直すことである．そして，そこにある優れた要素を次代に引き継ぐことである．経済成長の速度と到達水準によってではなく，日本が日本らしくあることによって尊敬の念をもって遇される，そんな国の姿を構想する必要がある．とくにアジアの国々の成長が順調に進むとすれば，所得水準で測られた日本との距離はさらに短縮される．それでもなお国際的に評価される日本社会のあり方が問われている．この文脈において近未来の農業と農村は，依然として日本の社会の重要な要素であり続けるに違いない．農政改革の視野はこの国のこころとかたちのありように及ぶものでなければならない．

　本書のもとになった論考は，もともと性格の異なる媒体に発表された．純粋に学術的な刊行物に登載されたものもあれば，主として外国の専門家を念頭においたものもある．経済学の知識を充分に持ち合わせていない読者を想定した寄稿もある．本書への収録にさいしてかなり調整を加えたものの，章によってトーンの違いが多少残っている．この点，読者の皆さんの寛容を乞うものである．

第 6 章は中嶋康博氏との共著論文である．本書への収録を快く認めていただいた同氏に謝意を表したい．同様に収録を快諾していただいた初出時の媒体各誌にもお礼を申し上げる．なお，第 7 章の直接の発表媒体は農政調査委員会の報告書であるが，この章の基礎となった調査研究については農協共済総合研究所による研究助成に多くを依存している．ここに記して謝意を表する次第である．また，原稿の整理は食料資源経済学研究室の藤村育代さんにお願いした．いつも変らぬ正確で迅速なアシストにあらためて感謝申し上げる．

　東京大学出版会の黒田拓也さんには本書の企画段階から製作のプロセスに至るまで，全面的にお世話になった．ベテランの黒田さんのリードのもとで，今回も充実した仕事を進めることができた．新人らしからぬ新人，佐藤一絵さんには細かな内容にも目を配っていただいた．おかげで本書はずいぶん改善された．おふたりに心からお礼を申し上げる次第である．

2006 年 1 月

生源寺眞一

目　次

はしがき

序　章　新時代の農政を求めて……………………………………… 1
　1. はじめに ……………………………………………………… 1
　2. 食料自給率と農業生産 ……………………………………… 3
　3. 人材の確保 …………………………………………………… 7
　4. 農地の有効利用 ……………………………………………… 10
　5. 持続可能な地域社会 ………………………………………… 13
　6. 環境保全型農業 ……………………………………………… 17
　7. 国際社会を生きる …………………………………………… 19

第Ⅰ部　変わる農政：到達点と明日への課題

第1章　農政の改革と新たな基本計画……………………………… 25
　1. 食料・農業・農村基本計画 ………………………………… 25
　2. 大臣談話と農政改革の課題 ………………………………… 26
　3. 検討の経緯と「中間論点整理」 …………………………… 28
　　　3.1　検討の経緯　28／　3.2　「中間論点整理」　30／
　4. 「中間論点整理」のポイント ……………………………… 32
　　　4.1　担い手政策のあり方　32／　4.2　経営安定対策（品目横断的政策等）の確立　36／　4.3　農地制度のあり方　40／　4.4　資源保全政策のあり方　41／　4.5　農業生産環境政策のあり方　43／

  5. 改革の具体化に向けて：農地制度と品目横断的政策……………… 45
    5.1 農地制度改革の具体像 45/ 　5.2 品目横断的政策の対象 51/
  補論．実施段階に移行する農政改革……………………………………… 54

第2章　価格政策依存型農政からの脱却……………………………… 59

  1. 市場の機能と政府の役割……………………………………………… 59
  2. 農産物の価格形成と品目別助成……………………………………… 60
  3. 価格政策の改革とセーフティネット………………………………… 65
  4. 直接支払型政策の模索………………………………………………… 74
  5. 市場の失敗・政府の失敗……………………………………………… 78
  補論．品目別施策と経営所得安定対策………………………………… 80

第3章　変わる水田農業政策…………………………………………… 83

  1. 米消費の変貌…………………………………………………………… 83
  2. 米生産をめぐる新たな動き…………………………………………… 86
  3. 生産調整研究会………………………………………………………… 88
  4. 2段階の改革プログラム……………………………………………… 90
  5. 自己決定的な生産調整………………………………………………… 91
  6. 経営判断を重視する生産調整………………………………………… 94
  7. 地域水田農業ビジョン………………………………………………… 95
  8. 改革のインパクト……………………………………………………… 96
  9. むすび：食料の二面性と制度改革…………………………………… 98

第4章　条件不利地域政策の日本的特質……………………………… 101

  1. はじめに………………………………………………………………… 101
  2. 直接支払いの根拠と単価……………………………………………… 102
  3. 工学的な条件不利……………………………………………………… 106
  4. 水田農業の特性………………………………………………………… 108
  5. 集落協定と個別協定…………………………………………………… 110

6. 政策間の調整………………………………………………………… 112
    6.1 水田農業政策 112/ 6.2 農業環境政策 113/ 6.3 その他の政策 114/
  補論. 農産物市場と直接支払い………………………………………… 115

第5章 土地改良制度の特質と今日的課題……………………………… 119
  1. 土地改良区とその前史………………………………………………… 119
  2. 土地改良区の構成と機能……………………………………………… 122
    2.1 土地改良区の構成 122/ 2.2 土地改良区の機能 124/ 2.3 土地改良区と費用負担 125/
  3. 土地改良制度の新たな課題…………………………………………… 127
    3.1 水利施設の維持管理負担 127/ 3.2 借地農業と水利施設の維持管理 129/ 3.3 土地改良の費用負担をめぐって 130/

第Ⅱ部 新たな農政と経済理論

第6章 農業の構造問題と要素市場………………………………………… 135
  1. はじめに………………………………………………………………… 135
  2. 農地・農業労働力の動向把握と将来予測…………………………… 136
  3. 生産性と費用の規模間格差…………………………………………… 137
  4. 土地の市場と地代・地価……………………………………………… 139
  5. 農家の就業構造と労働力移動………………………………………… 142
  6. 農業の構造問題と政策評価…………………………………………… 144
  7. むすび…………………………………………………………………… 145

第7章 資源保全政策の基礎理論…………………………………………… 147
  1. はじめに………………………………………………………………… 147
  2. 現代農業と地域資源…………………………………………………… 148
  3. 地域農業資源の特質…………………………………………………… 151
  4. コモンズとしての地域資源…………………………………………… 155
  5. 開かれたコモンズ……………………………………………………… 159

第8章　農業環境政策の理論フレーム……163

1. はじめに……163
2. 環境問題をめぐる経済学の概念……163
   2.1 外部不経済としての環境問題　163／　2.2 生産関数とインプットの投入量　168／　2.3 経済的な手段による環境負荷の抑制　171／
3. 欧米における農業環境政策の展開……172
   3.1 農業環境政策の本格化　172／　3.2 農政改革とデカップリング　173／　3.3 汚染者負担原則の段階的導入　174／
4. 農業環境政策と汚染者負担原則……177
   4.1 農業の特質と汚染者負担原則　177／　4.2 農政の転換と汚染者負担原則　180／
5. 農業環境政策の課題……182
   5.1 環境問題の評価視点　182／　5.2 食料生産と環境保全　184／　5.3 農業環境政策と構造政策　186／　5.4 農業環境政策と情報　187／　5.5 農業環境政策の評価　189／

第9章　現代農業の非市場的要素：食料安保と多面的機能……191

1. WTO農業交渉……191
2. 農業交渉の背景……192
3. 農業合意と「緑の政策」……197
4. 食料安全保障……201
5. 農業の多面的機能……204
   補論．政府の関与をめぐる多面的機能の識別条件……210

第Ⅲ部　農政を超えて：フードシステムの政策理論

第10章　フードシステムの政策体系……217

1. はじめに……217
2. 産業政策の概念と範囲……219
   2.1 産業政策の定義と分類　219／　2.2 産業組織政策と競争政策　222／

3. フードシステムと産業政策 ··· 223
　　3.1 産業基盤政策 223/　3.2 産業構造政策と産業組織政策 225/
　　3.3 農業政策とフードシステム 229/
4. 競争政策とフードシステム ··· 231
　　4.1 水平面の競争政策とフードシステム 231/　4.2 垂直面の競争政策とフードシステム 233/　4.3 垂直面の競争政策と消費者保護 235/
5. フードシステムをめぐる社会的規制 ······································ 237
　　5.1 社会的規制の概念 237/　5.2 食品安全政策 240/　5.3 栄養政策 242/
6. むすび ·· 244

第 11 章　食品産業政策と農業政策：共助・共存の可能性 ············ 247

1. はじめに ·· 247
2. 食品産業政策のカテゴリー ·· 248
3. 食品産業政策の展開 ··· 250
　　3.1 資料 250/　3.2 政策の展開 251/
4. 政策の交差効果 ·· 259
　　4.1 農業政策と食品産業 259/　4.2 食品産業政策と農業 262/
　　4.3 第三の政策と食品産業・農業 263/
5. むすび ·· 264
補論．農業政策のジャンル ··· 265

初出一覧 ·· 269
引用文献 ·· 271
索引 ·· 281

序 章　新時代の農政を求めて

1. はじめに

　現代日本の農業政策は国民的な選択の問題である．この国土にはどのようなタイプの農業がどれほど存在することが望ましいのか．さまざまな見解がありうる．市場経済のもとで，そもそも農業のあり方を政策のビジョンとして提示すること自体を疑問視する向きもあるに違いない．これとは対照的に農業・農村に含まれている非市場的な要素の重要性を強調し，これをベースに農業保護の必要性を説く論者もある．農業・農村のあり方，したがって農政のあり方は，こうした意見の広い分布を前提に，政府，国民各層，食品産業をはじめとする関連産業，そしてなによりも農業者が相互に対話を重ねながら賢明な判断を模索すべきテーマである．

　もっとも，農政をめぐる意見の相違の少なからぬ部分は，農業と農村の事実に対する誤解や思い込みに発している．賢明な選択が民主的に行われるためには，農業と農村の実態に関する的確な情報が必要である．例えば国内の農業資源の賦存状態を知ることは，また，その長期趨勢的な動向を把握することは，日本農業になにが可能で，なにが不可能かを判断するために不可欠な作業である．ポイントは農地と人的資源と利用可能な技術の水準に関する情報である．すぐのちに触れるとおり，日本農業の人的資源は危機的な状況を呈している．農地の潜在的な食料供給力にも注意信号が点滅している．

　農業政策のあり方を考えるためには，農政の現状をよく知っておかなければならない．農政のコストの実態も，国民的な議論の場に欠くことのできない情報である．大切なのは，農業政策のコストの負担と効果の帰着の関係をはっき

りした見取り図として描き出すことである．例えば生産効率が高く，消費者のニーズにあった品質の農産物を安定供給できる農業中心の担い手を支える政策は，一定の財政負担つまりは納税者負担を伴う場合であっても，政策の効果が行きわたるにつれて，食料の価格の低下や品質の向上といった便益を国民の側にもたらすことになる．政策の立案にさいしては，このような負担と効果のよい循環の創出をつねに意識するとともに，この循環の構図をわかりやすく提示することが大切である．

　農政の国際規律の動向を踏まえておくことも決定的に重要である．ウルグアイラウンド農業合意以降の各国の農政は，WTO（世界貿易機関）の規律によって強い制約を受けているからである．国際規律の形成に向けてできるだけ影響力を行使することは，各国の農政当局の重要な戦略目標にもなっている．農業政策をめぐる国際社会の議論の進展にも注目しておく必要がある．そこに将来の国際規律の方向に関する示唆が含まれていることも多いからである．同時に，国際的な議論には，共通する悩みに立ち向かうプロセスで育まれた知恵も多く含まれている．例えば，1998年の大臣会合で合意されたOECD（経済協力開発機構）の政策実施の基準（農政原則）には，透明なかたちで目的・費用・便益・受益者が特定された政策であること，しかも，できる限りデカップルされていて，特定のアウトカムにターゲットが絞られた政策であるべきことが強調されている[1]．

　このような基準は，目下の日本の農政改革の理念とも重なり合うところが大きい．さまざまなパーツからなる農業政策は，それぞれのパーツごとに明瞭な目標を有し，その目的に合致した対象と手法によって遂行されるべきだとの観点は，日本の農政の基準としても次第に浸透しつつある．もちろん，先進国であれば直面している農政問題のすべてが同質であるというわけではない．とくに水田アジアの国々の農業・農村には，特別な考慮を必要とする問題が存在する[2]．

　例えば，日本の農村コミュニティの機能は水田アジア特有の色彩を帯びてい

---

1) OECD 大臣会合コミュニケ（1998年）．OECD（2004）を参照されたい．
2) OECD 現加盟国のなかでアジアのメンバーは日本と韓国のみである（それぞれ1964年，1996年に加盟）．

る．地域の共有資源である農業水利施設の維持管理作業は，いまなお農村集落の共同活動に負う面が大きい．あるいは，地域社会に引き継がれてきた農業用水の配分ルールは，しばしば農業生産プロセスのありように決定的な影響を与えている．農業用水だけではない．農道やさまざまな共有施設の管理にも共同の力が発揮されている．農政のあり方を考えるうえでも，これらの要素は重要な考慮事項であると言わなければならない．しかしながら，多岐にわたる農村コミュニティの活動の実態は，国内においても案外知られていないのではなかろうか．本書がふたつの章を農村資源の保全メカニズムの検討にあてたのは，このような問題認識による（第5章と第7章）．

2. 食料自給率と農業生産

極端に低下した日本の食料自給率も，水田アジアの先進国に特有の現象と考えることができるかもしれない．稲作をベースに形成された人口稠密な社会のもとで，戦後の経済成長に伴う食生活の劇的な変化によって，食料自給率の低下がもたらされたからである[3]．しかも過去の日本の経験は，経済成長の軌道を走り続ける東アジア諸国の将来の食料・農業問題とオーバーラップしている．

図序-1には3つの自給率の推移が示されている．このうち供給熱量ベースの総合食料自給率と生産額ベースの総合食料自給率は，食料全体を集計した総合自給率である（以下，熱量自給率，生産額自給率と略記）．いずれの自給率も長期傾向的に低下していることが分かる．とくに日本国内でよく用いられている熱量自給率は，1960年の79%から2000年の40%へとほぼ半分の水準に低下した．

---

3) 水田アジアの特徴は，限られた農耕適地や可住地のうえに人口稠密な社会が形成された点にある．稲作を中心とする日本の食料生産力のもとで，江戸時代の享保期（18世紀初頭）にはすでに3千万人の人口に達していたとの推計がある（速水融 2001）．稲作の人口扶養力は他の穀物の4倍を超えるとする推計もある．すなわち，面積当たり収量で米は麦の1.4倍であり，子実のほぼ全量が可食部分であること，さらに主要な穀物のなかで唯一二期作が可能であることなどによって，面積当たり人口扶養力は他の穀物の4倍以上になるとの計算である（真勢 2003）．今日では，とくに先進国において麦の生産性が向上したことから，4倍という数字は過大であると考えられる．けれども，歴史的に社会の基本構造が形成された時代の食料生産力の格差構造としてはリアリティーのある指摘であろう．

図序-1 食料自給率の推移

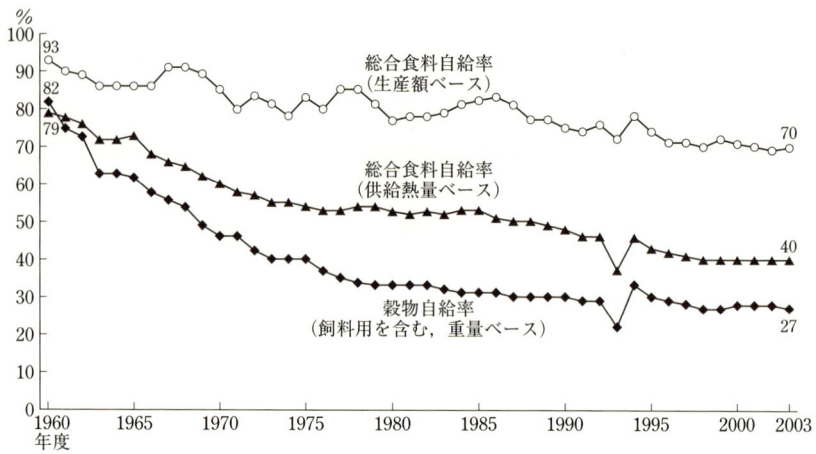

資料：農林水産省「食料需給表」．

　3つの自給率のうちで，国際的にもっともポピュラーな自給率は穀物自給率である．穀物に着目するのは，穀物が人間の基礎的な食料であり，家畜の飼料としても欠かせないからである．重量で集計することから，面倒な計算は必要ない．これに対して，熱量自給率は個々の品目ごとに熱量原単位を用いて集計計算を行うため，そう簡単に算出できるわけではない．国際社会で一般的に使用されている指標でもない．実は日本で熱量自給率が公表されたのも，それほど古いことではないのである．農林水産省が「食料需給表」のなかで最初に熱量自給率を掲載したのは，1987年のことであった（その後1960年まで遡及計算）．

　計算方法はずいぶん違うものの，穀物自給率と熱量自給率には共通する意味合いがある．それは，いずれも人間にとって絶対的な必需品としての食料の特質を重視した自給率だという点である．基礎的な食品としての穀物や，基礎的な栄養素としてのカロリーに着目する自給率は，食料安全保障の観点に立った自給率であると言ってもよい．もっとも，不測の事態のもとにおけるミニマムの食料確保が問題であるとすれば，重要なのは，分母の食料消費の大きさにも依存する自給率のレベルではなく，絶対的な意味での自給力の水準であると考えなければならない．さらに言うならば，現に生産されている穀物の量や熱量

に問題の焦点があるわけではなく，いざというときに供給可能な潜在的な自給力こそが決定的に重要である．

　日本の農業資源にどれほどのカロリー供給力が備わっているか．ここが問われるのである．この点にかかわる興味深い推定作業が，農林水産省によって過去に何度か試みられている．例えば1998年に公表された推計では，熱量の大きい作物を作付けることで，1人1日1,760キロカロリーの供給が可能であるとした（食料・農業・農村基本問題調査会食料部会，第9回資料）．これは現在の供給熱量2,599キロカロリーを大きく下回っている[4]．農地面積の減少が続いているから，1998年以降のカロリー供給力の推移も気になるところである．推定時に前提とされた農地面積は495万ヘクタールであったが，現在は470万ヘクタールを切っている．このように，いまの日本に必要なことは自給率ならぬ自給力の診断である．どれほどの生産力の農地がどれほど確保されているか．農業用水の利用可能性についての診断も重要である．もちろん，知識と経験を備えた農業者を欠くならば，農地も農業用水もその潜在力を発揮することはできない．

　ところで，農家は自給率を引き上げるために農業経営を営んでいるわけではない．農業の担い手の多くは，生産物の収益性を考慮して経営のプランを練っている．農業生産のタイプとその大きさを決めるのは，生産者自身の経営上の理由なのである．消費者の側にも似たようなことが言える．食料自給率の向上が望ましいからと言って，国産農産物の消費を強制できるわけではない．選択権はあくまでも消費者の側にある．しかしながら，生産者が消費者の声に応える努力を重ねたうえで，また，消費者が農業の実態をもっとよく知ったうえで，それぞれに選択を行うことは可能であるし，望ましいことでもある．充分に情報を得たうえでの選択こそが，真に自由な選択であると言うべきであろう．

　図序-1には，熱量自給率や穀物自給率と並んで生産額自給率が示されている．生産額自給率も長期的には低下しているが，他のふたつの自給率ほどではない．その結果，生産額自給率と熱量自給率の乖離が拡大している．生産額自給率は経済的な価値を尺度とする総合自給率である．したがって，いま述べた

---

[4] 農林水産省「食料需給表」による2002年度のデータ．なお，厚生労働省「国民栄養調査」による同年の摂取熱量は1,930キロカロリーであった．

表序-1 農業生産指数の推移

年	総合	米	麦類	豆類	いも類	野菜	果実	畜産物
1960-64	100	100	100	100	100	100	100	100
1965-69	117	107	78	73	82	123	142	151
1970-74	120	94	27	64	60	135	184	205
1975-79	129	99	25	49	59	141	206	241
1980-84	129	84	44	49	63	145	199	280
1985-89	134	87	55	57	70	147	194	307
1990-94	128	81	38	40	63	137	172	313
1995-99	122	79	28	38	58	129	161	297

資料：農林水産省「農林水産業生産指数」による．
注：各期間における指数の平均値．

乖離は，ひとつには野菜に代表されるように，カロリー当たり経済価値の高い品目の自給率が比較的高水準にあることから生じている[5]．また，同じ品目であっても国産品と輸入品の品質評価に違いが存在する場合，この違いも生産額自給率を引き上げる方向に作用する．その典型が国産牛（とくに肉専用種）と輸入牛で価格差の大きい牛肉である．さらに第3の要因として，畜産物の飼料の扱いが異なっている点がある[6]．

興味深いのは，ふたつの自給率が乖離していくその現象のなかに，日本農業の長期的な適応行動の一端を読み取ることができる点である．それは熱量に比べて経済価値の大きい品目へのシフトであり，消費者から高く評価される付加価値型の品目へのシフトである．こういった動きを代表するのが，野菜を生産する施設園芸の成長であり，高い品質で勝負する差別化畜産の成長である．

表序-1は，1960年代以降について部門別に農業生産指数の推移を示したものである[7]．全体として，カロリー含有度の高い穀物や豆類・いも類の生産の減少と，野菜・果実・畜産物の伸びというコントラストが明瞭である．需要の所得弾力性の高い農産物の拡大を目指した旧農業基本法（1961年）のスローガン，「畜産3倍，果樹2倍」がほぼ実現していたことも確認できる．また，

---

5) 野菜の自給率（重量ベース）は2003年度で82％である．
6) 熱量自給率の場合には，国産の畜産物であっても，飼料の自給率によって国産と輸入への配賦計算が行われる．生産額自給率の場合，国内の畜産で生み出された付加価値は自給部分としてカウントされる．輸入飼料の金額は畜産物の国内生産額から控除されるが，畜産物の価額に占める輸入飼料の割合は飼料の輸入依存率を大きく下回っている．
7) 農業生産指数は価格をウェイトとするラスパイレス数量指数である．

1980年代の半ばまでは全農産物をカバーする総合指数が上昇している．つまり，経済価値で測った産業のボリュームとしてみると，この時期までの日本農業は野菜・果実・畜産物の健闘によって成長を続けていたのである．ただしカロリー型の作物については，その大宗を占める米を中心に長期傾向的に生産の縮小が続いた．これも一面では変化する食料需要と結びついた現象であった．このような意味において，ふたつの自給率の乖離は経済成長に対する日本農業の適応の姿を反映しているのである．

　野菜と畜産物は，今日の日本農業でもっとも活気のある分野である．規模拡大の実績にも目を見張るものがある．若い担い手も少なくない．けれども表序-1にも現れているように，近年これらの作目についても生産の減少傾向が認められるようになった．さらに部門を細分したうえで注意深い分析を行うことが大切であり，そのうえで必要に応じて的確な政策をタイムリーに講じることも重要である[8]．

3．人材の確保

　日本農業の担い手不足は深刻の度を深めている．表序-2は2000年を起点として，2020年までの基幹的農業従事者の推移を予測した結果である．20年間で54％に減少し，しかも65歳以上の比率が66％に達するとされている．また，基幹的農業従事者の減少は2005年から2010年の期間に一段と加速する．層の厚い昭和一ケタ世代のリタイアが大きく影響している．加えて，この予測は日本農業全体についてのものである．したがって，比較的担い手の層の厚い畜産部門や園芸部門の基幹的農業従事者の動向もここには含まれている．言い換えれば，土地利用型農業とりわけ水田農業の担い手不足の問題は，この表の数値が示す以上に深刻であると考えなければならない．

　担い手の問題に対処する正攻法は，なによりも日本の農業を職業として選択される魅力ある産業として再生することである．魅力の要素には所得のレベルも含まれる．当然である．このことを踏まえたうえで，ここではさらに生命産

---

[8] 野菜のなかで近年の減少幅の大きいのは根菜類であり（1995年から2000年にかけて7ポイント低下），畜産物では肉用牛の生産減が目立つ（同じく8ポイント低下）．

表序-2　基幹的農業従事者の将来推計　　単位：千人, %

		2000年	2005	2010	2015	2020
実　数	男女計	2,400	2,143	1,847	1,556	1,290
	男	1,260	1,090	918	766	638
	女	1,140	1,053	929	790	652
2000年 ＝100	男女計	100.0	89.3	77.0	64.8	53.8
	男	100.0	86.6	72.9	60.8	50.7
	女	100.0	92.4	81.5	69.3	57.2
減少率	男女計	−6.3	−10.7	−13.8	−15.7	−17.1
	男	−8.2	−13.4	−15.8	−16.5	−16.7
	女	−4.1	−7.6	−11.8	−15.0	−17.5
65歳以上 人口比率	男女計	51.2	58.0	59.8	61.9	65.9
	男	55.5	59.7	58.7	60.1	64.1
	女	46.4	56.2	60.9	63.8	67.6

資料：松久（2002）による．
注1：　基幹的農業従事者とは，農業に主として従事した世帯員（農業就業人口）のうち，ふだんの主な状態が「主に仕事（農業）」である者を言う．
注2：　2000年の列に記載された減少率は1995年から2000年にかけての減少率である．

業としての農業に対する認識を深めることの重要性と，逆に産業分類としての農業から自由な発想に立つことの大切さを強調しておきたい．

　生命産業としての農業の原点は，自ら育ちゆく生命体をうまく育て上げる営みという点にある．英語であれば，自動詞であり他動詞でもあるグロウという動詞で表現されるのが農業である．これに対して製造業を表すのには，通常は他動詞として使用されるメイクという言葉が適切であろう[9]．対象へのワンウェイの働きかけだからである．そして，ワンウェイの働きかけではない点に農業のおもしろさがあり，むずかしさがある．思いのままにならない相手だからこそ，発見があり，挫折もある．こういった農業の特質は，次代を担う若者や子供たちに具体的なかたちで伝えられる必要がある．生命産業としての農業への認識を深めることは，食農教育のポイントのひとつでもある．そこに農業の担い手を生み出す土壌も形成される．時間はかかる．そもそも担い手の確保に即効性の治療法はないのである．かつての若者の就農をめぐる意思決定の数十年後の帰結が，今日の農業従事者の極端な高齢化であることを，あらためて噛

---

[9]　メイク＝工業とグロウ＝農業の対比は林（2000）による．ただし，自動詞と他動詞という切り口は筆者が加えた．

みしめてみる必要がある.

　他方で，産業分類としての農業の概念からは自由でありたい．農業経営であるからと言って，その活動の領域を狭義の農業に限定する必要はない．今日の農業は，食品産業（加工・流通・外食）との多様な結びつきのなかで，あるいは観光や教育・交流のビジネスとの関係を深めるなかで，自らの活路を見出すタイプの産業となっている．農産物を原材料として用いる食品産業や，農場の動植物が重要な演出の素材となる観光・交流産業と，現代日本の農業生産とのあいだに垣根があってはならない．そもそも産業分類に拘束されたビジネスは，はじめから発展の可能性を封じられた存在である.

　農業の問題を分析するにさいしても，農業と食品産業をフードチェーンのなかで有機的に結びついた産業活動として捉える視点が重要である．同じような視点は政策論にも必要である．農業政策と食品産業政策を別個のものとして把握するのではなく，農業政策の食品産業への影響や，逆に食品産業政策の農業に対するインパクトにもっと注意が払われるべきである．ところが現実には，こうしたいわば交差効果の観点から政策を把握する試みはほとんどなされていない．そもそも食品産業政策に関しては，これまでのところ体系的な分析は皆無と言ってよい状態にある．本書のひとつのねらいは，この空隙をいくらかでも埋めることにある（第10章と第11章）.

　農業へのこだわりと農業からの自由．これは近未来の農村の産業活動をリードする理念でもある．ひるがえって高度経済成長とともに進んだ農村兼業化のプロセスは，総じて地域の資源との結びつきの希薄な農外就業機会の拡大であった．外からの兼業化と言ってもよい．これに対して，農産物の販売や加工に始まって外食・交流産業にも及んでいる今日の農業の多角化は，農村資源に立脚した地域内発的な兼業化である．農地や水はもちろんのこと，農耕景観や農業の教育力に至るまで，農村資源の幅は広く，奥行きも深い．これを意識的に所得稼得機会に結びつける営為が新しいタイプの兼業化にほかならない[10]．そ

---

10) いまや1万2,000カ所を数えるまでに成長した農産物直売所の3割は生産者自身によって運営されており，女性や高齢者の社会参加という面からも高い評価が寄せられている．『平成15年度食料・農業・農村の動向に関する年次報告（食料・農業・農村白書）』，2004年による.

の担い手は個々の農家だけに限定されるわけではない．農業生産法人や農外からの参入法人によるビジネスの多くも，農村地域資源の利用に立脚した農的産業活動の姿をとることであろう．

4. 農地の有効利用

　農地制度は農政改革の大きな焦点のひとつである．制度のパーツの組み替えも着々と進んでいる．そのうえでいま求められているのは，制度全体の体系的な整備にも配慮したさらなる改革である．部分的な手直しは制度の一層の複雑化という弊害を伴うことにもなる．ここでは，農地の有効利用を確保するという観点から，農地制度改革の3つのポイントを提示しておく．

　第1のポイントは，自作農主義に完全に別れを告げ，利用本位の農地制度に転換することである．現在の農地制度のベースには1952年に公布された農地法がある．この農地法の第1条には，いまなお農地は耕作する者が自ら所有することが望ましいとうたわれている[11]．これは，戦前の地主小作制を解体した農地改革の理念を受け継いだ農地法として，当時としてはごく自然な条文であった．けれども，その後の日本農業の生産構造は，戦前とはまったく異なる方向に展開した．すなわち，多数の小規模土地所有者から農地を借りながら規模拡大をはかる大きな借地農の出現である．こうした現実の動きを受けて，1970年には借地農業を容認する農地法改正が行われた．さらに1975年には利用権の集積を促進するための制度（農用地利用増進事業）が導入され，現在の農業経営基盤強化促進法（1980年の農用地利用増進法を1993年に改正・改称）に引き継がれている．しかも今日では，こちらの制度が農地の権利移動の大半をカバーするに至っている．

　農地法第1条の自作農主義は，半世紀前に設計された制度と現代の農業のギャップを象徴している．けれども，筆者が自作農主義に別れを告げるべきだと

---

11)「この法律は，農地はその耕作者みずからが所有することを最も適当であると認めて，耕作者の農地の取得を促進し，及びその権利を保護し，並びに土地の農業上の効率的な利用を図るためその利用関係を調整し，もつて耕作者の地位の安定と農業生産力の増進とを図ることを目的とする」（農地法第1条）．このうち「土地の農業上の効率的な利用を図るため」という部分は，1970年の改正で加わった．

主張するのは，この点だけからではない．徹底した利用優位の農地制度への転換は，値上り待ちの資産としての農地保有や投機目的による農地取得を許さない制度への転換でもある．従来の農地制度のもとでは，所有権の優位は否定できない．所有している者が勝ちという状況のなかで，各地で無秩序な農地転用が進んだ．あるいは自作地を荒らしたままに放置していても，これに強い規制が及ぶ実態にはなかったのである[12]．そして，耕作放棄地が増加する一方で，農業を始めたいとの希望をなかなか叶えられない参入予備軍が存在する．

　農地利用をめぐる一種のミスマッチが生じている．ここは，所有がただちに利用の権利を約束するものではないという意味において所有と利用の分離を徹底し，農地制度の全体を利用優位の制度に転換することが急務である．もちろん，今後とも自作地を耕作する農家は数多く存在するであろう．けれども，利用優位の原則は，例えば定期的に農地の利用状況を点検するといったかたちで，自作地を耕作する農家にも適用されてしかるべきである．

　さて，農地制度改革の第2のポイントは，農地を所有する人々とこれを利用する農業者を結びつけるための組織を格段に強化することである．とりわけ日本のように高々30アール程度の小地片を多数集積する必要のある農業条件のもとでは，農地の貸借や売買を仲介する調整組織の機能が決定的に重要である．農地の面的集積をはかるうえでは，個別の取引の積み重ねには限界があると言い換えてもよい．調整組織の充実に政策資源の投入を惜しむべきではない．

　仲介組織の重要性を強調するもうひとつの理由は，不在村の農地所有者の増加である．これが耕作放棄地の増加の一因であることは疑いをいれない[13]．また，そうした農地を有効に利用しようとしても，村の外に住む相手とのコミュ

---

12)　農業経営基盤強化促進法には，遊休農地について農業委員会が指導や勧告を行うことや，それでも解決できない場合の措置として買入協議を行うことができる旨が定められている．けれども，耕作放棄地が全国に拡大しているにもかかわらず，勧告がなされたケースは数件にとどまっている（買入協議はなし）．このこともあって2003年には，遊休農地の所有者などに対して利用計画の届け出を義務づける法改正が行われた．その後の制度改正については次章を参照していただきたい．

13)　不在村の農地所有者については，全国農業会議所が2004年8月に「農業委員会における不在村者農地所有の情報把握に関する調査」を実施している．この調査の結果によれば，不在村者の所有する農地は総農地面積の1割近くに達し，65％の市町村で不在村者の農地所有に起因する耕作放棄が生じていると推定されている．

ニケーションに大きな労力を費やすことも珍しくない．なかには所在を確認できない所有者も現れはじめている．現行の所有優位の制度のもとでは，農地行政として打つことができる手段は限られている．ここは農地制度全体を利用優位の制度に転換することとあわせて，増加する不在村所有者と意欲ある農業者をつなぐために，情報の処理能力と仲介の権限を備えた組織を確立する必要がある．相続による所有権の移転が進むなかで，この点は一刻の猶予も許されない．

　もっとも，このように述べたからと言って，筆者は不在村の農地所有者の存在を否定的に評価しているわけではない．これからの日本社会においては，農村に小さな農地を所有する都会の人々が増加することは，むしろ好ましいことではなかろうか．農村になんらかのかたちで利害関係を有する人々の増加は，都市・農村交流の回路のひとつになるという意味で，農村の側にとっても歓迎すべき現象なのである．けれども，両者をつなぐ制度が整備されないままに推移するとすれば，コントロールの不可能な荒廃農地の散在という憂慮すべき事態につながりかねない．

　さて農地制度改革の第3のポイントは，計画的で合理的な土地利用の確立である．このテーマは大きくふたつの領域に分けることができる．ひとつは，農業的な土地利用と非農業的な土地利用の境界を画するゾーニングの問題である．この点で，日本の土地利用制度がさまざまな弱点を抱えていることはつとに指摘されているとおりである．きわめて重要な課題ではあるが，筆者も折に触れて改善に向けた意見を述べており，本書であらためて議論を展開することは控えたい[14]．

　もうひとつの領域のテーマは，農業的土地利用の内部における利用区分の充実である．これまでのところ農業内部の土地利用に関しては，事実上農地という単一の概念のもとで，制度が組み立てられ，運用されてきたと言ってよい．わずかに農業用施設用地というカテゴリーが，農地の転用規制の扱いなどにおいて，通常の農地とはやや異なる用途区分として機能してきた面はある．けれども，今後の農業と農村のありかたを構想するとき，少なくともつぎのような

---

14)　例えば生源寺（2003a）の第9章（「開かれた農山村と農地制度」）．

カテゴリーを設定することによって，農業内の土地利用の整序をはかることが考えられてよい．

それは，小規模な農業が一定の区画にまとまった小規模耕作区とでも言うべきゾーンである．いわば農村の内部に市民農園的な土地利用の区画を設けるのである．ホビーの農業や高齢者の生きがい農業など，今後とも小規模な耕作に対するニーズは増大すると考えてよい．また，こうしたいわばミニ農業と農業中心の担い手による生産性の高い農業が，互いに役割を分担しながら共存していく姿に，今後の農村コミュニティのビジョンを見出すこともできる．けれども，ふたつのタイプの農業が同じ区域に無秩序に混在するとすれば，農業生産の効率は著しく損なわれる．こうした問題をあらかじめ回避するための手段を準備しておこうというわけである．

5. 持続可能な地域社会

経済成長のプロセスは農業から非農業への労働力移動のプロセスでもあった．けれども実態を詳細に観察するならば，農業や地域のタイプによって労働力流出のパターンとその帰結には違いがある．まず，土地利用型農業と施設型農業の違いがある．前者の代表が水田農業であり，後者には集約型の畜産や野菜・花卉を栽培する施設園芸がある．施設型農業では土地の制約が小さいだけに，経営規模の拡大が比較的順調に進んできた．たしかにこの分野でも農家数は減少しているが，それを上回るテンポの経営規模拡大によって，国内全体の生産量の拡大に成功した部門も少なくないのである．施設型農業に深刻な担い手問題は存在しない．

対照的なのが土地利用型農業，とりわけ水田農業である．経済成長の初期の段階には，労働力流出に伴って水田農業の規模拡大が進み，生産効率の改善とコストダウンが実現されるとの観測もあった．けれども，多くの水田地帯で進行したのは，在宅兼業というかたちをとった労働力の産業間移動であった．今日では少なからぬ地域において，オール兼業農業の状態のもとで稲作が行われている．そのなかにあって，農家の高齢化が急速に進んでいることは，先ほども触れたとおりである．

図序-2 農業地域類型別にみた市町村の人口増減率の推移

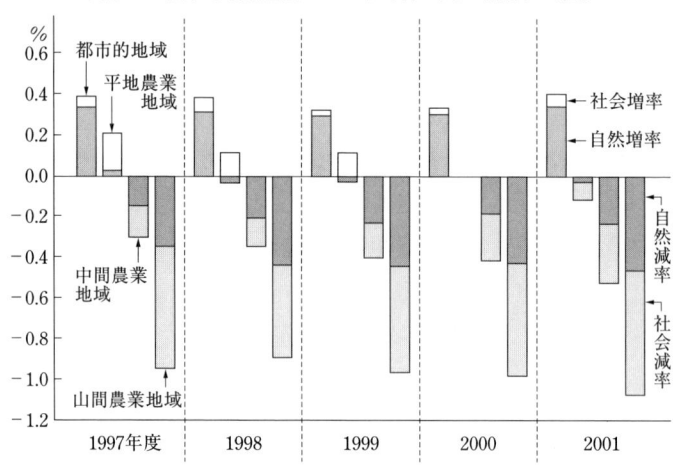

資料：『平成15年度食料・農業・農村の動向に関する年次報告』2004年．原資料は総務省「住民基本台帳人口要覧」（組替集計）．
注1： 1998年4月1日から2003年3月31日までの各年度における農業地域類型別市町村の人口動態である．
注2： 社会増減率には，転出入によるもののほか，国籍取得，国籍離脱等による増減を含む．

　兼業農業は，地域に通勤可能な農外就業機会が存在していることによって成立する．しかしながら，この条件は日本のすべての農村に与えられていたわけではない．安定的な農外就業機会に乏しい地域では，経済成長のプロセスにおいて，労働力は地域の外に文字どおり流出した．人口の流出はいまなお進行中であり，地域農業の縮小と地域社会の消滅の方向へと進むケースも少なくない．その多くは都府県の山間限界集落である[15]．

　図序-2 によって，山間農業地域と中間農業地域の急速な人口減少を確認できる．人口減少の要因として，社会減と並んで自然減も同程度に作用していることも分かる．地域社会存続の危機が端的に示されているのである．このような状況が，農業の面では耕作放棄地の増加につながっている．問題は農業生産の領域にとどまらない．農地や農業水利施設の荒廃はしばしば降雨の流出を妨げ，ときには土砂崩れなどの災害の発生に結びつく．また，森林の荒廃は保水

[15) 労働力の流出が残る農業の規模拡大に結びつき，農業経営によって自立した地域社会が形成されているケースもある．その典型例としては，北海道の酪農地帯や畑作地帯をあげることができる．こうした地域では，専業農家の世界がいまなお健在である．

能力や水源涵養力の低下にもつながっている．鳥獣害の増加との関係も指摘されている．耕作放棄地や管理放棄林の増大は，さまざまな面で国土保全上の深刻な問題を投げかけているのである．

　2000年度には中山間地域等直接支払制度が導入された．EUの条件不利地域政策の理念に学びながらも，同時に個々の圃場の生産活動が互いに支えあう水田農業の特質を踏まえているところに，政策としての独自性がある．耕作放棄地の拡大防止という直接の政策効果についてのみならず，集落協定の締結を契機にコミュニティの求心力の蘇生がはかられた点にも，高い評価が寄せられている．問題がないわけではない．本書の第4章で検討するように，制度自体にもなお改善の余地がある．けれどもここで強調しておきたいのは，中山間地域等直接支払制度が地域社会を構成する多くの要素の一部のみをカバーする制度だという点である．中山間地域等直接支払制度だけの奮闘になるとすれば，いわば孤立無援の政策として，地域社会の衰微とともに早晩その役割を終えることになりかねないのである．

　いま求められているのは，国土保全上の役割の適切な評価に立脚した中山間地域社会のあり方に関する長期的な展望である．なによりも，国としての基本方針が明確にされなければならない．冷静に判断して，中山間地域のコミュニティのすべてをそのまま維持し続けることは不可能である．問題の焦点は，コミュニティの役割とコミュニティの置かれた条件を直視したうえで，後退に歯止めをかける防衛線をどのように設定するかにある．また，後退に歯止めをかける方策についても，府省の縦割り行政のもとで実施されてきた過去の施策の検証作業も含めて，真に有効な政策パッケージを創出する努力が求められている．

　検討を急ぐ必要がある．そのさい3つの観点に留意することが大切である．ひとつは，地域の所得稼得機会に関する蓋然性の高い見通しを持つことである．移転所得に全面的に依存する地域社会に，長期の自立的な存続は期待できない．注意を要するのは，山間集落であっても，純然たる農林業から稼得される所得が著しく限定されている点である．多くの場合，農林業以外の持続的な所得機会や，農林業とタイアップした関連産業の所得機会が地域社会を維持しているのである．地域社会が維持されることによって，地域の小規模な農業も支えら

れる関係にある．小規模農業が地域社会を支えているわけではない．この因果関係を取り違えてはならない．

　留意すべき点の第2は，土地利用をめぐる計画的な撤退という発想である．計画的な撤退がはかられるならば，残された一定の農地の利用を維持できるケースはかなり存在すると考えられる．地域の農業者の動向に関する見通しと耕作上の合理性を充分に考慮して，いわば資源利用のコンパクト化を意識的にはかるべきである．計画性を欠いたままに進む農地の無秩序な潰廃は，周辺農地の耕作条件の悪化を招き，さらなる潰廃を誘発することにもなる．一種の逆スプロールであり，守られたはずの農地も守ることができなくなる．このような悪循環を断ち切ることに，集落レベルの地域計画の知恵を働かせる必要がある．

　そして第3に，農村社会の住民自治のあり方についても，人々の交流圏の広がりに見合った柔軟な考え方があってよい．とくに重要なのは，複数の集落を含み込んだ広域の社会組織の機能である．一方で伝統的な集落機能の低下が進んでおり，他方で農山村の住民の行動半径は著しく広がっている．もはや集落を唯一の帰属集団とみることはできないのである．もちろん，集落は今後とも基礎的な社会集団であり続けることであろう．けれども，それは農山村の人々を包んで幾重にも形成されている社会組織のひとつなのである．

　画一的に考えるべきではないが，新しい協働の範域として着目されてよいのが旧村である．2000年の時点で，農業センサスの調査対象とされた旧村は全国に11,582存在した．同じ時点の市町村の数が3,230であったから，1市町村につき3.6の旧村という勘定になる．一方，農業集落は全国に135,613を数え，ひとつの旧村に12弱の集落が含まれていることになる．旧村の農家数は平均269戸，同じく経営耕地面積は平均335ヘクタールである．

　農業との関係では，例えば農協の支所の置かれていた範囲と重なる場合が多い．小学校の範囲，いわゆる学校区と重なる旧村も少なくないのではないか．このように，旧村はコミュニティの単位として実質的な意味を持つ．農協の支所や小学校の校区といった範囲は，お互いに顔見知りの人々からなる範域として，コミュニティの単位として機能しうるからである．例えば福祉の面での相互扶助といった活動についても，狭い集落内で完結している必要はない．農業の生産活動についても同様である．農業中心の生活を営む専業層にあっては，

所属する集落の耕地を超えて借地を確保しているケースはいまやごく普通である．あるいは農産物の直売や加工のグループの場合に，集落を超えた範囲に視野を広げることで，同じ思いの仲間の輪を作りやすいといった利点もある．農村コミュニティの協働のあり方を構想し，農村地域資源のいっそうの利活用をはかるとすれば，伝統的な集落を包み込んだ広域の社会集団の活性化がひとつのキーポイントとなるように思われる．

6. 環境保全型農業

　環境保全型農業への転換をはかるための政策の第一歩は，農業が環境に与えている負荷の実態について，科学的な知見に基づいた正確な情報を開示することである．水田農業が中心であることもあって，日本では農業が環境にフレンドリーな産業であるとの通念が広く行き渡っている．これは一面では正しく，一面では正しくない．ここを正確に伝える必要がある．避けなければならないのは，部分的に情報の開示を遅らせることや，バイアスのかかった情報について事後的に修正を余儀なくされるといった事態である．このような事態は，情報の発信源である政府や農業関係者などに対する国民の信頼を著しく損なうことになる．いったん失われた信頼の回復に多大の時間とコストを要することも言うまでもない．

　これからの農業環境政策の方向を構想するうえでは，農業の形態は異なるものの，EU農政の過去20年の歩みが参考になる．第8章で整理するとおり，EUの農業環境政策には大きく3つの画期がある．第1の画期は，1985年に制定されたEUの規則によって農業環境政策が本格的に導入されたことである．この時期の政策の基本は，環境への負荷を軽減する生産者に対する助成措置であった．第2の画期は，1992年に決定された農政改革である．この農政改革は包括的なものであったが，農業環境政策の面ではクロスコンプライアンスと呼ばれる政策手法の導入が特筆される．つまり，92年の農政改革によって農産物の価格が大きく引き下げられ，その代償措置としていくつかの直接支払いが新設・拡充されたのであるが，一部の直接支払いの受給資格として，環境保全上の要件が課せられたのである．

そして，第3の画期は1999年であり，EUの農業者に遵守を求める適正営農基準を導入することが決定された．そのうえで今後は，EU農政による直接支払いは，この適正営農基準を達成した生産者についてのみ講じられることとされた．基準を満たすことができない生産者は，EU農政の傘の外に投げ出されるというわけである．他方で，適正営農基準を上回る農業実践に対しては，これを奨励するための環境支払いが定着しつつある．現段階のEUの政策は，問題のある農業に対する厳しい姿勢と，優れた農法に対する支援のセットとして実施されている．

日本においても，農業環境政策の確立を急ぐ必要がある．とくに，第1章で詳述するとおり，目下の農政改革の論議のなかでは，担い手農業者に対する直接支払型政策の導入も打ち出されている．EUの農政改革がまさにそうであったように，このように政策全般が見直されるときこそが，クロスコンプライアンスなどの新手法を導入する好機なのである．もっとも，EUの政策展開を忠実にフォローすればそれでよいというわけではない．日本の農業の特質を踏まえた政策の設計という視点も欠かせない．

ひとつは，日本の農業が病害虫の発生・増殖に好適な高温かつ湿潤な気象条件のもとで営まれていることである．環境保全型農業への取り組みが，欧米以上に困難なものであることを認識しておく必要がある．これも，水田アジアの風土に根ざした配慮事項であると言ってよい．もうひとつは，農業の絶対的な縮小傾向の続く日本においては，環境に対する負荷を軽減する取り組みと同時に，農業生産の効率化と拡充があわせて求められていることである．この点は，長いあいだ農産物の過剰問題が頭痛の種であり続けてきたEUとは対照的である．EUにおいては，環境保全の観点から農業を粗放化することは，過剰問題の緩和にも結びついたのである．いわば一石二鳥であった．

これに対して日本の場合，農業生産の拡充と環境に対する負荷の軽減というベクトルの異なるふたつの目的について，高いレベルでバランスを取りながら達成することが求められている．政策的に，また農業技術の開発という面でも，大きなチャレンジが横たわっていると言わなければならない．このように食料生産の拡充と環境への負荷の軽減の両立が求められている点で，日本の農業のポジションはやはり水田アジアの国々に相通じる側面を有しているのであり，

さらに言うならば，食料問題に悩む発展途上国のポジションとも共通項を有している．

7. 国際社会を生きる

日本の農業は直接・間接に海外のライバルとの競争のもとに置かれている．WTO 農業交渉や FTA（自由貿易協定）・EPA（経済連携協定）交渉の帰趨にもよるが，こうした競争環境はさらに強まるものと考えておかなければならない．少なくともそうした事態への充分な備えを怠らないこと，これが今後の農業政策に求められている．

当面の政策としては，農産物貿易をめぐる国境措置の組み替えに国内農業が対処するさいのバックボーンとなる施策の構築が急がれる．幸い，さきほども触れたように，目下の農政改革の検討のなかではそのような目的を念頭においた経営安定対策の導入が打ち出されている．すなわち，国境措置の組み替えによって農産物価格の構造的な低下が生じる場合にも，これをカバーすることのできる政策が準備されつつある．過度に国境措置に依存し，そのことでかえって農産物貿易交渉に対するスタンスが硬直化し，しばしば後手後手の対応に終始したこれまでの状況を打破したいとの意図も込められている．いわば交渉の懐を深くするための政策転換である．

むろん，国際化に対応するための政策の基本は，農業自体の競争力の強化でなければならない．そして，今回導入が打ち出された経営安定対策については，競争力の強化という意味においても有効に機能することが期待されている．まず第 1 に，この施策が日本の農業をリードする農業経営にターゲットを絞っている点がある．地域農業の牽引車たらんとする農業者を応援する姿勢を明瞭にしたわけである．今回の経営安定対策では，たんに内外の生産条件格差を政策的に埋め合わせるだけではなく，市場の最前線で戦う農業者を支援することで，競争力のさらなる強化が意図されている．第 2 に，このような政策には，農産物貿易をめぐる国際環境が揺れ動くなかで，農業者の先行き不安を和らげる効果も期待できる．将来の不透明感が強いために規模拡大や新たな投資をためらっていた農業者に対して，政策の側からいわばバックアップのメッセージが送

られることになる．このことで，効率が高く，消費者のニーズにも敏感な農業者が確保・育成され，そのシェアが高まるならば，それこそが強い日本農業の姿であると言ってよい．

　ところで農産物の貿易については，海外からの輸入にいかに対処すべきかという観点から，もっぱら受け身の姿勢の議論がなされてきた．これは日本が世界最大の食料純輸入国であるという現実の反映である．けれども近年は，逆に日本から海外への農産物の輸出が話題になることも少なくない．もともと輸出の実績のある緑茶などだけでなく，最近ではりんごや米の輸出も注目されている．もちろん，量的にはごく小さな動きである．しかしながら，中長期的な観点から日本の食料と農業のグローバルなポジションを考えるうえで，こうした新しい動きに着目することにも意味がある．とくに食料と農業をめぐるアジアとの関係には，さほど遠くない将来に大きな変化が生じる可能性が高い．

　東アジアからアセアン4（タイ，マレーシア，インドネシア，フィリピン）へとアジアの成長区域が拡大している．こうしたアジアの持続的な経済成長は，いずれ日本の農業に対しても従来とは異なったタイプの影響をもたらすことになる．まず，所得水準の上昇はさまざまな上級財への需要の高まりに結びつく．そのなかには高品質の農産物も含まれる．そうした需要が日本の農業に向かうとすれば，日本とアジアのあいだには農産物をめぐる双方向の貿易の流れが生じることになる．もちろん，食に対する嗜好が異質であれば，日本の農業に向かう需要はごく限られたものにとどまるかもしれない．けれども幸いアジアの人々の食生活には，米の消費をはじめとして共通点も多い．高い品質をセールスポイントとする農産物と食品の顧客をつかむことは，これからの日本の農業と食品産業に共通する重要な戦略となるであろう．

　経済成長は，賃金率をはじめとする要素価格の上昇を不可避とする．実質所得の傾向的な上昇が経済成長の定義だからである．この点で重要なのは，持続的な経済成長がアジア諸国の農業の競争力を低下させる方向に働くと考えられることである．戦後の日本農業が辿ったのは，まさにこのような競争力喪失のプロセスであった．こうしたメカニズムの作用は，いま述べた需要側の変化ともあいまって，日本とアジアの国々のあいだに農産物と食品をめぐる水平分業と産業内貿易の可能性を拡大することであろう．もちろん，この可能性を活か

すためには，日本の農業が顧客の獲得に向けて市場に積極的に働きかける攻めの農業に転じる必要がある．その意味でも，農産物輸出の先駆的な取り組みはおおいに注目されてよい．

第Ⅰ部
変わる農政：到達点と明日への課題

第 1 章　農政の改革と新たな基本計画

1. 食料・農業・農村基本計画

　2003年12月9日に開催された食料・農業・農村政策審議会の会合は，農政改革の表舞台における検討作業のスタートであった．審議会は，農林水産大臣から食料・農業・農村基本計画（以下，基本計画）の見直しについて諮問を受け，この見直し作業の一環として農政改革の方向を検討することとなったからである．改革へ向けた具体的な議論は，同審議会のもとに設置された企画部会において1年余りの期間をかけて進められた．

　基本計画は1999年7月に施行された食料・農業・農村基本法に基づいて政府が策定する．「食料，農業及び農村に関する施策の総合的かつ計画的な推進を図るため」である（基本法第15条第1項）．初回の基本計画は2000年3月24日に閣議決定された．基本法には基本計画をおおむね5年ごとに見直す旨の規定がある[1]．見直しにさいして政府は食料・農業・農村政策審議会の意見を聴かなければならないとされている．

　ところで，食料・農業・農村基本法が施行されたからと言って，政策の体系がただちに基本法に沿ったものに転換されるわけではない．基本法に沿って政策の体系を組み替えるプロセスには一定の時間が必要である．こうした過渡期における基本計画は，「施策の総合的かつ計画的な推進を図るため」のプログラムとしての性格と，施策そのものを整備する改革の羅針盤としての性格をあ

---

[1]　正確には「政府は，食料，農業及び農村をめぐる情勢の変化を勘案し，並びに食料，農業及び農村に関する施策の効果に関する評価を踏まえ，おおむね5年ごとに，基本計画を変更するものとする」（基本法第15条第7項）とされている．

わせ持つことになる.

　次節で具体的に述べるとおり,基本法制定から6年を経た現在においても,基本法に沿った政策の体系が充分に整えられたとは言いがたい[2].依然として施策整備の羅針盤が求められているのである.これが基本計画の見直しの一環として農政改革の方向が議論されることになった背景である.

2. 大臣談話と農政改革の課題

　企画部会の審議に照準を合わせた農林水産省内の検討は,2003年8月29日の大臣談話によって本格化する.「新たな食料・農業・農村基本計画の策定に向けて」と題されたこの談話は,基本計画の見直し作業の開始を宣言するとともに,3つのテーマについて本格的な検討を省内に指示した.その後「改革の主要3課題」と表現されることになる3つのテーマとは,大臣談話を原文どおり引用するならば次のとおりである.

①品目別の価格・経営安定政策から,諸外国の直接支払も視野に入れた,地域農業の担い手の経営を支援する品目横断的な政策への移行
②望ましい農業構造・土地利用を実現するための担い手・農地制度の改革
③環境保全を重視した施策の一層の推進と,食料安全保障や多面的機能発揮のために不可欠な農地・水等の地域資源の保全のための政策の確立

　これら3つのテーマについて,大臣談話は「現行基本計画決定時からの課題である」と指摘している.事実,2000年の基本計画では表現こそ多少異なるものの,品目横断的な政策,農地制度の改革,環境保全を重視した施策のそれぞれについて,「検討を行う」と述べられていた[3].

　すなわち品目横断的政策については,「育成すべき農業経営を個々の品目を

---

[2] 基本法第35条第2項に対応する中山間地域等直接支払制度のように,基本法制定後ただちに実施に移された新しい政策もある.
[3] 逆に,2000年の基本計画のなかで「検討を行う」という表現が用いられているのは,この3つのテーマについてのみであった.

通じてではなく経営全体としてとらえ，その経営の安定を図る観点から，農産物の価格の変動に伴う農業収入又は所得の変動を緩和する仕組み等について，今後，品目別の価格政策の見直し状況，品目別の経営安定対策の実施状況，農業災害補償制度との関係等を勘案しながら検討を行う」とある．また，「農村における農地の利用等に関連する諸制度の在り方について，総合的な観点に立った検討を行う」とされ，さらに「農業生産に係る環境面に関連した施策の在り方について，諸外国における動向，今後の国際規律の動向等を踏まえながら検討を行う」と記述されていた．

したがって大臣談話は，5年前に提起されていた課題の検討をあらためて督励したわけである．それだけ新たな政策作りの歩みが遅かったとも言えよう．なかでも品目横断的な政策については，1998年9月の食料・農業・農村基本問題調査会答申の段階でも検討の方向が提示されていた[4]．もちろん，まったく検討が行われてこなかったわけではないし[5]，2004年度から本格化した米政策改革のように，新たな政策作りの前提条件の整備に多大のエネルギーを要したことも認めなければならない[6]．加えて，2001年9月10日のBSE（牛海綿状脳症）患畜の発生に端を発した食の安全問題をめぐる大きな混乱も，酌むべき事情のひとつにあげることができるかもしれない．

けれども，日本の農業とりわけ水田農業は一刻の猶予も許さない危機的な状況にある．要は政策展開のプライオリティをどこにおくかである．いま触れた食の安全問題について言うならば，農林水産省では「「食」と「農」の再生プラン」の公表（2002年4月）から1年余りの2003年7月には消費・安全局が

---

4) 基本法制定の地ならし役を果たした食料・農業・農村基本問題調査会の答申は「農産物の価格変動に対応して，個々の品目ごとではなく農業経営単位での所得を確保するための対策を導入することについては，品目別の価格政策の見直しや所得確保対策の導入の状況を踏まえつつ，検討していくべきである」と述べている．
5) 品目横断的な政策に関しては，2001年8月に農林水産省「農業構造改革推進のための経営政策」が公表されている．本書第2章を参照されたい．
6) 米政策改革は，品目別価格政策見直しの最終段階の意味合いを持つとともに，減反政策に象徴される旧制度のマイナスの要素をできるだけ取り除くという意味で，いわばゼロベースへの回復のための改革でもある．米政策改革については，本書第3章のほか，生源寺（2003a）の第1章（「米政策と水田農業の再構築に向けて」）と第2章（「新たな米政策を模索する」），生源寺（2003b）を参照されたい．

新設され，内閣府のもとでも食品安全基本法の制定（2003年5月）や食品安全委員会の設立（2003年7月）が行われた．国民の強い関心を背景に，一気呵成の改革がなされたケースであると言ってよい．国民の声と政策当局の強い意思があるならば，必要な改革を短期日のうちに遂行することは充分可能なのである．

ところで大臣談話の発表された2003年8月は，難航していたWTO（世界貿易機関）農業交渉に進展の可能性が急浮上した時期でもあった．すなわち，2003年3月の農業モダリティ確立の失敗で頓挫していた交渉が，8月に提示されたアメリカとEUの共同ペーパーによって一気に動き出すかに見えたのである．その後9月にメキシコで開催された閣僚会議が決裂し，妥結は再び遠のいたのであるが，事態の流動化に直面して，農政当局の緊張感は一時期急速に高まった．そうした緊張感のただなかで公表されたのが大臣談話であり，当然のことながら，国際的な問題に対処する改革という点が強く意識されていた．

とくに品目横断的な政策に関して，農林水産省は「国際規律の強化にも対応しうる政策体系に転換」することをうたい，対象とする営農類型についても「諸外国との生産性格差が大きい土地利用型農業（畑作及び水田作）」を想定しているとした（企画部会資料「主要3課題についての検討方向と検討にあたっての留意点」，2004年1月30日）．このような国際的な対応の観点からみて，今次の改革がどこまで踏み込んだものになったか．この点の評価については第4節2項で論じることにしたい．

3. 検討の経緯と「中間論点整理」

3.1 検討の経緯

企画部会は2004年の夏までは，大臣談話に示されたいわば積み残しの「主要3課題」を中心に検討を重ね，8月6日には企画部会としての「中間論点整理」を取りまとめた．先ほど用いた表現を使うならば，この「中間論点整理」には「改革の羅針盤」が提示されている．そして，2005年3月25日に閣議決定された新たな基本計画には，「中間論点整理」で打ち出された改革の骨格が

ほぼそのままのかたちで盛り込まれた．

　もっとも,「中間論点整理」では具体的な方向を示すには至らなかったテーマもある．とくに望ましい農地制度のあり方について,「中間論点整理」は農林水産省に対して「速やかに検討を進め,早期に企画部会に具体像を提示すべきである」と求めた．また,大臣談話にある「農地・水等の地域資源の保全のための政策の確立」についても,政策の確立に向けた検証作業を急ぐべきことを指摘したものの,施策の具体像を提示するまでには至らなかった[7]．

　企画部会は9月16日に再開された．再開後の企画部会では,「中間論点整理」で宿題とされていた点の検討のほか,食料自給率目標の設定をめぐる議論や,さまざまなジャンルの施策のあり方に関する吟味が行われた．このうち自給率の目標は,食料・農業・農村基本法が基本計画に定めることを義務付けている[8]．ただし,どのようなタイプの自給率を目標に掲げるかについて,基本法が具体的な規定を与えているわけではない．この点について,新しい基本計画はふたつの面で新味を打ち出した．

　第1に総合食料自給率の目標として,供給熱量ベースの自給率と並んで生産額（金額）ベースの自給率を掲げたことである．経済活動としての農業のボリュームを評価する尺度という意味では,経済的な価値である生産額をベースとする自給率がより適切であるとの判断による．初回の基本計画にも金額ベースの自給率目標が掲げられていたが,あくまでも参考値であった．第2に,自給率もさることながら,国内農業の食料供給力に着目すべきことを強調している．食料安全保障の問題を真剣に考えるとすれば,絶対的な自給力が鍵を握ることは言うまでもない．以上の2点は,いずれもリーズナブルな措置である．食料自給率をめぐる議論はそれだけ成熟したものになった．

7）　第2節で紹介した「主要3課題」と2000年の基本計画の記述の対応関係からも分かるように,前回の基本計画に明示的に述べられていないという意味では,地域資源保全のための政策は新しい政策課題である．ただし次節でも触れるとおり,2000年度にスタートした中山間地域等直接支払制度とのあいだには一定の類縁性が認められる．

8）　「食料自給率の目標は,その向上を図ることを旨とし,国内の農業生産及び食料消費に関する指針として,農業者その他の関係者が取り組むべき課題を明らかにして定めるものとする」（食料・農業・農村基本法第15条第3項）．

3.2 「中間論点整理」

「中間論点整理」は次のように構成されている．なお，本節と次節の引用はとくに断らないかぎり，「中間論点整理」からのものである．

 はじめに
 第1 政策展開の基本的な考え方
  1．食料・農業・農村が将来にわたって果たすべき役割
  2．農政改革の必要性
  3．改革に当たって留意すべき基本的な視点
  4．国民の理解と納得
 第2 政策改革の方向
  1．論点整理の考え方
  2．担い手政策の在り方
  3．経営安定対策（品目横断的政策等）の確立
  4．農地制度の在り方
  5．農業環境・資源保全政策の確立
 第3 その他
  1．今後の主要な検討課題と検討の進め方
  2．改革の工程管理と計画的な推進

このうち第2の「政策改革の方向」が「主要3課題」に関する議論の集約であり，次節ではそのポイントを紹介することにしたい．また，第3の「その他」はごく短い記述ではあるが，「改革の工程管理と計画的な推進を図る」ために「基本計画の変更後速やかに，施策の具体化に向けた手順と実施の時期を明示したプログラムを作成」すべきことを指摘している．事実，新しい基本計画では計画本体とは別に「食料・農業・農村基本計画工程表」が作成された．実施プログラムの作成とこれによる工程管理という手法は，農政の分野にほぼ定着したと言ってよい．

第1の「政策展開の基本的な考え方」はいわば総論である．企画部会の論議

が政策分野ごとの各論に傾きがちであったところを，このような項目を設けることで，改革に向けた基本姿勢をあらためて確認することが意図されている．このパートの内容も，構成に変更はあるものの，新基本計画の記述に引き継がれている．

ポイントのひとつは，政策の体系性という観点から「農業を産業として振興する産業政策と農村地域を維持・振興する地域振興政策について，これまでその関係が十分に整理されないまま実施されてきた面があり，両者を明確に区分して施策を体系化する必要がある」と指摘した点である．それぞれの政策の手段と対象はその目的に応じて異なっていて当然であるが，同時に農業・農村に必要な政策がバランスよく配置されている状態，これが「中間論点整理」の描き出した政策体系のビジョンである．

また，「消費者に選択される農産物や食品を供給することが，農業と食品産業が発展するための基本である」とも述べられている．農業と食品産業が併記されている点が重要である．「農業と食品産業は，ともに食料の安定供給や地域の経済・雇用を支える重要な役割を果たしており，契約栽培や，新商品の共同開発等による両者の連携強化などを通じて，バランスのとれた健全な発展が図られることが重要である」との認識による．

さらに，「中間論点整理」全体として，考える農業者や工夫する地域を応援する農政というスタンスが色濃く滲み出ている．例えば「今後の施策は，農業者や地域が，一層，主体的に行動し，創意工夫を発揮できることを基本に講じられるべきである」と指摘されている．セーフティネットを準備したうえで，農業者や農業者の組織の力が充分に発揮される政策フレームに移行することが大切だというわけである．加えて，「環境保全を重視した施策の展開」が各論のひとつとしてではなく，「改革にあたって留意すべき基本的な視点」のひとつとされたことも「中間論点整理」の特色である．

4.「中間論点整理」のポイント

4.1 担い手政策のあり方

「中間論点整理」は,「農業経営の改善に向けた各種施策については」,「これまでの価格政策等のように幅広い農業者を一様にカバーするのではなく,対象を担い手に明確に絞った上で集中的・重点的に実施すべきである」と指摘している.このスタンスは,対象者を明確にして講じられる産業政策と,一定の地域を対象として講じられる地域振興政策の区別を強調した「政策展開の基本的な考え方」の延長線上にある.

そのうえで用語の混乱を避けるため,「中間論点整理」は担い手政策に言う担い手を「効率的かつ安定的な農業経営及びこれを目指して経営改善に取り組む農業経営」と定義した.この「効率的かつ安定的な農業経営」は,農業法制のなかでは1993年の農業経営基盤強化促進法（農用地利用増進法（1980年）を改正・改称した法律）ではじめて用いられた言葉であり,その意味するところは前年6月に公表された農林水産省「新しい食料・農業・農村政策の方向」の記述を踏襲している.すなわち「新しい食料・農業・農村政策の方向」は望ましい経営として,「主たる従事者の年間労働時間は他産業並みの水準とし,また,主たる従事者1人当たりの生涯所得も地域の他産業従事者と遜色ない水準とすることを目標とする」としており,「効率的かつ安定的な農業経営」はこのふたつの水準を満たす農業経営を意味している.

問題は担い手の定義の後段である.「効率的かつ安定的な農業経営」を「目指して経営改善に取り組む農業経営」を担い手とした点をどう理解するかである.「目指す」といったような個人の主観のみに依拠して政策の対象が決まるとすれば,政策論としては乱暴のそしりを免れないであろう.とくに次の項で吟味する経営安定対策は国の財源の投入を想定した政策である.納税者の負担による政策であるだけに,なおさら明確な基準のもとで運用される必要がある.当初から予想された展開ではあったが,この論点は品目横断的政策の対象要件の問題としてクローズアップされることになった.すなわち,一定の規模要件の設定を提案した農林水産省に対して農協系統組織が柔軟な要件設定を求め,

両者の対立が先鋭化することになる．この問題については，第5節2項であらためて検討する．

　政策の対象として担い手をどう把握するかは，すでに存在する認定農業者制度との整合性の問題でもある．すなわち「中間論点整理」は担い手の明確化について，市町村が「地域の実態を踏まえ，効率的かつ安定的な農業経営を目指す者を，農業者自らの申請に基づいて認定する」認定農業者制度を基本として進めることが適当であるとした．ただし，認定農業者制度の運営改善が前提であるとも指摘している[9]．他方で担い手をめぐる制度については，米政策改革によって育成が図られている担い手も存在する．米政策改革の重要な柱のひとつである地域水田農業ビジョンの策定にさいして，担い手の明確化を行うことが強調されているのである．そして，この場合の担い手については，認定農業者制度による担い手と同一の基準による必要はないとされた[10]．農政改革がいくつかの段階を経て進められていることもあって，担い手の概念をめぐって混乱が生じている面は否めない．

　担い手の定義について「中間論点整理」の考え方を紹介したわけであるが，担い手の存在形態のイメージに関しても「中間論点整理」は重要な指摘を行っている．ひとつは，「政策展開の基本的な考え方」の項において，近未来の農村の構造を次のように描き出した点である．すなわち，望ましい農業構造の確立にさいしては，「効率的かつ安定的な農業経営を核として，兼業農家，高齢農家などを含む地域の関係者が」「相互の役割分担等についての合意形成を図りながら，地域農業の再編に取り組むことが重要である」との指摘である．つまり，担い手の育成を急務とする一方で，ごく少数の担い手のみからなる農村社会像を非現実的なビジョンとして退けているのである．アメリカやオーストラリアのような新開国の農業地帯のイメージとは異なる農村ビジョンの提示であると言ってもよい．

---

9)　具体的には，「目指すべき農業経営の指標の適正化，認定プロセスの透明性の確保，認定のバラツキの解消，認定後のフォローアップ等」の徹底である．

10)　例えば農林水産省食糧部計画課「米政策の概要」(『農産物検査とくほん』第150号，2004年4月）には，「ビジョンにおける担い手は，地域の実態に応じて多様なものであり，例えば認定農業者でない農業者も，地域の合意に基づいて担い手として位置付けることもできます」と述べられている．

もうひとつは集落営農について，農業経営としての実質を備えたものを担い手とした点である．すなわち「中間論点整理」は，「一元的に経理を行い法人化する計画を有する等，経営主体としての実体を有し，将来，効率的かつ安定的な農業経営に発展していくことが見込まれる集落営農については，担い手として位置付けることが適当である」と判断した[11]．そして，この判断も新基本計画へと引き継がれた．

　このことは地縁的な農業組織を担い手とした点で，農協陣営のかねてからの要求に沿った内容という側面を持つ．けれども制度を的確に運用することができるならば，効率的な農業生産を実現するという要請に照らしても，集落営農を包含する担い手の設定は合理的な面を有している．もともと「効率的かつ安定的な農業経営」の概念や認定農業者制度は，基本的には個別の家族経営や法人経営を念頭においている．こうした個別拡大型経営の強みは優れたヒューマンキャピタルであり，概して高い水準にある経営者能力である．しかしながら個別拡大型の担い手は，とくに水田農業の場合に，しばしば圃場の広域分散に起因するさまざまな非効率に頭を痛めることになる．

　これに対して集落営農の場合には，集落の農地を面として掌握し，そのうえで営農を展開しているケースが多い．つまり，個別経営の直面しがちな圃場の分散という難点をあらかじめ回避しうる点に集落営農の強みがある．機械や施設の共有によって低コスト生産を実現している事例も多い．ただし弱点もある．個別拡大型の担い手とはちょうど対照的に，人材という面にウィークポイントを持つケースがしばしば見受けられるのである．典型的にはオール兼業型の集落営農である．農作業経験の豊富な現世代のリタイアによって，作業の担当者の確保に難渋すると見込まれるケースが少なくない．

　個別経営に長所とウィークポイントがあるのと同様に，集落営農にも長所とウィークポイントがある．それぞれについて，長所を保持しながらウィークポイントを克服することが大切である．「中間論点整理」は，農地という生産基盤の面では相対的に好条件のもとにある集落営農を経営組織としても整備することで，そこに地域農業をリードする人材が生み出されることを期待している．

---

11) 新基本計画では集落営農を「集落を基礎とした営農組織」と表現した．ちなみに食料・農業・農村基本法では「集落を基礎とした農業者の組織」とされている．

一方，個別経営については農地の面的集積のための制度を拡充することで，その弱点を補うことが目論まれている．この点については，後述の第5節1項で触れる．

　集落営農を担い手として位置付けたことに懸念がないわけではない．ひとつは一元的な経理などの「経営主体としての実体」について，これを形式的に整えただけの組織が出現する可能性である．ここは制度の的確な運用を確保する必要がある．新基本計画の表現を用いるならば，「小規模な農家や兼業農家等も，担い手となる営農組織を構成する一員」として政策の対象に移行するのであって，なにも変わらないままに政策的な支援が行われるわけではない．かりにも集落営農が無節操なバラマキ政策の隠れ蓑となるような事態が生じるとすれば，担い手政策は深刻な痛手を負うことになる．納税者の目は甘くない．ウルグアイラウンド対策費6兆100億円の轍を踏んではならない．

　この点にも関わって，そもそも担い手としての集落営農に「経営主体としての実体」を求めているのはなぜか．「効率的かつ安定的な農業経営」への発展の見込まれる組織を施策の対象に想定していることからすれば，当然と言えなくもない．事実，企画部会における農林水産省の説明はほぼこの点に尽きていた．けれども，こうしたいわば同義反復的な根拠以上に，次の諸点を確認しておくことが重要である．

　ひとつは経理を一元化し，集落営農として生産物の販売に責任を負うことによって，消費者や実需者のニーズに敏感な生産が促されることである．生産物の処分権を欠いたままの組織に，市場対応のインセンティヴは働きにくい．加えて経営としてのまとまりの形成は，生産規模の拡大や加工・流通面などに向かう多角化のエンジンとしても作用することであろう．集落営農が個々の農家の生産活動を補完する役割にとどまるかぎり，集落営農自体に成長の内発的なエネルギーの生成を期待することはむずかしい．そしてもっとも重要な点は，集落営農がその活動領域の拡充に進むことで，農業にさらに深くコミットする意欲的な人材を内外から受け入れる土壌が形成されることである．そのさい販売に責任を持ち，収益の配分調整に一定の権限を有する集落営農であれば，人的な貢献に応じた付加価値の分配にも配慮しやすくなる[12]．こうしたステージに至るとき，集落営農を施策の対象として位置づけた今回の農政改革は，担い

手の育成という本来の目的を達成することになる．

さて，集落営農を担い手とした点に関わるもうひとつの懸念は，とくに農地の集積をめぐって，個別経営との競合が激化する可能性である．もっとも農地については，全体として耕作者を確保しにくい構造が広がっていると判断される．農地の供給過多の構造と言ってもよい．それでも地域によっては個別経営と集落営農が農地を奪い合う状況が生じる可能性がないとは言えない．この点に配慮してであろう．企画部会に提出された農林水産省の資料では，「「担い手」の確保の困難な地域では，積極的に集落営農の組織化を進めることが必要ではないか」（2004 年 5 月 18 日「農地・担い手施策の展開方向」），あるいは「担い手不足地域では，話し合い活動を通じた集落営農の組織化」（2004 年 10 月 1 日「担い手政策について」）といった表現が行われていた（傍点筆者）．むろん健全な経営間競争であれば，これを無理に排除する必要はない．避けなければならないのは，政策的に公平性を欠いた後押しが行われることで，歪んだ競合関係が生み出される事態である．

4.2　経営安定対策（品目横断的政策等）の確立

経営安定対策は担い手政策のひとつのパーツである．重要なパーツではあるものの，それだけで担い手政策が構成されているわけではない．そのほかにも制度資金の融資や農地集積のバックアップをはじめとして，担い手政策には多彩な分野が含まれる．むしろ今回の改革を機にさまざまな施策を体系的に整理

---

12) 筆者が主査を務めた日本経済調査協議会瀬戸委員会の報告書（日本経済調査協議会 2004）には，「集落営農のような組織的農業を政策の対象とする際に留意すべきこととして，組織の内部における所得分配の構造をあげておく．端的に言って，土地に対して所得が厚く分配される構造を持った組織的営農を政策の対象とすることには問題がある．営農に対する人的貢献，すなわち労働貢献や経営者能力の発揮に対して厚く所得が分配されるケースに対象を限定すべきである．そのような組織的営農であれば，集落営農を含めて，これからの農業をリードする担い手が活躍する舞台となる資格を備えている」との指摘がある．また，このような「所得分配上の観点は，これからの農政全体に共通する留意事項でもある．結果的に土地への分配分の増加につながる政策は，資産としての農地の保有性向を高めることに結びつき，担い手に対する農地の集積にもブレーキとして働きがちである」とも述べられている．

し，これを例えば「担い手ハンドブック」といったかたちの情報パッケージとして提供することが考えられてよい．もちろん情報提供の前提として，真に力になる担い手政策の充実したメニューが準備されていなければならないことは言うまでもない．

経営安定対策については，この項のタイトルである「経営安定対策（品目横断的政策等）の確立」という表現に触れておかなければならない．すでに紹介したように 2003 年 8 月の大臣談話においては，経営安定対策ではなく，「品目横断的な政策」という言葉が使われていた．このような表現の違いについては次のように整理できる．まず，やや広い政策カテゴリーの表現としては経営安定対策という用語が用いられる．そして，経営安定対策をそれぞれの営農類型について具体化していくときに，水田農業や輪作型の畑作農業の場合には，複数の品目の生産が行われているのが普通であるから，経営安定対策は品目横断的なかたちをとることになる．これが品目横断的政策である．他方，例えば酪農部門の場合について言うならば，大半の経営は生乳生産に特化しているから，経営安定対策が設計されるとしても，それは品目特定的な政策となる．

この点を「中間論点整理」は次のように述べている．すなわち，「水田作や輪作による畑作のように複数の作物を組み合わせた営農類型については，品目別ではなく経営全体に着目して施策（品目横断的政策）を講じ」，「野菜，果樹，畜産等の部門専業的な営農類型については，品目別政策等の見直しで対応することが適当である」とされた．そのうえで部門専業的な営農類型の対策については，食料・農業・農村政策審議会の他の部会等で検討し，企画部会に報告を求めることとした[13]．

品目横断的な政策の基本的な仕組みについて，「中間論点整理」は「諸外国との生産条件格差を是正するための対策に加えて，収入・所得の変動が経営に及ぼす影響を緩和するための対策を検討すべきである」とした．これらふたつの要素の組み合わせを基本型とするというわけである．もっとも，諸外国との生産条件格差の国内市場への影響が関税によってブロックされている品目につ

---

13) 部門専業的な営農類型についても，直接生産物を対象としない手法がありうる．例えば酪農の場合，土地や家畜を対象に支払いを実施することで国際規律上の「緑の政策」の要件をクリアしやすくなる可能性がある．

いては，格差是正のための対策を発動する必要はないとの判断もある．具体的には，「中間論点整理」の直前の 2004 年 7 月に行われた WTO 農業交渉の枠組み合意を受けて，当面は米を格差是正対策の対象とする必要はないとの観測があった．もちろんこの観測が現実のものになったとしても，国内市場における米の価格変動は避けがたいから，もう一方の収入・所得変動の影響緩和対策は必要である．

　ところで，品目横断的政策は担い手政策のひとつのパーツであるから，対象についての考え方も基本的には担い手政策のそれと共通している．すなわち，品目横断的政策の対象は「現行の制度の運営改善の徹底を前提として，認定農業者であることを基本とすることが適当である」とされた．また，集落営農の扱いに関しても担い手政策について述べたところと変わらない．けれども担い手政策とのあいだに違いもある．それは「中間論点整理」で，品目横断的政策については「構造改革を推進する観点から，経営規模や経営改善の取組等を要件化することが適当である」とされた点である．この点をめぐって対立が先鋭化したことは，すでに触れたとおりである．

　この対象の明確化の問題とも関わって，日本の農業経済学の研究者のあいだには長年にわたって議論が繰り返されてきたテーマがある．それは土地利用型農業の構造改善と農産物価格の関係をめぐる論点である．すなわち一方には，農産物の高価格が構造改善に好ましい環境であるとの論陣が張られ，他方には抑制された低価格こそが構造改善を促すとの主張が対置されてきた．この問題のむずかしさは，農地の借り手側の地代負担力の増強と，貸し手側の地代に関する受け入れ意思額の圧縮とのあいだに，一種のトレードオフが存在するところにある．農産物価格を引き上げる（抑制する）ことは，地代負担力の増強（受け入れ意思額の圧縮）には貢献するであろうが，受け入れ意思額の圧縮（地代負担力の増強）には逆効果をもたらすと考えられるからである．筆者のみるところ，優れて実証的なテーマであるこの論点について，いまなお明確な判定は下されていない．主張は平行線を辿っている．

　この論点との関わりで言うならば，今回の品目横断的政策は地代負担力と地代の受け入れ意思額に対して，差別的な影響を与えることを狙った政策として性格づけることができる．すなわち，政策の対象を担い手に限定することで，

担い手の地代負担力の相対的な増強をはかりながら，しかもそれが貸し手側の地代の受け入れ意思額の相対的な上昇に結びつかない政策として設計されているのである．農地の貸借を促すいわば位置のエネルギーを高めるための政策であると言ってもよい[14]．

品目横断的政策は，WTO農業交渉をはじめとして厳しさを増す国際環境を強く意識して打ち出された政策である．過去の経営安定対策の議論が国内の市場変動への対処を想定していたのに対して[15]，今回の提案は海外との生産条件格差や国際規律の強化をあわせて念頭においたものとなった．国境措置の組み換えの可能性をも想定した政策の提起は，これまでの農政のスタンスと比較して，ひとつの壁を打破したものとみることもできる．とにかく交渉を戦い抜くとの空気のなかで，国境措置の組み換えの可能性に言及すること自体が，政策当局にとっては一種のタブーだったからである．もっともいま述べたような問題意識が表明されてはいるものの，実際に立案された政策が国際対応の観点からみてどこまで踏み込んだものになったかは，また別の問題である．

この点の評価については，ウルグアイラウンド農業交渉におけるEUと日本のポジションの違いを振り返ってみるとよい．ひとことで言うならば，農政改革がウルグアイラウンド合意に先行したEUと，合意後に対策に奔走した日本のコントラストである．EUでは1992年の共通農業政策改革が，ウルグアイラウンド合意の妥結点を慎重に見計らって組み立てられた[16]．これとは対照的に日本では，実質合意から1年近く経った1994年11月に，のちに批判の嵐に晒されることになる6兆100億円のウルグアイラウンド対策費が決定された．

品目横断的な政策は，ウルグアイラウンドにおける日本政府の姿勢に比べれば明らかに前進である．国境措置の組み替えの可能性を念頭において，あらか

---

14) 貸借を促す位置のエネルギーを規定する諸要因については，生源寺（1998a）の第1章（「土地利用型農業展開の基礎条件」）を参照されたい．また，本書第7章は生産性の規模間格差と構造改善の関係について，近代経済学をバックグラウンドとする研究をレビューしている．
15) 注5で紹介した農林水産省「農業構造改革推進のための経営政策」．この点についても第2章を参照していただきたい．
16) 生源寺（1998a）の第11章（「ウルグアイラウンド農業合意とEU農政」）を参照されたい．

じめ対応策が準備されるからである．このことは意欲的な農業者の先行き不安，とりわけ政府のスタンスが定まらないことに起因する不透明感を軽減する作用を持つ．しかしながら，EU のウルグアイラウンド対応を基準にとるならば，今回の品目横断的政策も事後的な対策としての色彩が強く，したがって依然として受け身の対応の域を脱していないとの批判がありうる．

　たしかに事前に制度を準備し，必要に応じてただちに発動する態勢を整える点では前進であるが，交渉をみずからに有利に運ぶ能動的な戦略のもとに品目横断的政策が提起されているとは言いがたい．「国際規律の強化にも対応しうる」(前出の企画部会資料「重要3課題についての検討方向と検討にあたっての留意点」) といった説明ぶりにも受け身の姿勢が滲み出ている．もっとも，だからと言って，確たる成算なしに能動的な姿勢に転じればよいというものではない．ここで問われているのは，現時点における日本の交渉上の客観的なポジションに照らして，後手から先手に転じることでその後の展開を有利に運ぶことが可能か否かであり，さらに遡るならば，国内の合意形成を含めて，そのようなポジションの構築に向けた過去の努力がどれほどの成果をあげているかについての冷静な評価である．加えて確たる成算というからには，能動的な姿勢に転じることに伴って必要となる追加的な財源の捻出についても，具体的な見通しとこれに対する世論の理解を得ておかなければならない．

4.3　農地制度のあり方

　「中間論点整理」は農地制度改革の具体像を打ち出すには至らなかった．企画部会の議論や近年の農林水産省の研究会などにおける議論を通観するならば，農地制度をめぐる主要な論点はほぼ出尽くしたと言ってよい状況にある[17]．これが筆者の実感である．けれども，農地制度が重い歴史的な経緯を背負い，しかもさまざまな利害が複雑に交錯する分野の問題であることも疑いをいれない．

---

[17] 2002 年には農地制度に関する関係局長のアドバイザリーグループとして，「経営の法人化で拓く構造改革に係る有識者懇談会」と「農山村地域の新たな土地利用の枠組み構築に係る有識者懇談会」が設置されている．また，2003 年 12 月の「総合規制改革会議第 3 次答申」においても農地制度をめぐる幅広い論点の整理と改革方針の提示が行われている．

また，今回の改革では構造改革特区による特例措置の全国化がひとつの焦点になったことから，特区の評価委員会による作業の進展にも目を配る必要があった．改革の成案の作成に多少の時間を要した点にはやむを得ない面もあったとすべきであろう．

　「中間論点整理」が農林水産省に提示を求めたのは，「①優良農地の面的な確保を推進する上で望ましい農用地区域制度や転用規制の在り方，②担い手への農地の利用集積について，面としてのまとまりを確保しながらその加速化を実現するための施策の枠組み，③耕作放棄地の発生防止・解消のための施策，④意欲と能力のある主体による農地の権利取得とその効率的利用を促進する上で望ましい農地の権利移動制限の在り方」の4つのテーマに関する改革の具体像であった．これらの宿題に対する回答は2004年10月1日の企画部会に提示され，その後の検討を経て，2005年の通常国会において関連する法律の改正が行われた．その中身については，次節で吟味することにしたい．

　改革の具体像には踏み込まなかったものの，「中間論点整理」にも農地制度をめぐる重要な記述が含まれている．ひとつは「各地域が直面している課題に的確に対応するため」，「地図情報等を活用し，農地利用の実態を高い精度で把握しておくこと」が大切であるとした点である．この記述も新基本計画に引き継がれた．整備された地図情報は今後の農地の面的な集積に威力を発揮することであろう．もうひとつは，耕作放棄地に関して「不在村土地所有者の増加等に伴って一層拡大することが見込まれる」と指摘した点である．前章でも指摘したとおり，不在村所有者の農地はしばしば効率的な土地利用の実現にネックとなっている．

4.4　資源保全政策のあり方

　資源保全政策に言う資源とは，さしあたり農業生産に投入される地域の共有資本というほどに理解しておきたい（本書第7章で詳述する）．典型的には農業水利施設や農道がある．つまり，地域の農業者の共同の利用に供されており，かつまた共同の維持管理活動のもとに保全されている資本ストックが政策の対象として想定されている．同じように農業に投入される資本であっても，農業

機械や園芸施設などは個々の農業経営が直接管理しているから，資源保全政策の対象とはならない．

　農地を対象に含めることについては微妙なところがある．通常であれば，農地にはそれぞれ所有権者や利用権者が存在する．その意味では私的な資産である．けれども，隣接する水田との境界である法面は共同で管理されている場合があり，加えて農地にはしばしば水利田や病害虫などによる近隣圃場への影響関係が発生しているから，個々の圃場ごとに独立した生産要素とは言いがたい面がある．経済学の用語で表現すれば相互に外部性が作用している．したがって，農業者はみずからの農地を保全することで同時に地域の農地の保全にも貢献している．このような意味において，農地自体も地域農業資源としての性質を帯びているのである．

　「中間論点整理」は，農地や農業用水などの資源を農村の社会共通資本と規定し，「今後は，新たな施設の整備から，既存の施設の更新や保全管理に重点を置く施策に移行していく必要がある」とした．同時に，「過疎化・高齢化・混住化等の進行に伴う集落機能の低下により」，資源の保全管理の適切な実施が困難になる懸念も指摘している．このことが新たな政策の検討が要請されている背景だというわけである．加えて，農村の社会共通資本によって支えられている「国土の保全，水辺環境や生態系の保全，農村景観の形成等の多面的機能の便益は，地域住民を中心に広く国民が享受」しており，他方で「保全管理に係る負担の多くは農業者に集中している」とも指摘する．便益の享受と費用の負担のあいだにギャップが存在しているとの認識である．

　これらの基本認識に立って「中間論点整理」は，「資源が今後とも良好な状態で保全管理されるよう，将来にわたり，適切に資源の保全管理を行いうる施策手法の選択と組み合わせが可能となる施策体系を構築する必要がある」と述べている．とくに新しい施策手法として，「地域の創意工夫による多様な取り組みを基本とした資源や農村環境の保全活動に対する支援を行う手法」を提示している．このような新手法を実施するとの判断が固まった段階では，地域の協議会の設置や取り組み内容の協定化，さらにはクリアすべき保全活動の規範の策定が行われることが想定されている．

　「中間論点整理」は資源保全政策，とりわけ支援というかたちの新手法につ

いて無条件にゴーサインを出したわけではない．まずは2段階の検証を求めている．すなわち第1に，資源保全のための規制的手法から奨励的手法までを組み合わせた取り組みの有効性を検証する作業である．さらにこの検証を通じて保全活動に対する支援が必要と判断される場合には，第2に「保全活動に係る規範の具体的内容」，「支援の手法の具体的内容」，「既存施策との整合性の確保方策」についてモデル的に実効性を検証し，そのうえで施策を導入していく必要があると指摘している．

なお，「既存施策との整合性の確保方策」に言う既存施策のなかには，中山間地域等直接支払制度が含まれていると考えてよい．中山間地域等直接支払制度による集落協定のもとでの活動は，今回の資源保全政策の想定している活動と重なるところが多いからである．中山間地域等直接支払制度のもとで締結された集落協定32,747件のうち，活動内容に農道の管理をあげた協定は32,011件（98%），同じく水路の管理30,534件（93%），法面点検26,786件（82%）であった（農林水産省「平成14年度中山間地域等直接支払制度の実施状況」，2003年による）．

資源保全政策に関する「中間論点整理」の内容は，表現をコンパクトに圧縮したうえで新たな基本計画に引き継がれた．ただし，新基本計画では「平成19年度からの必要な施策の導入に向け」て「調査を実施する」としており，施策の導入の時期が明示された．

4.5　農業生産環境政策のあり方

すでに述べたように，「中間論点整理」全体を通じた特色のひとつは，環境保全型農業への転換を重視している点にある．総論にあたる「政策展開の基本的考え方」ではひとつの項を起こし，改革で留意すべき基本的な視点として，「農業の自然循環機能を適切に発揮させることを通じ，循環型社会への転換に貢献するため，食料・農業・農村に関する政策についても環境保全を重視した体系とする必要がある」ことが強調された[18]．そのうえで，環境保全型農業を

---

18)　この点は新たな基本計画にも共通しており，「改革に当たっての基本的視点」のひとつ

推進するための具体的な施策についても一定の方向が示されることになった．

すなわち，第1の柱として「環境と調和のとれた農業生産活動の確保を図るため，農業者が最低限取り組むべき規範を策定」することが謳われ，第2に「各種支援策を実施する際の要件として，農業者にこの規範の実践を求める」方向を提示した[19]．しかも，規範の策定は2004年度末までに行い，2005年度以降は各種支援策のうち可能なものから要件化に進むこととされた．1992年の共通農業政策の改革によってEUで導入されたクロスコンプライアンスと同様の手法が適用されるわけである．こうした点で先行するEUのモデルが存在することもあって，農業環境政策は本格的な検討の開始から実施段階への移行が比較的短期日のうちに進んだ政策ジャンルであると言ってよい．

農業環境政策の第3の柱は，「最低限取り組むべき規範」を超えるような優れた取り組みに対する支援である．この点について「中間論点整理」は「環境保全への取組が特に強く要請されている地域において，農業生産活動に伴う環境への負荷の大幅な低減を図るためのモデル的な取組に対する支援を導入する」方向で施策の具体化を図る必要があるとした．目を引くのは，「この取組が広範に普及するにつれて，生産される農産物の付加価値の低下が避けられないこと等を国民に説明していく必要がある」とも指摘した点である．環境保全型農業への取り組みは，いまや少数の農業者に限定された取り組みの域を超えるべきステージに到達していることが，こうした表現にも反映されている．

その後策定された新基本計画が「中間論点整理」と異なるのは，ここでも政策導入の目標年次を明示したことである．すなわち新しい基本計画ではいま述べた農業環境政策の第3の柱についても，「農業生産活動に伴う環境への負荷の大幅な低減を図る先進的な取組に対する支援の平成19年度からの導入に向け」「調査を実施する」と記述された．

に「環境保全を重視した施策の展開」が掲げられた．そこでは環境保全型農業への転換が，「我が国農業が将来にわたって国民の信頼を得て，世界に共通する競争力ある産業として持続的に発展していくための道でもある」と指摘されている．

19) 新しい基本計画ではこの部分を，「規範を実践する農業者に対して各種支援策を講じていく」と記述した．この表現には，規範を実践すればその対価として助成が講じられるという誤解を生みかねない面がある．このこともあって，いま引用した部分には括弧書きでクロスコンプライアンスとの注釈が添えられている．

5. 改革の具体化に向けて：農地制度と品目横断的政策

5.1 農地制度改革の具体像

　この項では，2004年10月に提示された農林水産省の具体案を中心に，農地制度改革の基本方向を整理するとともに，いくつかの残された問題をあわせて指摘することにしたい．なお，次項も含めてこの節の引用は，とくに断らないかぎり，2004年10月以降の企画部会に提出された農林水産省資料からの引用である．

　農林水産省の提示した農地制度改革の課題は次の4つに整理されている．すなわち，①担い手への利用集積の遅れ，②耕作放棄地の増加，③都市住民等の農地利用ニーズの高まり，④優良農地の確保の4つである．この課題の構成は「中間論点整理」が具体像を求めた4つの柱とはやや異なっている．それは「中間論点整理」が掲げた第4のテーマである「意欲と能力のある主体による農地の権利取得とその効率的利用を促進する上で望ましい農地の権利移動制限の在り方」を，「耕作放棄地の増加」に対処するための見直しの一部として検討するとした点である．「都市住民等の農地利用ニーズの高まり」が課題の柱とされた点も「中間論点整理」とは異なっている．もっとも，新しく整理された課題は，全体として「中間論点整理」の課題をカバーしているから，内容に実質的な変化があったわけではない．そして，10月の時点で打ち出された改革の方向は，ごく一部を除いて新たな基本計画に原案通り盛り込まれることになった．課題の柱立てがやや揺れた点は，企業の農業参入の問題が過度にクローズアップされることを避けたいとの配慮が働いたためかもしれない[20]．

---

20)　農地制度改革に関する新たな基本計画の構成は，「中間論点整理」に近いものとなった．すなわち，「農地の有効利用の促進」のタイトルのもとで，
　　ア　担い手への農地の利用集積の促進
　　イ　耕作放棄地の発生防止・解消のための措置の強化
　　ウ　農地の効率的利用のための新規参入の促進
　　エ　優良農地の確保のための計画的な土地利用の推進等
の4つの柱が立てられた．なお，「都市住民等の農地利用ニーズの高まり」という課題については，新基本計画の「都市と農村の交流の促進」の項において「市民農園の開設の要件を緩和するなど，農地の利用機会の拡大を図る」と記述された．

さて，課題①への対応策である「担い手への農地の利用集積の加速化」については，認定農業者（個別経営農家，法人経営）への農地の利用集積を強調するとともに，特定農業団体から特定農業法人へと至る道筋を重視する方向があわせて打ち出された[21]．後者は，一定の要件を満たす集落営農を施策集中の対象とするとした担い手政策や経営安定対策とも歩調を合わせた方向である．いずれの道筋についても，地域の合意を基礎に農地利用をめぐる担い手を明確化し，その担い手に農地を集積することが想定されている．

　問題は具体的な手段である．この点について農林水産省は，「農用地利用改善団体の策定する農用地利用規程を活用」するとした．農用地利用改善団体も農用地利用規程も新しい制度ではない．既存の仕組みの活性化を図ろうというわけである．そのための制度改正も用意された[22]．けれども，これらの制度の本質は農地の利用調整をめぐる地域の自治的・自主的な活動を側面から支援するところにあると考えられる．言い換えれば，地域の側に農地集積に向けた内発的なエネルギーが存在しないかぎり，側面支援に出番はないのである．過去に設立された農用地利用改善団体がしばしば眠り込んでしまった背景には，内発的なエネルギーの欠如という根本問題が横たわっていた．ここを変えることができるか否か．経営安定対策を中心とする担い手政策が，担い手の成長と農地の集中に向けたテコとして機能するか否かが問われている．

　課題②への対応である「新たな耕作放棄地対策と農地の権利移動制限の緩和」については，「所有者・地域等による遊休農地の有効活用」や「農地を農地として活用する者の利用の増進・新規参入」に加えて，「所有者不明農地等において，市町村が適切な管理を行える仕組み」などの「公的主体による対応」からなる3本柱が提示された．「遊休農地の振り分け」，つまり将来ともに

---

21) 特定農業団体とは，農業経営基盤強化促進法に基づいて，地域の農地の3分の2以上を集積（作業受託）する相手方として，地域の地権者の合意を得た集落営農組織．5年以内に農業生産法人となること等を内容とする計画を有していることや，耕作または養畜について構成員全員で費用の共同負担や利益の配分を行っていること等の要件を満たす必要がある．特定農業法人とは，農業経営基盤強化促進法に基づいて，地域の農地の過半を集積する相手方として，地域の地権者の合意を得た農業生産法人．
22) 「集落営農の構成員の役割分担等を明確化」することや，担い手に対する「農地の利用集積の目標を明示」することなどにより，農用地利用規程を充実するとされている．

農地として利用をはかる農地と林地などへの転換をはかる農地への計画的な土地利用区分を含めて，これらの遊休農地の解消・防止策については市町村がマスタープランを策定することとされた[23]．

注目されるのは「公的主体による対応」であり，相当に思い切った措置が盛り込まれることになった．具体的には，適正に管理すべき遊休農地について，所有者が不明である場合や，市町村長による措置命令（草刈り，土石等の排除など）に従わない場合には，市町村長による代執行が可能になる．また，遊休農地の農業上の利用を増進する措置についても，最終的には知事の裁定によって利用権を設定する道が開かれる[24]．これまでの所有権優位の農地制度の運用に対して，農業上の利用を優先する観点から方向転換をはかる制度改正として評価したい．

課題②への対応のうち「農地を農地として活用する者の利用の増進・新規参入」のための具体策としては，「特区方式による農業生産法人以外の法人の参入」と「地域の実情に応じた農地の権利取得の際の下限面積の引き下げ」が提示された．これらの特例措置については，構造改革特区の評価委員会の決定を経て実質的に全国化されることになった．したがって今後の農業法人制度については，法人の形態には制約はあるものの，農地利用の権利の形態に対する制約は弱い農業生産法人制度と，法人の形態に対する制約は弱いものの，権利の対象がリースに限定される特区方式を継承する法人が併存することになる．後者に関しては，市町村や農地保有合理化法人（注26参照）が農地所有者と参

---

23) 制度的には，従来から市町村が策定するとされている農業経営基盤強化促進基本構想に，耕作放棄地対策と後述する農地のリース方式による企業等の農業参入に関わる事項を盛り込むことになる．

24) 耕作放棄地の管理の必要が発生した場合に，まずは農業委員会が指導を行う．農地の所有者等が指導に従わないときには「特定遊休農地の通知」が行われる．これによって農地所有者等には「利用計画の届出」が義務づけられるが，届出がない場合や計画が不適切な場合には，市町村長が「必要な措置を勧告」する．それでもなお農地所有者等が従わない場合，農地保有合理化法人や特定農業法人や市町村を相手方とする「買入れ等の協議」に入ることになる．ここまでのステップについては，買入れ協議の相手方として特定農業法人と市町村が加わった点以外は，これまでも制度としては存在していた．今回の改革では，ここまでのステップに加えて，「買入れ等の協議」が不調な場合に知事による「買入れ等の調停」というステップが設けられ，さらに調停案が受諾されない場合には，知事が「特定利用権の設定」の裁定を下すことができるとされた．

入法人のあいだを仲介する．この点で農地制度運用の重心は，農業委員会から市町村の側にいくぶんシフトすることになると言ってよい．

　ところでリース方式をめぐる特区制度の運用から，次のふたつの教訓を引き出すことができる．第1に，制度自体が各方面からの関心を呼んだこともあって，参入する側も受け入れる側も，いわば緊張感をもって新制度に臨んでいることである．むしろ，全国化の課題はこの緊張感を持続し，拡大することにあると言えよう．第2に，第1の点とも関わって，農業への門戸を広く開くとすれば，参入後の的確なモニタリングが決定的に重要だという点である．特区においては弊害の有無をチェックする必要性から，事後的なモニタリングが確保されている．そのことが緊張感を伴う制度の運用を可能にしていると言ってよい．ともあれ特区の試みは，農家による農業を想定した自然人主義や事前の資格規制を柱とする現行の農地制度から，事後的な行動規制をおろそかにしない新たな農地制度に移行する準備としての機能を果たしたと言ってよい．

　課題③の「都市住民等の多様な農地需要への一層の対応」について農林水産省は，すでに全国化が決定されていた特区方式による「農地所有者，NPO等による市民農園の開設を促進」するとともに，「担い手への農地集積に支障が生じない範囲で，都市住民等の小規模な農地の権利取得を可能にすることを検討」するとした．ただし後者については，企画部会の場で小規模農地の所有権取得に対する懸念が表明されたこともあり，この方向での制度改正は断念された．

　最後に，課題④に応えるための「農業振興地域制度，農地転用制度の見直し」に関しては，「農業振興地域整備計画の変更等に際し，理由の公表，地域住民の意見提出の機会付与等の措置」を創設し，制度運用の透明性を確保することとされた．また，「国・地方公共団体等が行う公共転用について，関係部局間における調整が十分に行われるよう周知徹底」するとともに，「農業委員会が，都道府県知事と連携して調査を行う等，違反転用のチェック体制を強化」することも盛り込まれた．後者の違反転用に関する制度の整備としては，「都道府県知事の立入調査事務を条例により農業委員会に委任すること」で農業委員会の権限を強化する方向が打ち出された．

　以上が農地制度改革の骨格である．すでに触れた点との重複を避けながら，

ここでは残された課題をいくつか指摘しておきたい．

　ひとつは農業生産法人以外の法人の農業参入をめぐって，所有権の取得を認めるべきだとする主張についてである．主張があるという意味で問題が残されているわけであるが，筆者はこのさいむしろ次のふたつの点について議論を深めるべきだと考えている．ひとつは，借地による農業のウィークポイントを克服するための手だてを整備することである．なによりも借地による農業の安定化を図ることが重要である．戦後の農地制度は，所有者が農地を貸しやすい環境を整えるため，借地農業者の権限に制約を加える方向で改正を重ねてきた[25]．この点についても，利用優位の農地制度という理念を徹底することと相俟って，今日の鑑識眼でその功罪を見直すことが必要であるように思われる．さらに，借地側が実施した土地改良などの投資を確実に回収できる制度を利用しやすいかたちで整えること[26]や，土地担保に過度に依存しない農業融資制度を準備することも，借地農業のウィークポイントを克服する重要な措置となることであろう．むろん，これらはひとり参入法人のみに関わる課題ではない．借地農業全般について，その安定化を図るための制度の整備が求められている．

　議論を深めるべきもうひとつの論点は，所有権を云々する場合にそれがいか

---

25) 1970年の農地法改正によって，合意解約と10年以上の期間の定めのある賃貸借に関する更新拒絶の通知については，都道府県知事の許可を要しないこととされた（第20条．改正前は合意解約にも知事の許可が必要とされていた）．さらに1975年には，農地の貸し手側の抵抗感をさらに和らげる制度として，期間の定めのある賃貸借であって，期間の満了によって自動的に終了する定期利用権の設定に道が開かれた（農用地利用増進事業）．この制度は1980年に制定された農用地利用増進法（1993年以降は農業経営基盤強化促進法）に引き継がれている．なお，戦後の農地制度の展開過程については関谷（2002）が参照されるべきである．

26) 有益費償還の問題である．民法第169条第2項には「占有者カ占有物ノ改良ノ為メニ費シタル金額其他ノ有益費ニ付テハ其価格ノ増加カ現存スル場合ニ限リ回復者ノ選択ニ従ヒ其費シタル金額又ハ増加額ヲ償還セシムルコトヲ得」とある．ただし土地改良事業の場合には，この規定にかかわらず増加額によることとされている（土地改良法第59条）．この点の今日的妥当性も含めて，有益費償還の問題については，新しいタイプの農地賃貸借の展開を踏まえた整理が必要であり，そのうえで賃貸借の当事者や農地行政の実務に携わる人々に向けて適切なガイドを提供することが重要である．なお，農地に関する有益費問題の意味合いについては桂（2002）の第4章（「果樹園の地価・地代と有益費問題」）が参照されるべきである．「果樹園の」という限定が付されてはいるが，有益費問題をめぐる文献の包括的なレビューとしても有益である．

なる所有権を意味しているかという問題である．所有権の取得を主張する側にも，これに反対する側にも，主張の前提としている所有権がいかなる性格の権利かという問題意識は概して希薄であるように思われる．けれども，前提がはっきりしない議論ほど不毛なものはない．ほとんどオールマイティの所有権もあれば，公共の福祉の観点から強い制約のもとにおかれた所有権もある．農地の場合にも，農地をめぐる法制度とその運用のあり方によって，同じ所有権といっても権利の及ぶ範囲と強さには大きな違いが存在するはずなのである．

さて，残された問題の第2は，改革によって整備された制度の実効性である．とくに市町村や農業委員会に委ねられている権限が的確に行使されなければ，制度の改正は画餅に帰することになる．この問題については3つの観点が大切である．ひとつは，農地制度を運用する現場の組織の充実を図ることである．ただし，個々の組織をそのままのかたちで拡充することを推奨しているわけではない．逆である．農地制度については，制度の複雑化に伴ってこれを支える組織も複線化してきた経緯がある．農地に関連する組織には農業委員会，市町村行政，都道府県レベルと市町村レベルの農地保有合理化法人[27]があり，さらに少なからぬ土地改良区も農地制度に関わりのある業務を担当している．このように分散状態にある人的資本と関連情報を統合する方向で，農地制度を支える組織の再編・充実を図るべきである．

もうひとつの観点は，農地制度に関する権限の行使をバックアップする世論の喚起である．利用優位の農地制度という理念を徹底するため，国会をはじめとする公の場において議論が深められてしかるべきである．地域レベルにおいては，住民の厳しい目と声が重要な役割を果たす．さらにこのことにも関連する3番目の観点として，問題が生じているその実態に関する情報の開示が制度の運用を支える世論の喚起に効果的であることを指摘しておきたい．市町村単位で耕作放棄や違反転用の実態とともに，これに対する農地関連組織の取り組みの状況をあわせて把握し，誰もがアクセスできる情報のかたちで公表することが考えられてよい．

---

[27] 中間保有などの手段によって農地の権利移動に直接介入し，農業経営の規模拡大や農地の集団化を実現する公的法人．都道府県や市町村に設置することができるほか，農協も合理化法人となることが可能である．

農地制度に残された課題の第3は，制度の複雑化にどう対処するかである．今回の制度改革は，農業経営基盤強化促進法と農地法を中心に既存の法律の改正によって実施に移される．そこで避けがたいのは制度の複雑化である．すでに相当に複雑であるから，さらなる複雑化と言うべきであろう．本来であれば，農地法と農業経営基盤強化促進法について，後者を軸に法律としても統合を図ることが正攻法である．このことを踏まえたうえで，統合にある程度時間がかかるとすれば，さしあたり法体系と制度運用の複雑化に対処する代替的な手段を講じるべきである．なによりも農地制度のユーザーである農業者や参入希望者にとって分かりやすく，また，現場で農地制度の運用に携わる人々にも分かりやすいかたちで，農地制度のパーツを体系化して提示する必要がある．農地制度の解説書はある．けれども，法律の条文に沿った解説だけでは充分とは言えない．直面する問題の性格に応じて制度の内容を理解できる手引書や，豊富な実例に触れることができるマニュアルを工夫する必要がある．

5.2　品目横断的政策の対象

　今回の農政改革をめぐる大きな争点は，すでに触れたとおり，担い手政策なかんずく品目横断的政策の対象をいかに設定するかという問題であった．「中間論点整理」を受けて農林水産省は，担い手政策について「担い手明確化の前提となる「効率的かつ安定的な農業経営」の具体的な指標としては，代表的な営農類型（地域）ごとに，他産業従事者並みの所得が確保できる経営規模を基本に考えるべきではないか」との見解を提示した．こうした具体的な定義とともに，他産業の1人当たり生涯所得を2.1億円として，年間530万円を確保できる経営規模（面積）の試算値も示された．

　さらに，品目横断的政策の対象について，農林水産省は「望ましい農業構造を実現する観点から，認定農業者等の要件に加えて，他産業並みの所得を確保し得る経営規模を要件とすべきではないか」とするとともに，「経営規模については，他産業並みの所得を確保し得る経営規模の実現まで一定の期間が必要であることや，他産業所得自体が地域によって違いがあることを考慮に入れ，一定の「幅」を設ける必要がある」との認識を提示した．ここで言う一定の

「幅」とは具体的になにを意味するか．

　この点については，2004年10月15日の企画部会に提出された資料「経営安定対策（品目横断的政策等）について」に示された図がある．図には3重の楕円が描かれている．一番内側の楕円の内部は「効率的かつ安定的な農業経営」である．一方，一番外側の楕円の内側は担い手を意味する．したがって，「中間論点整理」の担い手の定義に従うならば，内側と外側の楕円に挟まれた領域には「効率的かつ安定的な農業経営を目指して経営改善に取り組む農業経営」が存在することになる．問題は，内側の楕円と外側の楕円の中間にもうひとつの楕円が描かれている点である．そして，これが内側の楕円内の「効率的かつ安定的な農業経営」とのあいだの一定の「幅」を表すラインであるとされた．

　この楕円の概念図に従うならば，同じ担い手と言っても，品目横断的政策の対象となる担い手と，対象とはならない担い手が生じることになる．いわばふたつのクラスの担い手が同じ地域に併存するわけである．担い手については第4節1項で述べたように，「中間論点整理」による担い手に加えて，認定農業者制度による担い手と地域水田農業ビジョンによる担い手が存在し，概念の混乱が生じている．これに加えて，今回の改革パッケージの内部にふたつのクラスの担い手が並立する事態はけっして好ましいことではない[28]．分立状態にある担い手の概念と制度を，このさい一定の基準のもとに収束する手だてを講じるべきである．

　ところで，品目横断的政策の対象要件に関して全中（全国農業協同組合中央会）は，「一律の規模要件を設定するのではなく，「意欲あるもの」や「育成すべき者」，「法人化前の集落営農」や「受託組織」へ「参画」する者など，「地域の実態に則した担い手」としていく要件にする」ことを主張している[29]．

---

28) この点については，10月15日の企画部会において企画部会長から懸念の表明がなされた．これに対して10月29日の企画部会では経営局長が「将来，この認定農家制度が成熟をいたしまして，全国的に平準化するというような状況になりましたら，この対象経営と認定農家の制度が一致するということになるかと思います．現時点では，経営規模等の要件等をつけることはやむを得ないのではないかというふうに考えている次第でございます」との説明を行っている．

29) 全国農業協同組合中央会「新たな基本農政確立に向けたJAグループの考え方（メ

「「担い手」づくりは必要だし，農政転換は必要」だとの前提をおいたうえでの記述であるが，この部分だけを取り出せば，誰もが施策の対象となりうると読むこともできる．もしそうだとすれば，納税者の負担によるこの種の政策については，その効果が消費者としての国民のもとに還元されるべきだという基準に照らして，これを受け入れることはできない．しかしながら他方で，農林水産省の要件設定の姿勢にも問題なしとしない．その一端はすでに述べたが，さらに次のふたつの点に留意する必要がある．

　ひとつは要件の設定が，成長を目指す農業経営の排除につながってはならないという観点である．「中間論点整理」が提起している担い手政策や品目横断的政策に対する批判や懸念には大別してふたつのタイプがある．ひとつは，とにかくすべての農家を一律に扱うべきだとする主張である．この種の議論については，農家経済の内容が著しく分化・多様化した現代の農村の実態に照らして，また，家計支出でみた安定兼業農家の経済厚生の水準が専業層のそれを上回っている実態に照らして妥当性を欠いている．

　もちろん，農村には経営規模の大小にかかわらず共同で参画すべき活動が存在することも，あるいは，それが地域の農業生産の持続に不可欠な要素を含んでいることも事実である．けれどもそうであるがゆえに，農村の地域資源の保全に配慮した政策の設計が同時並行的に行われているのである．第3節で述べたことをもう一度繰り返す．それぞれの政策の手段と対象はその目的に応じて異なっていて当然であるが，同時に農業・農村に必要な政策がバランスよく配置されている状態が「中間論点整理」の描き出した政策体系のビジョンなのである．

　さて，担い手政策や品目横断的政策に対するもうひとつのタイプの懸念は，対象を明確化することには理解を示すものの，そのことで担い手の育成にかえってブレーキが働くようでは困るとするものである．たしかに，担い手の絶対的な不足が懸念される水田農業において，担い手の候補者を排除することになるとすれば，担い手政策としては自殺行為である．一定の規模要件を満たす担い手に対する施策の集中を打ち出したねらいは，むしろ要件達成への取り組み

モ)」，2004年12月．この文書は同月2日に開催された自由民主党農業基本政策小委員会に提出された．

を地域の求心力とすることで，意欲を持った農業者に農地を集中する運動や，集落営農を経営体として組織するダイナミズムを引き出すところにある．要件の輪を広げて単に数のうえで「担い手」を増やすのではない．要件をクリアする担い手の増加をはかるのである．もちろん，精神論だけでは力にならない．要件達成に向けた求心力を農地の集積やたしかな投資行動に結びつける政策的な裏付けも必要である．この意味において品目横断的政策は，農地の利用集積対策をはじめとする多彩な担い手政策と一体化したパッケージとして実施されなければならない．

　要件設定に関して留意すべきもうひとつの点は，農業生産や経済活動の地域性に対する配慮である．この論点は今回提起されている担い手政策や品目横断的政策に限定されるわけではない．現代農政の根本問題のひとつであると言ってもよい．一方の極に全国一律の要件を適用する方式が考えられる．もう一方の極にはそれぞれの地域が独自に要件を設定する方式がありうる．しばしば議論はこの両極のあいだを揺れ動く．ここで考えられてよい第3のアプローチは，要件の内容を決定する算式については全国共通のものを用意し，そのもとで算式に代入される具体的な値については地域それぞれのデータを適用する方式である．いくつかの調整要素をオプションとして提示し，地域がこれを選択することも考えられる．結果的には地域ごとに要件の内容は異なることになるが，全国共通の考え方は貫かれている．ポイントは算式がどれほど合理的なものとなるかであり，この仕事にふさわしい見識と権威を備えた組織を確保することができるか否かにある．いずれにせよ，国の政策に地域性を配慮する要請は今後とも繰り返し出現するはずであり，一度じっくり腰を据えて検討するに値するテーマであるように思われる．

補論　実施段階に移行する農政改革

　2005年10月27日，農林水産省は「経営所得安定対策等大綱」を決定した．大綱は新たな基本計画の段階でも改革の具体像を詰め切れていなかった部分について，最終的な姿を描き出した．すなわち，品目横断的政策，資源保全政策，

農業生産環境政策の具体像が明らかにされた.

まず品目横断的経営対策の対象者については,以下の条件のすべてに該当することと整理された.

①認定農業者,特定農業団体又は特定農業団体と同様の要件を満たす組織であること.
②一定規模以上の水田又は畑作経営を行っているものであること.一定規模とは,認定農業者にあっては北海道で10ヘクタール,都府県で4ヘクタール,特定農業団体又は特定農業団体と同様の要件を満たす組織にあっては,20ヘクタール.ただし,都道府県知事からの申請に基づいて,中山間地域に関する要件緩和や複合経営に関する個別認定などのかたちで国が別途の基準を設けることができるとされた.
③対象農地を農地として利用し,かつ,国が定める環境規範を遵守するものであること.

品目横断的政策のうち諸外国との生産条件格差の是正のための対策の対象品目は麦,大豆,てん菜,でん粉原料用ばれいしょ,同じく収入の変動による影響の緩和のための対策の対象品目は米,麦,大豆,てん菜,でん粉原料用ばれいしょとされた.収入の変動緩和対策に関して,新基本計画は「諸外国との生産条件格差を是正する対策の経営の安定にもたらす効果を見極めつつ」「必要性を検討する」としていた.この点について大綱は,生産条件格差是正対策の対象品目をいずれも収入変動緩和対策の対象にするとの判断を下したわけである.また,生産条件格差是正対策には過去の生産実績に基づく支払いと並んで,各年の生産量と品質に基づく支払いを行うとしている.後者はWTO農業協定のうえでは,削減対象となる「黄色の政策」である.

資源保全政策と農業生産環境政策については,両者を密接にリンクした政策として設計する方向が打ち出された.なお仮称ではあるものの,政策の名称も「農地・水・環境保全向上対策」とされた.これまで検討されてきた資源保全政策に対応する部分は,この対策のうちの「共同活動への支援」である.すなわち「社会共通資本である農地・農業用水等の資源を,将来にわたり適切に保

全し，質的向上を図るため，集落など一定のまとまりを持った地域において，農業者だけでなく地域住民等の多様な主体が参画する活動組織を設置し，活動組織の構成員が取り組む行為を協定により明確化した一定以上の効果の高い保全活動（現状の維持にとどまらず，改善や質的向上を図る活動）を実施する場合に一定の支援（基礎支援）を行う」とされた．

　もっとも，大綱では支援の具体的な姿，例えば助成金の具体的な使途のあり方といった点には踏み込んでいない．今後の検討に委ねられているわけであるが，そもそもこの政策の目的は農村コミュニティの共同活動を励起するところにあった．第7章で詳しく論じるように，こうした市場経済とはディメンションを異にする共同の営みも，近未来の日本社会に引き継ぐべき要素だからである．制度設計の詳細に分け入っていく際にも，この基本線を踏み外すことがあってはならない．

　一方，農業生産環境政策に対応するのは「営農活動への支援」である．「農業が本来有する自然循環機能の維持・増進により，環境負荷の大幅な低減を推進するとともに，地域農業の振興にも資するため，活動組織内の農業者が協定に基づき，環境負荷低減に向けた取組を共同で行った上で，地域で相当程度のまとまりを持って，持続性の高い農業生産方式の導入による化学肥料・化学合成農薬の大幅使用低減等の先進的な取組を実践する場合に一定の支援（先進的営農支援）を行う」とされた．このほか，詳細は今後の検討に委ねられているが，「地域の取組の更なるステップアップへの支援」という要素も加わった．

　このように「農地・水・環境保全向上対策」は，あらためて「基礎支援」と「先進的営農支援」の二層の政策として打ち出された．ここで重要な点は，「先進的営農支援」の対象地域を「「基礎支援」の実施地域であって，計画等に基づき地域として環境保全に取り組む地域」としたことである．つまり，「基礎支援」の実施地域であることが，「先進的営農支援」の対象になるための要件のひとつとされたことになる．この点のみを取り出せば，一種のクロスコンプライアンスと言えなくもない[30]．

　農業生産環境政策について新基本計画は，「中間論点整理」と同様に「環境

---

30) クロスコンプライアンスの概念については，本書第8章を参照していただきたい．

保全が特に必要な地域において，農業生産活動に伴う環境への負荷の大幅な削減を図る先進的な取組に対する支援」の導入に向けた調査を実施するとしていた．これに対して大綱では，「環境保全が特に必要な地域」といった表現が姿を消した．地域の限定はやや弱まったとの印象を与える変化である．けれども，他方で「基礎支援」の対象地域であることがひとつの要件とされた．これはむしろ限定を強める要素である．問題は，地域資源保全の取り組みの範囲と環境保全型農業の取り組みの範囲が重ならないケースが少なくないと考えられる点である．とくに環境保全型農業の場合，例えば販売戦略を軸に結集した農業者の組織による取り組みのように，地縁的な組織とは異なるスタイルをとる場合がある．あるいは，特定の農家が非常に優れた取り組みを行っていても，所属する地域の資源保全への取り組みが充分でないならば，「先進的営農支援」の対象となることはできない．

　一種のクロスコンプライアンスと言えなくもないと述べた．しかしながらクロスコンプライアンスという政策手法は，ある要件の達成を求められる主体と，そのことによって政策の利益を享受する主体が同一であることを前提として成立している．その意味で，資源保全政策と農業生産環境政策のリンケージはクロスコンプライアンスとは似て非なる手法である．合理的な政策体系の設計という観点に立つとき，大綱で提示された「農地・水・環境保全向上対策」には看過できない問題が含まれている．

第2章　価格政策依存型農政からの脱却

1. 市場の機能と政府の役割

　1999年7月に食料・農業・農村基本法が施行された．古い農業基本法の制定（1961年）以来，38年ぶりの新法である．21世紀初頭の農政の諸施策は，この新しい基本法のもとに配置されることになる．農産物市場をめぐる政策についてはどうか．新基本法第30条の第1項には，「国は，消費者の需要に即した農業生産を推進するため，農産物の価格が需給事情及び品質評価を適切に反映して形成されるよう，必要な施策を講ずる」とうたわれた．「必要な施策を講ずる」とあるが，実際には施策の過剰な市場介入を慎む方向に進んでいる．それが消費者や実需者のニーズにあった生産を促し，したがって，中長期的には自給率の向上にもつながるとの判断がある．

　新基本法下の農政が市場原理一本槍だというわけではない．同じ第30条の第2項には，「国は，農産物の価格の著しい変動が育成すべき農業経営に及ぼす影響を緩和するために必要な施策を講ずる」とある．また，2000年度に開始された中山間地域等直接支払制度は，新基本法第35条の「農業の生産条件に関する不利を補正するための支援を行うこと等により，多面的機能の確保を特に図るための施策を講ずる」という文言に対応している．多面的機能とは，農業生産活動の副産物である「国土の保全，水源のかん養，自然環境の保全，良好な景観の形成，文化の伝承」などの機能をいう（新基本法第3条）．経済学のタームを用いるならば，多面的機能とは農業生産の外部経済にほかならず，多面的機能を根拠とする施策には市場の失敗を補正する役割が期待されていると言ってよい．

筆者はかつて次のように述べたことがある．すなわち，新しい基本法のフィロソフィーは「食料・農業・農村問題の具体的な場面に即して，市場の機能と組織の役割を適切に配置すること」であると[1]．ここで言う組織には政府も含まれる．だから，新基本法のフィロソフィーを市場の機能と政府の役割の再配置と表現することもできる．いずれにせよ，この意味において，目下の農政の展開は大局的にみて妥当なものであると判断される．つまり，市場の機能がよりいっそう発揮されるべき分野と，政府の新たな役割が求められる分野の区分は，おおむね適切に行われつつあり，そのもとでいくつかの新しい政策手法が導入されようとしている．

　問題がないわけではない．とくに新しいタイプの施策に関しては，一面では実験的な要素もあることから，集中的な政策評価がぜひとも必要である．この点を念頭において本章では，3つの具体的な政策ジャンルの手法を対象として，それぞれの特徴と問題点を吟味する．すなわち，第1に麦や大豆などの価格制度，第2に農産物価格政策の改革と新たなセーフティネット，そして第3に直接支払型の政策について，主として経済学の観点から検討を加えることとする．いずれも近年新たな展開が図られている政策分野であり，農家の所得形成に直接影響を与えるタイプの施策である点に共通項を持つ．

2. 農産物の価格形成と品目別助成

　農産物価格政策の改革が進んでいる．先頭ランナーは食糧法（1994年）によって流通規制と価格規制が大幅に緩和された米であり，今日の米価は全体としての需給バランスを反映しつつ，産地と銘柄による細かな差別化が進むなかで形成されている．そして米に続いて，麦・大豆・加工原料乳などの農産物について，価格形成に対する政府の関与が急速に後退している．

　麦を例にとるならば，あらかじめ定められた価格のもとで政府が事実上すべての国産麦を買い入れていた制度から，実需者側と供給側が参加する入札制度を機軸とする価格形成システムへと移行した（2000年産麦）．そのさい，新た

---

1) 生源寺（1998b）の第13章（「新しい基本法の理念と方法」）．

に市場で形成される価格は外国産麦の売渡価格の水準にリードされるため，旧制度下の価格レベルを下回ると見込まれた．このことから，旧制度下の価格と新制度下の価格のギャップを埋めるかたちの固定支払いが新たに設けられた．同様の固定支払いは，大豆や加工原料乳についても導入されることとなった．いずれも農産物あるいは製品レベルの内外価格差を一定程度埋めるための支払いである[2]．

　一連の改革のねらいは，新基本法の第30条にうたわれたように，需給事情と品質評価を適切に反映した価格形成への移行という点にある．このうち品質問題を重視する姿勢は，旧制度のもとでは実需者側の評価が生産者に的確に伝わっていなかったとの反省からきている[3]．すなわち麦に典型的なように，実需者のニーズの強い品種や産地の生産物が不足する一方で，実需者の評価の低い生産物が過剰気味になる，いわゆる需給のミスマッチが常態化していたのである．これはむしろ当然である．なぜならば，若干の等級格差はあるものの，基本的には品質とは無関係に生産量の多寡で手取り額が決まる関係のもとでは，生産者の側が品質の向上にコストを投じることは合理的な行動とは言い難いからである．

　旧制度下の価格体系は品質向上へのインセンティブを欠いていた．生産者にインセンティブが働かないとすれば，技術開発に対する誘因も湿りがちになる．そうした構造が長年にわたって続いてきた結果，海外からの麦や大豆にコスト面のみならず，品質面でも遅れを取り始めていたのである．この点を改めること，ここに価格政策改革のねらいがあり，具体的には産地や品種による価格差の形成を促す入札方式などの導入がはかられた．では，このような改革は所期の効果を充分に発揮しているであろうか．はなはだ疑問であるというのが，筆者の偽らざる印象である．制度自体になお克服すべき問題点が含まれているのである．以下，もうしばらく麦を例にとって検討を進めることにしよう．

　まず入札価格の値幅制限に触れておかなければならない．品質評価を反映し

---

[2] ほぼ完全自給の状態にあって国際市場の価格の影響が遮断されている米については，こうした固定支払いは行われていない．

[3] 加工原料乳についてはいくぶん事情が異なる．さまざまな取引条件の工夫が可能で，取引相手の選択肢の広がる市場環境を作りだし，乳業と酪農とりわけ前者の合理化を促すことに制度改革の主たるねらいがあった．生源寺（2000d）を参照されたい．

た価格形成とはいうものの，入札価格に上下5％ずつの値幅制限が存在した．もっともこの点については，過去の米の入札市場（自主流通米価格形成センター）が順次値幅制限を取り外していったのと同様の経過を辿る可能性もある．いわば激変緩和措置としての値幅制限であるとするならば，それほど深刻な問題ではない[4]．また，値幅制限はあくまでも対前年比に関する制限であって，入札が繰り返されるにつれて，価格差は広がることであろう．現に入札制度4年目の2003年産の小麦については，60キログラム当たり1,886円から2,932円の価格差が形成されている．

問題は，このように品質格差を反映した価格が形成されても，生産者の手取りの段階になると，これが著しく希釈されてしまう点にある．すなわち，手取り価格は市場で形成される価格に先ほど触れた固定支払い（麦の場合は麦作経営安定資金）が加わったものとなるからである．2003年産小麦の場合を例にとると，麦作経営安定資金は60キログラム当たり平均6,526円であった（このほかに契約生産奨励金として平均585円が支払われる）．厳密には4つの銘柄区分と2つの等級が設定されており，銘柄と等級によって支払い単価は異なっている．具体的には銘柄区分Ⅰ・1等で6,833円（2等6,125円），銘柄区分Ⅱ・1等で6,347円（2等5,637円），銘柄区分Ⅲ・1等で6,105円（2等5,395円），銘柄区分Ⅳ・1等で5,622円（2等4,914円）であった．それなりに格差は存在した．しかしながら銘柄区分別の量的な割合をみると，区分Ⅰの小麦が87.1％と圧倒的なシェアを占めている（Ⅱ・Ⅲ・Ⅳの割合は順に8.9％，3.9％，0.0％であった）．大半の小麦が銘柄区分Ⅰの単価の麦作経営安定資金の対象となっているのである（データはいずれも農林水産省による）[5]．だとすれば，この銘柄区分も品質の高い小麦の生産を促すインセンティブとしては，はなはだ弱いと言わざるをえない．

この点を念頭において，先ほどの入札価格の差と麦作経営安定資金の平均単価を前提に計算すると，入札価格では100対64であった相対格差が，麦作経

---

4) 2005年度産からは値幅制限は上下7％に拡大された．
5) 銘柄格差を設けたことで，価格の高い品種に生産が移行した面のあった点も指摘しておく．この点も含めて，麦に関する政策の歴史的な変遷とその効果の評価については，横山（2005）を参照されたい．

営安定資金や契約生産奨励金を含めた手取り価格では100対90に縮小する.ここに問題がある.むろん,簡単に別の妙案が見出せるわけではあるまい.とくに今日の農政の手法,なかでも生産者の所得形成に関連する政策の手法については,WTO農業協定に基づく国際的な規律との整合性も求められる[6].この点に目配りする必要はある.けれども,せっかく導入された新たな価格形成方式であるだけに,インセンティブ効果をできるだけ減殺しない支払いスタイルの模索に,政策デザインの知恵を絞ることが大切である.

ところで,2003年の時点で麦作付面積の40%を水田の転作麦が占めている(このほかに畑作麦が34%,水田裏作麦が26%).この転作麦については,米の生産調整政策のもとで,10アール当たり最大73,000円(1年2作型の場合)もしくは68,000円(1年1作型の場合)の助成金の交付を受けることができた[7].ただし,いくつかの要件をクリアする必要があるため,最高単価を支給されている割合は全国の転作麦面積の61%にとどまった.それでも,麦を対象とする転作助成金の平均交付額は10アール当たり64,200円に達している.これは同年の小麦の平年収量370キログラム/10アールを前提とすれば,60キログラム当たり10,411円に相当する(データはいずれも農林水産省による).すなわち,この金額が品質とは無関係な固定支払いとして支給されるのである.先ほどと同様の計算を行うならば,この転作助成金を加えた手取りのレベルでは,品質による相対価格差はさらに100対95に圧縮される.

麦に対する転作助成金の単価は,2000年度からの生産調整政策である「土地利用型農業活性化対策」のもとで増額された.この転換は転作麦の作付面積を押し上げた.すなわち,前年の1999年に62,150ヘクタールだった作付面積が,2001年には95,020ヘクタールに急増しているのである.けれども,品質の良し悪しから独立した固定支払いによって誘発された作付面積の増加は,前述のミスマッチの拡大につながる可能性が高い.この懸念が現実のものになる

---

6) 一連の価格政策の改革によって生み出された品目別の固定支払いは,削減の対象となる「黄色の政策」としてWTOに通報されている.したがってここでは,同じ「黄色の政策」のなかでの巧拙が問われていると考えることもできる.しかしながら,先進国の農政が生産から切り離された直接支払いに次第に移行していることも事実である.

7) 2004年産から米の生産調整の方式が大きく変わり,全国一律の転作助成金は廃止された.本書第3章を参照していただきたい.

ならば，そうした増産はむろん実需者のニーズに沿った生産物の増加とは言えない．しかもやっかいなことに，短期的には自給率の上昇がもたらされるであろうから，そのことで問題がカモフラージュされかねない面を有している．

　10アール当たりの固定額として支払われてきた転作助成金には，品質の問題を離れても首を傾げたくなる点がある．いま品質に無関係な固定支払いと述べたわけであるが，面積当たりで固定されているのであるから，収量の水準からも独立した助成金である．このような助成金は，高収量生産によるコストダウンを促すインセンティブ措置という点でも，明らかに失格である．加えて，しばしば転作助成金の一部もしくは全額が地代として土地所有者に帰属することになる[8]．実際の生産活動を支えている農業者に対して，助成が充分には行き渡らないのである．この点は水田農業の構造改善という政策目的に逆行する事態と言わなければならないが，これも土地を対象に支払われる転作助成金のスタイルと無関係ではない．

　現在の転作助成金のシステムは，一面において生産調整を行った水田についても米に匹敵する所得を補償するという当初の発想をそのまま引き継いでいる．言い換えれば，いま述べたような問題点は，生産調整が本格的に開始された1970年以来，あるいは控えめにみても，転作作物の本格的な奨励策のスタートした1978年の「水田利用再編対策」以来変わることなく存在していたのである．そもそも米の生産調整の実効性を米以外の品目に対する助成によって確保する方式は，農産物の供給調整の手法としては特異な形態である．先進国の農業に生産調整の経験は少なくない．けれどもその場合，調整の対象となる品目に着目したメリット措置が設定されるのが普通である．例えば1996年農業法によって廃止されるまでのアメリカの穀物の生産調整は，参加者に対して穀物に関する不足払いを受け取る権利を付与するものであったし，EUで1984年にスタートした生乳の生産調整政策は，生産割当内の生乳に支持価格を保証している[9]．

---

8) 転作助成金の分配については，地域によってさまざまなケースがある．ひとつのケースとしてある酪農家の次の発言を紹介しておく．「わが家の特徴は，都市近郊にありながら粗飼料自給率が100％だということです．所有している飼料田畑4.5ha以外に休耕田等3haを借り入れて牧草作りには特に力を入れています．借り入れ休耕田については，減反助成金をそのまま借地代に当てて実質無償で借りています」(渕上2001)．

もちろん，日本に特異な形態であるからと言って，そのこと自体をただちに問題視する必要はない．しかしながら，ここで指摘した問題点は，いずれも政策の目的と手段の対応という本質的な部分に関わっている．とくに品質の向上をめざす点では，いわば一方でアクセルを踏みながら，他方でブレーキを踏む状態が生み出されているのである．米をめぐる政策の副作用が他の品目にまで及ぶ構造と言ってよい．しかも，こうした状態の持つ意味について，政策当局として正面切って検討を行った形跡もない．むしろ，ちぐはぐな政策の組み合わせには，長年にわたって麦の価格政策は食糧庁，転作麦への助成措置は農産園芸局が担当した縦割り型の政策形成の弊害が典型的に現れている．

3. 価格政策の改革とセーフティネット

　2001年8月に公表された農林水産省「農業構造改革推進のための経営政策」には，「農産物価格の変動が「育成すべき農業経営」の収入または所得に著しい影響を与える場合に備えて，その経営リスクを軽減するセーフティネットを構築する」必要性がうたわれた．当時このセーフティネットは経営所得安定対策と呼ばれていた．もっとも，価格変動リスクに対処する施策の必要性は，新しい基本法の条文にも盛り込まれていた．第1節で引用した第30条の第2項がそれである．しかしながら，経営所得安定対策のアイデアは，新基本法からいわば演繹されるかたちで，政策形成の全体の流れに沿って提起されたわけではない．

　経営所得安定対策をめぐる議論は，2000年の秋口に自由民主党のなかから急浮上した．その背景には，米の価格の下落に対して設けられた施策，具体的には稲作経営安定対策の効果に対して限界感が強まっていたことや，中国産を中心とする野菜などの輸入に対する危機感が高じていたことがある．周知のとおり，輸入農産物の急増に対しては，2001年4月にセーフガードの暫定発動が行われた．このようにいささか切羽詰まった空気のなかで経営所得安定対策の必要性が提起されたわけである．

---

9) アメリカの穀物の生産調整については服部（1998）を，EUの生乳の生産調整については生源寺（1998a）の第12章（「生乳クォータの売買と貸借」）を参照されたい．

経営所得安定対策は制度化に向けて順調に歩みを進めたわけではない．第1章で論じたとおり，2005年の新基本計画でようやく品目横断的政策の方向が固まり，2007年度から導入されることになった．2001年の経営所得安定対策のアイデアと2007年に始まる品目横断的政策のあいだにはかなりの時間差がある．また，品目横断的政策には経営所得安定対策には含まれていなかった諸外国との生産条件格差の是正という視点が盛り込まれた．けれども，「農業構造改革推進のための経営政策」が農林水産省として経営の安定化をはかる政策のあり方をはじめて本格的に検討した成果であることも事実である．このタイプの政策の意義を確認する意味で，いまの時点であらためて振り返ってみることも無駄ではあるまい．

「農業構造改革推進のための経営政策」では，経営所得安定対策の具体的な仕組みとして，保険方式と積立方式が提案されている．こうした仕組みによって，価格の変動に起因するリスクを，経営を単位として緩和しようというわけである．しかしながら，経営所得安定対策の守備範囲を明確にするためには，いま少し視野を広げたうえで，当時この施策に寄せられていた期待の中身を把握しておく必要がある．

関係者のあいだでイメージされていた経営所得安定対策のタイプは，大別して次のふたつである．すなわち，第1に価格の振れに起因する収入ないしは所得の年次間変動の平滑化である．いま収入ないしは所得と表現した部分は重要な論点のひとつであるが，この点にはのちほど触れることとし，しばらくは単純化のため，収入としておく．施策の第2のイメージはコストダウンの速度を上回る価格の構造的な低下への対処である．

第1のイメージは，保険ないしは積立によって変動を緩和するとした農政当局のアイデアとほぼ重なり合っている．また，収入の年次間変動の平滑化について，既存の品目別の安定対策の統合をはかりながら，多くの品目を横断的にカバーする制度として設計することは，比較的無理のない政策転換の方向でもある[10]．そもそも経営単位に施策を統合することのひとつのメリットは，品目

---

10) 稲作経営安定対策やこれをモデルとして設計された大豆作経営安定対策・加工原料乳生産者経営安定対策は，生産者の積立と政府の助成からなるファンド（両者の比率は1対3）によって，原則として価格低下の8割を補塡する制度である．生産者と政府の双方の

ごとに発生する価格変動リスクをプールできる点にあり，このメリットがもっともみやすいかたちで発揮されるのも，収入の平滑化をはかる経営所得安定対策なのである．

　経営単位の施策というアイデアには，もうひとつの利点がある．それは，品目単位の安定政策の弱点をある程度カバーしうると考えられることである．ここで言う弱点とは次のような現象を指している．すなわち，稲作経営安定対策を例にとるならば，なによりもこの施策の導入がアナウンスされることで，市場は財政の負担のもとに一定の価格補塡が行われることを認識する．だとすれば，その度合いはともかくとして，市場に関与する人々のあいだにこれを織り込んだ行動が生じることは避けられない．価格の交渉において，買い手は稲作経営安定対策が存在しない場合に比べて，強気の姿勢で交渉に臨むことができるであろう．売り手である生産者の側にあっても，財政による助成がない場合に比べれば，許容できる価格の下げ幅は広がるはずである．双方の思惑がこのように作用しあうという意味において，稲作経営安定対策は市場に関与する人々の行動に織り込まれ，したがって価格の形成も施策を織り込んだかたちで行われるであろう．つまり，価格の低下に対処するための施策が，価格のさらなる低下を誘発しかねないのである．この点で，さまざまな品目を同時にカバーする経営所得安定対策であれば，市場のこうしたレスポンスはある程度回避されると考えられる．これが経営単位の施策のもうひとつのメリットにほかならない．

　さて，平滑化を実現する手法としては，農政当局が念頭においていたように，基本的にはふたつのタイプを想定することができる．ひとつは保険制度であり，危険率の評価を踏まえて保険料を徴収し，収入が低下した場合に保険金を支払うシステムである．言うまでもなく，この方式を具体化するためには保険設計に必要な詳細な情報を確保しなければならない．もうひとつの手法として考えられる積立制度については，カナダの純所得安定口座が参考になる．これは，生産者と政府が半額ずつを積み立てる基金を設け，当該年の所得が基準所得を下回った場合に，その差額の範囲内で生産者が基金から引き出すことのできる

　拠出によって運営されている点は，後述のカナダの純所得安定口座とも共通している．

制度である．

　ここで経営所得安定対策の第2のイメージに移る．第2のイメージ，すなわち価格の構造的な低下に対処する施策には，農協系統組織などから強い期待が寄せられた．すでに触れたとおり，2001年の時点の経営所得安定対策の検討は，稲作経営安定対策に対する限界感がひとつの引き金となって開始された．その意味では，第2のイメージの施策に期待が寄せられるのは自然のなりゆきであった．このイメージの施策の対象はコストダウンの速度を上回る価格の構造的な低下であり，経営所得安定対策はそうした事態の可能性を見込んで準備されることになる．具体的な方法としては，基準として定められた収入と当該年の収入の差額を補塡することが考えられる．平滑化の積立方式のケースと同様に，補塡に充当する原資の一部を生産者の拠出に求めてもよいが，基本形は経営単位の収入レベルについて実施される一種の不足払いである．

　問題は基準となる収入の設定である．極端なケースとしては，過去のある時期の収入を基準額として固定する方法がありうる．もっとも現実には，価格の構造的な低下に対する施策を準備するにしても，このような硬直的な基準収入が採用される事態は考えにくい．農業経営の成果が，需給の変化といった農産物市場の動態的な要素から完全に切り離されて確保される事態は，価格政策の見直しをはじめとする農政改革の流れに逆行するからである．経営所得安定対策は，政府による過度の市場介入から脱却する農政改革の流れを前提に構想されているのである．

　基準設定のもうひとつの極端なケースは，3年移動平均といったかたちで価格の変動が敏感に基準額に反映される方式である．実際，稲作経営安定対策はこの方式のもとでスタートした．しかるに，米価の連続的な低下に直面して，当初の方式から基準を固定する方式へと変更を余儀なくされた．この事態は，価格低下の補塡策について考慮すべきポイントを示唆している．なによりも，価格の構造的な低下のスピードをあらかじめリアルに見通しておく必要がある．そのうえで，基準収入の算定方法と政府の助成割合というふたつのファクターの設定によって，価格低下のうちどれほどが生産者によって負担され，どれほどが財政の負担に帰するかが決まる．この構図に関する充分な情報に基づいて，合意を形成しておく必要がある．加えて，価格が事前の見通しと異なって推移

する場合に備えて，制度のしかるべき修正について，その具体的な方法をあらかじめビルトインしておくことも大切である．さもなければ，状況の変化とそこから生じるさまざまな圧力に翻弄されて，制度はコントロール不能な事態に陥ることであろう．

経営所得安定対策について，大別してふたつのイメージを想定したわけであるが，価格の振れによる収入の変動については，価格形成を基本的に市場に委ねる政策環境のもとでこれを回避することはできない．したがって，保険方式によるか積立方式によるかは別として，平滑化のための施策の必要性は高いと判断される．問題は，価格の年次変動に加えて，価格の構造的な低下を見込んだ施策が必要か否かである．また，それが政策技術として実行可能か否かが吟味されなければならない．このことを経営所得安定対策の選択肢のかたちで整理するならば，次の3つになる．

その第1は，価格の構造的な低下が見込まれる品目を除外したうえで，平滑化タイプの経営所得安定対策を準備することである．第2に逆に，価格が構造的に低下する可能性の高い品目も含めた包括的な経営所得安定対策を構想することである．もっとも，変動の平滑化と価格低下への対処というふたつの役割を同時に担う制度の設計は，実際にはきわめてむずかしい．例えば平滑化のための施策をベースとする場合，価格の構造的な低下が現実のものとなったとき，積立・保険のいずれの方式であっても，制度自体が破綻の危機に直面するであろう．性格の異なる事態に対処する施策を透明性を確保しながら講じるとすれば，それぞれの事態に応じた施策の組み合わせとして制度を設計することが望ましい．この場合には包括的な経営所得安定対策と言うよりも，いわば2階建ての構造からなる施策のミックスとなる．これが第3の選択肢であり，価格の構造的な低下が見込まれる品目に対しては別途の施策が講じられることを前提に，そのような品目を含めて平滑化タイプの経営所得安定対策に進むことが考えられる．むろん，ここで言う価格低下への対処は手取り価格の事実上の固定化を意味するわけではない．

筆者は，第3の選択肢をとることがもっとも現実的であるとみる．言い換えれば，価格の構造的な低下に対処する施策が必要であるとすれば，それは経営所得安定対策としてではなく，まずは品目ごとの施策として設計する道を探る

べきであろう．注意していただきたいのは，ここではあらかじめ見通しを立てがたい不確実な状況のもとで生じる価格低下を問題にしている点である．これに対して麦作経営安定資金や大豆交付金などのケースは，すでに所与の国境措置のもとで生じている国内市場への影響への対処であって，ここで論じている構造的な価格低下への対処とは性格が異なっている．このケースについては，既存の品目別の施策を経営所得安定対策として統合する手法も考えられる[11]．それは WTO の規律を強く意識した政策として選択されることであろう．現に第1章で吟味したとおり，2007年産に導入される品目横断的政策は「国際規律の強化にも対応しうる政策体系」を目指している．

　経営所得安定対策の具体的な問題として重要なのは，言うまでもなく米の扱いである．とくに価格の構造的な低下への対処をどう考えるか．筆者の判断を述べるならば，この観点から米を経営所得安定対策の対象に含めるか否かについては，米政策の見直しが行われ，その改革の方向が具体化された時点で再検討することが望ましい．米については，卸・小売段階を中心に厳しさを増す競争環境がある．つまり，価格形成の構造が変化しつつある面を否定できないものの，供給調整によって価格の急激な低下に歯止めをかけることは依然として可能である．あるいは適地適作が実現されるならば，市場価格の低下は稲作のコストダウンによって相当程度吸収されることであろう[12]．とは言え，従来の米の生産調整政策にはあまりにも問題が多かった[13]．その意味では，真に総合的で抜本的な米政策の見直しがまず先行すべきである．米政策の抱えた問題にメスを入れることを怠り，問題をそのまま経営所得安定対策に丸投げするとす

---

11) 生源寺（2001）は，経営所得安定対策のひとつのタイプとして，品目別に市場価格に補塡を行っている既存の施策への機能代替が考えられるとしている．この点については，同論文の抜粋である本章補論を参照されたい．
12) 適地適作とは，生産コストの低い米や消費者や実需者から高く評価される米が市場に供給されている状態にほかならない．言い換えれば，高コストで評価の低い米について生産調整が行われている状態である．この状態は，非効率な一律減反との対比で効率的な生産調整と性格づけることができる．この論点については，生源寺（2000a）の第4章（「コメ政策の基本問題」）を参照していただきたい．
13) 2004年度に本格化する米政策改革以前の生産調整政策の問題点については，生源寺（2002）や佐伯（2001）を参照されたい．後者は，さまざまな面で行き詰まりをみせている食糧法の全体像を批判的に吟味している．

れば，それは政策形成におけるモラルハザード以外のなにものでもない．幸い次章でも論じるとおり，生産調整のあり方をはじめとする水田農業政策の改革が先行し，品目横断的政策を導入する環境作りが進んでいる．

　ここで，経営所得安定対策を設計するにさいして考慮すべき論点をさらにふたつ指摘しておきたい．最初は先ほど留保しておいた論点であり，経営所得安定対策が対象とする農業経営の経済的な成果として，収入と所得のいずれに着目するかという問題である．この点に関しては，収入方式を支持する有力な理由がある．ひとつは，価格変動に起因する経済状態の変化を把握するさいの難易度である．収入からさまざまな費用を控除しなければならない所得の把握に比べて，収入を把握する方式のほうが，小さな行政コストで実行可能であることは明らかである．もうひとつの理由は，農業所得は経営としての最終的な目標であり，これが施策によって安定化するならば，所得向上へのインセンティブが働きにくくなることである．政策環境が経営行動の劣化を招くという意味で，これをモラルハザードと呼ぶことができる．他方，収入に着目する施策であるならば，施策によって収入の安定化がはかられたとしても，さらにコストダウンを追求して農業所得を高めることはできる．その成果はコストダウンの成功報酬として生産者の手元に残る．要するに，施策によってリスクの軽減がはかられたのちにも，個々の生産者の努力と工夫によって経営の最終的な成果に違いが生じる仕組みであれば，生産性向上の誘因という面でも優れているのである．

　もっとも，生産者自身の行動に帰することのできない変動と，生産者に起因する変動を分離して把握することができるならば，誘因の低下という所得方式の難点は克服される．収入方式のほうが行政コストが小さくて済むと述べたさいには，暗黙のうちに農業経営の経済状態を個別に把握することが想定されていたが，この点の発想を転換することも考えられてよい．すなわち，個々の経営の収支に着目するのではなく，作目の構成や地域の営農条件を組み込んだ標準的な経営モデルを設定し，そのモデルに基づいて価格変動の影響を推定するならば，補塡すべき所得の減少分は分離把握される．モデル計算を上回る所得減が生じているとすれば，それは経営がみずからの責任において負うべきロスであり，逆にモデル計算を超えるよい成果が得られているとすれば，それはそ

の経営が享受すべきゲインだということになる．もちろん，このようなモデル計算方式は複数の品目から生じる収入を把握する方法として用いることもできる．

　さて，経営所得安定対策をめぐるもうひとつの追加的な論点は，施策の対象をどのように設定するかである[14]．これは日本の農業・農村全体のビジョンに関わる大きな論点であるが，ここではこの問題を考えるうえで大切だと思われる3つの観点ないしは要請を提起しておく．

　第1は，この施策を家計の農業所得依存度が高く，施策を真に必要としている人々に対して講じるべきだとの観点である．もはや周知の事実であると思われるが，今日の安定兼業農家の農家所得は平均して勤労者世帯よりも高い水準にあり，逆に，専業農家の所得水準は勤労者世帯のそれに及ばない．第2は，産業政策としての農業政策は，次に述べる意味において，利益循環型の施策であるべきだという観点である．すなわち経営所得安定対策は，それが講じられた結果として，いずれは日本農業の実力を全体として高め，その果実がより安価でより優れた品質の農産物の供給として，消費者である国民に還元されるものでなければならない．このような施策を利益循環型の施策と呼ぶことができる．経営所得安定対策は納税者としての国民の負担によって支えられる施策である．これによって農業経営の成長が促される．その成果がやがては消費者の利益として国民全体に行き渡る．つまり，農業経営支援と消費者利益のあいだによい循環を生み出すことが大切なのである．さらに加えて，こうした循環の構図が，可能なかぎり具体的なデータでもって，わかりやすく国民に提示されることが重要である[15]．

　さて3番目には，一見距離のある切り口にみえるかもしれないが，広い視野

---

14) 自由民主党の検討グループによる「新たな農業経営所得安定対策についての提言」（2000年12月）には，対象となる意欲ある担い手として，農業法人を含めて40万程度の経営体を想定するとの表現が含まれていた．

15) この第2の観点に関連して，農業の川下産業である食品製造業や外食産業は経営所得安定対策に対して強い関心を寄せることであろう．また，その関心のありようは，経営所得安定対策を国内農業の振興につなげるうえで重要な意味を持つ．とくに経営所得安定対策とともに価格の低下がある程度容認されるとすれば，それは農産物のユーザーとしての食品製造業や外食産業にとっても歓迎すべき変化である．最終的に消費者に帰着していた農産物価格支持の負担が，財政によって部分的に肩代わりされるからである．

に立った農村政策の創出という観点をあげたい．第1と第2の観点の要請に忠実であるならば，農業所得の形成に直結する狭義の農業政策は，できるだけターゲットを明確にして講じることが望ましい．けれども，施策の対象となる生産者と，対象外となった生産者のあいだに亀裂が走るようでは，とくに土地利用型農業の場合，当の対象となった生産者自身が困惑しかねない．借地や作業受託を通じた経営の規模拡大にマイナスに働くことも考えられる．この問題については，まずは無用の混乱と不幸な軋轢の発生を回避するための配慮が大切である．例えば，オールオアナッシングで施策の対象を設定するのではなく，必要度に応じて財政による負担割合を累進的に高める手法が考えられるし，行政が一方的に選別するのではなく，簿記記帳や経営内容の開示といった要件を設けることで，生産者自身による制度選択のメカニズムを働かせる工夫もあってよい．そもそも今日の農業経営には，顧客との長期契約の締結など個別的なリスク軽減策もあるのだから，経営所得安定対策への加入自体を生産者が選択可能なオプションとしておくことが望ましい．

　しかしながらより根本的に必要なことは，混住化が進み，メンバーが著しくヘテロ化した現代の農村の実態を直視し，異なるタイプのメンバーそれぞれにマッチした施策を配置するという発想である．また，こうした発想が真に農村に浸透する状況を作りだすことである．まさにこの意味で，新しい時代にふさわしい農村政策の創出が待たれるのである．子供の教育，生涯教育，高齢者福祉，住みよい住環境，農村版市民農園等々，農村政策としてのサービスの提供には，さまざまなメニューが考えられるはずである．例えば農村版市民農園の場合，ユーザーは専業的な生産者ではなく，むしろ本格的な農業には縁の薄い住民であろう．あるいは，兼業農家にとって切実な問題は，地域に安定した雇用機会が維持され続けることに違いない．むろん，雇用の安定をはかる仕事は農政の守備範囲を超えている．いずれにせよ，ヘテロ化した農村のメンバーにはそれぞれが必要としている施策がある．この点の機微をよくつかんで，ターゲットを明確にした狭義の農業政策，それを包み込む多様な農村政策，さらには農村政策以外の分野にも及ぶ総合的な政策パッケージを描き出し，農村のすべてのメンバーに提示することが急務である．

4. 直接支払型政策の模索

　農政上の概念としての直接支払いは，農産物の価格に含まれることなく，特定の政策目的に即して生産者に直接支払われる助成金を意味する．こうした政策手法については，EUの共通農業政策（CAP）のなかにさまざまな例を見出すことができる．それらを大きく括るならば，第1に農産物価格の引き下げの補償措置としての直接支払いであり，第2に農業のプラスの外部効果を維持促進し，マイナスの外部効果を抑制するための直接支払いである．EUでは第1のタイプの直接支払いが，1992年の共通農業政策改革以降そのウェイトを急速に高めている．すなわち，93年からの穀物支持価格カットの代償として，価格引き下げに見合うだけの直接支払いが導入されたのである．ただし，この制度による支払いの面積当たり単価は過去の地域の平均収量によって決められており，その年の収穫量にダイレクトに結びついていたわけはない[16]．このことによって，農産物の価格とは切り離された直接支払いとしての性格が保持されているのである[17]．

　第2のタイプの直接支払いのうち外部経済を維持促進するための支払いの代表格が，1975年にEU全体の政策となった条件不利地域農業に対する直接支払いである．人口を維持し，農村空間を保全するためには農業が必要であると

---

[16] 92年の共通農業政策改革では，牛肉に関しても支持価格の引き下げが行われ，その補償措置が講じられている．この点も含めて共通農業政策の改革については，生源寺（1998a）の第10章（「EU農政改革の構造」）と第11章（「ウルグアイラウンド農業合意とEU農政」）を参照されたい．

[17] EUでは1999年に合意された政策文書アジェンダ2000のもとで，穀物や牛肉の支持価格はさらにカットされ，直接支払いに上乗せが行われた．ただし，1992年の改革では価格引き下げにほぼ見合う水準の直接支払いが行われたのに対して，アジェンダ2000のもとでは100％の補償とはならなかった．さらに2003年6月にはCAPの再度の見直しが合意され，2005年から実施されることになった．今回も価格の引き下げと部分的な直接支払いのセットという点は変わらない．ただし，これまでは品目ごとの作付面積と過去の実績収量をベースとする支払いであったものを，過去の支払いの実績を基準として，対象面積と面積当たり支払い単価を固定する方式を打ち出した．これによって，EUの直接支払いはWTO農業協定上の削減義務のない「緑の政策」に該当することになる．生産と支払いが切り離される点で，本来の意味でのデカップリングが徹底されると考えてよい．ただし加盟国からの要求を考慮して，最終的にはこれまで行われてきた作付面積ベースの支払いを併用する部分的なデカップリングも認められることになった．

の理念に基づいて，条件不利地域の個々の農場に対して，ハンディキャップを埋める助成が行われている．一方，外部不経済を抑制することを目的とした直接支払いには，さまざまな環境支払いがある．例えば，環境保全型の農業経営に転換することと引き替えに，収益の減少を補塡するイギリスのESA（環境保全地域制度）や，草地保全を条件に面積ベースの助成を行うドイツのKULAP（環境保全助成プログラム）などである[18]．

さて，改革を進める日本の農政は，第2のタイプの直接支払いについても導入を模索している．とくに条件不利地域農業に対する助成措置は，すでに触れたとおり，2000年度から実施に移された．中山間地域等直接支払制度である．また，この制度ほど注目されてはいないが，1999年度には酪農経営の自給飼料生産を促すための直接支払いがスタートしている（土地利用型酪農推進事業）．これは，自給飼料生産を拡大し，堆肥を土地に適切に還元する循環型の酪農を目指す点で，一種の環境支払いとみることができる．以下では，このふたつの施策を取り上げて，直接支払型政策の特徴と課題について検討を加えることにしたい．

中山間地域農業に対する直接支払いは，理念の面ではEUに学びながら，手法の面では日本の水田農業の特質に根ざした施策として編み出された．手法についてEUと対比するならば，次の3つの特徴を指摘できる．ひとつは耕作放棄を防止することを施策の直接の目的に据えた点である．この要素は，EUの政策が5年間の農業の継続を義務付けていることに対応する．第2に，施策の目的が耕作放棄の防止として明確化されたのであるが，その目的を達成するための行動は，原則として集落単位で組織されることを想定している．個々の農家の行動に助成するEUの手法とは対照的である．この点に関するキーワードは集落協定である．すなわち，直接支払いを受けるためには，耕作放棄の防止に関する集落協定をまとめる必要がある．集落協定には集落の構成員の役割分担や，役割分担を前提とした助成金の配分方法を盛り込むこととされた．そして，こうした集落としての行動を想定したこととも関連して，第3の特徴とし

[18) EUの条件不利地域政策や環境政策を論じた文献は少なくない．前者については生源寺ほか（1996）と松田（2004），後者については嘉田（1998）と松田（2004）をあげておく．

て，零細規模の農家を助成配分の対象から除いていない点をあげておく必要がある．EU では小規模生産者は条件不利地域政策の直接支払いの対象とはならない．

　集落をベースとする制度としてスタートした点については，さらにふたつの要素を強調しておきたい．ひとつはすでに触れた農業そのものの特質である．日本の水田農業は，圃場間にプラス・マイナス両面の影響関係が作用し，なおかつ圃場が水利施設によって連結されていることもあって，相互に依存し，支え合うネットワーク型の生産活動として形成されている．こうした構造的な特質のもとでは，部分的な耕作放棄は，それがたとえ零細な農家の水田であったとしても，周辺圃場の生産条件の劣化を招くことになる．集落を単位として農地の面的保全を目指すことは，いま述べた意味での生産面での外部性に照らして合理性を有しているのである．

　強調しておきたいもうひとつの要素は，この施策が集落の自治機能に大きく依存する制度としてデザインされている点である．これを象徴するのが集落協定の締結である．集落の話し合いによって協定を締結することが直接支払いの受給要件であるから，制度に参加すること自体が集落の自治によって判断される仕組みであると言ってよい．現に，傾斜度や連担面積といった外形的な基準について受給資格を満たす農地のうち，直接支払いの対象となった農地は 2003 年度で 85％ である[19]．加えて，協定の中身の選択も基本的には集落の決定に委ねられているのである．

　ところで，集落協定の締結に要する有形無形のコストは，経済学のタームを用いるならば，施策の給付手続きに関する一種の取引費用にほかならない．その意味で，この施策は集落に対して相当の取引費用の負担を求める仕組みなのである．もっとも，この点を否定的に評価すべきではない．なぜならば，中山間地域の集落の自治機能を励起することは，活性化された自治機能が耕作放棄の防止にもプラスに働くという意味で，直接支払制度のねらいそのものだと言ってよいからである．しかも，いったん活性化された集落自治はいわばストックであって，適切なメンテナンスのもとにおかれるならば，その後も長く機能

---

19) 2003 年度までに受給資格のある農地 78 万 3 千ヘクタールのうち，66 万 2 千ヘクタールについて協定が締結された．農林水産省資料による．

を発揮し続けると考えられる．

さてここで，もうひとつの直接支払制度である土地利用型酪農推進事業を取り上げることにしよう．先ほども指摘したように，この施策は畜産をめぐる環境政策としての性格を有している．近年，農業の環境に対する負荷を軽減・除去するためにさまざまな施策が導入されている．畜産の分野でも糞尿の不適切な処理を5年間で根絶することを目指して，家畜排せつ物の管理の適正化及び利用の促進に関する法律（家畜排せつ物法，1999年）が制定されている．そんななかで土地利用型酪農推進事業に注目するのは，この施策が規制的な手法ではなく，経済的な手法としての特徴を備えていることによる．また，その意味において，日本の農政の手法における新しいチャレンジのひとつに数えることができるからである．

具体的には，経産牛1頭当たりの飼料作面積を個々の酪農経営ごとに算出し，この値の大きさに応じて異なる単価の助成金が，経産牛を対象として支給される[20]．もちろん，1頭当たりの飼料作面積の大きな経営ほど助成金の単価は高くなる．市場メカニズムのもとで酪農の土地離れが過度に進むところを，補助金のインセンティブを与えることで抑制し，自給飼料生産の拡大を促そうというわけである．環境政策の一般論としては課税によるディスインセンティブの付与も考えられるが，第8章で吟味するように，いくつかの理由のもとでこれまでの先進国の農業環境政策の大半は補助金という手法を採用してきた．補助金による環境政策は，日本の土地利用型酪農推進事業を含めて，少なくとも現在のWTO協定においては，削減の対象外の「緑の政策」として容認されている．

課税や補助金によって汚染量を最適な水準に抑制するというアイデアは，創案者である経済学者の名をとって，ピグー税（補助金）の名称で知られている．もっとも，どの国においても，また，どの時代においても，厳密な意味でのピグー税（補助金）が適用されたケースはないと言ってよい．ピグー税（補助金）を実施するためには，生産量と汚染の関係が金額単位で正確に把握される

---

20) 2002年度の北海道の場合，1頭当たり面積100アール以上で1頭当たり17,500円，以下，50アール以上15,500円，30アール以上13,500円，30アール未満7,500円に設定されている．

必要があり，また，汚染源たる企業が税（補助金）に対してどのように反応するかについても，定量的な情報が得られていなければならないからである．現実の世界では不可能である．

いわば理想型のピグー税（補助金）に対して，実際にとられているのは，削減のターゲットとなる量を定めておき，税（補助金）の水準を調節しながら目標の達成をはかるアプローチである．一種の試行錯誤による接近であり，やはりアイデアを提起したふたりの経済学者の名をとって，ボウモル＝オーツ税（補助金）と呼ばれている[21]．もっとも，土地利用型酪農推進事業はこれらの経済理論を意識して練り上げられたわけではない．もちろんピグー補助金ではない．ターゲットとしての自給飼料生産の拡大目標が明示されているわけでもないから，ボウモル＝オーツ補助金であるとも言いがたい．

しかしながら，ボウモル＝オーツ補助金のアイデアは，ここで吟味している土地利用型酪農推進事業に対しても重要な示唆を与えてくれる．その示唆とは，一定の基準で支給された補助金が，酪農経営からどの程度のレスポンスを引き出しているかについて，事後的に評価を加えておくことの重要性である．こうした地道な作業があればこそ，施策の効果も的確に評価することができるのであり，代替的な施策との比較にも有用な情報が得られるのである．新しいタイプの施策の導入は，同時にその施策の効果をめぐる評価のはじまりでもある．

5. 市場の失敗・政府の失敗

市場原理一本槍でよいのであれば，少なくとも農政の分野において大半の政策メニューに出番はない．裏返せば，農政のレゾンデートルは広い意味での市場の失敗にあると言ってよい．この点の認識から農業政策の組み立てがはじまる．そして政策研究は，農政の組み立てから実行の段階に至るプロセスを綿密にウォッチしなければならない．市場の失敗を指摘し，その補正を農政当局に委ねて終わるだけの政策論であるならば，それは無責任のそしりを免れない．乱暴な市場原理一本槍の言説と五十歩百歩と言えなくもない．なぜならば，補

---

21) ボウモル＝オーツ税に関しても，実践例はそれほど多いわけではない．植田ほか（1997）を参照されたい．

正措置を委ねられた政府もしばしば失敗を犯す存在だからである．委ねた以上は，その行方を最後まで見届ける必要がある．

　本章では，最近の農政手法のなかから３つを取り上げて，その特徴と課題について論じた．章を閉じるにあたって，いま述べた政府の失敗という観点から改革下の農政の課題を振り返ってみると，次の３点が大切であると思われる．限定された視角からではあるが，農政に関して留意すべき失敗のタイポロジーを示しておきたい．

　第１は，施策のターゲットの把握に関する失敗である．直接支払型政策の特徴のひとつは，価格支持型農政とは異なって，ターゲットを特定することが可能な点にある．この利点を活かさない手はない．経営所得安定対策も，個々の経営に即して助成が仕組まれる点では，直接支払型の政策と共通する面を持つ．この施策についても，対象の設定が重要な論点となる．言うまでもないことであるが，対象の選択基準は透明性のあるプロセスによって策定されなければならず，個々の対象の選択は，そのように設けられた明瞭な基準のもとで，これまた透明なプロセスのもとで行われなければならない．

　第２は，行政コストを資源の投入と意識しないことからくる失敗である．政策の採否をめぐる判断の基礎には，費用対効果の見通しが据えられる必要がある．ところが，このうちの費用に関して，中央政府や地方公共団体の負担している行政コストが充分に意識されていない面がある[22]．第１のタイプの失敗が効果の確保をめぐる失敗であるとすれば，この第２のタイプの失敗は費用の計上をめぐる失敗である．もちろん，およそ政府の活動であるかぎり，この論点を避けて通ることはできない．それをあえてここで特記しているのは，直接支払型の政策が相対的に多くの行政費用を必要とするからである．支出の対象が個々の生産者や集落といった小規模な主体であることは，行政費用に規模の経済性が働きにくいことを意味する．施策の対象を選択するプロセスや，助成措置の適正な運用を確保するためのモニタリングも，行政費用の上昇に結びつく．行政費用を考慮してもなお実施に値する施策であるかどうか．あるいは，行政費用そのものを節約する工夫がないものかどうか．新しい農政手法の展開に伴

---

[22]　施策の直接の受益者である生産者などが負担する取引費用を考慮すべきケースも少なくないであろう．

って，こういった問いの重みが次第に増していく．

　第3は，異なる施策の相互の関係が視野に入らないことからくる失敗である．第2節で取り上げた農産物に関する価格形成と助成体系の例では，品質の向上をはかるうえで，一方の施策はアクセルとして機能しながら，他方の施策がブレーキとして作用していた．ブレーキをかけている側にも悪意はないであろう．すでに論じたように，問題はいわゆる縦割り行政のなかで政策形成が行われてきた点にある．また，その結果として作りだされた施策の体系を総合的にレビューするシステムも欠けていた．

　本章で取り上げた例は，アクセルとブレーキにたとえることができるものであった．けれども，さまざまな新しい施策の導入が見込まれる今後に関しては，むしろ助成措置の重複の排除という観点からの点検も必要になるように思われる．そう遠くない時期に，助成措置の生産者単位の名寄せという発想が求められることになるかもしれない．

補論　品目別施策と経営所得安定対策

　ここでは農産物価格と農業所得に関連する従来の品目別施策について一瞥しておく．経営を単位として収入ないしは所得の確保・安定をはかるとすれば，品目別の施策はいずれも経営所得安定対策への統合の候補になると考えてよいからである．

　既存の価格・所得関連施策は大きく3つのカテゴリーに分類することができる．第1に市場価格を補塡するための直接支払型の施策である．具体的には，麦作経営安定資金・大豆交付金・加工原料乳生産者補給金などをあげることができる．例示した施策は，いずれも最近の一連の価格政策の見直しによって，それまでの方式とは異なる固定単価方式の支払いに移行した．この第1のグループの施策は，海外から輸入される農産物もしくはその加工品との競争を念頭に価格補塡を行っており，直接・間接に内外価格差を埋め合わせる役割を果たしている．裏返せば，それが必要なほどに外国の農産物や加工品が国内に浸透している品目である．

第2のグループは，生産者の収入を安定させるための施策であり，価格の低下の一定割合を補填する施策である．具体的には，稲作経営安定対策・大豆作経営安定対策・加工原料乳生産者経営安定対策・果樹経営安定対策・野菜生産出荷安定対策などをあげることができる．いずれも生産者自身による積立に対して政府が助成する方式がとられている．例示した施策のうち野菜生産出荷安定対策は比較的長い歴史を持つ制度であるが，それ以外の施策は最近誕生したものばかりである．新しい施策のうち稲作経営安定対策が最初にスタートし (1998年)，そのほかの安定対策もこれをひな型として順次導入された経緯がある．

　さらに第3のグループに農業災害補償制度がある．その名のとおり，作物の気象災害や病虫害，家畜の疾病や斃死に対処するための保険制度である．制度の目的は生産物の減少に対する補填であるが，果樹共済や麦共済などは収入減少を補填する役割も果たしている（災害収入共済）．ただし収入減少補填の場合にも，想定されているのは災害による品質の低下に伴って単価の低下が生じる事態であって，市場の価格変動による収入の減少に対処する制度として設計されているわけではない．また，政府の助成は生産者の支払う保険料（共済掛け金）に対する補助のかたちをとっている．現在はおおむね5割の補助が行われている．

　これらのカテゴリーのうち，第3の農業災害補償制度の本来の役割に関しては，経営所得安定対策の役割とはいちおう別であると考えておいてよいであろう．つまり，経営所得安定対策の標的は，市場価格に起因する生産者の収入ないしは所得の変動にあるとみることができる．ただし，冷害による凶作のように，市場への出回り量に影響が生じる災害のケースについては，経営所得安定対策のカバーすべき現象が同時に発生する可能性がある．したがって，経営所得安定対策のタイプによっては，両者のあいだの任務分担をめぐる調整が必要となるであろう．もともと現行の農業災害補償制度は，基本的に農産物の価格が一定の水準に維持されるフレームワークのもとで組み立てられている．凶作によって市場価格が高騰し，生産者の収入が増加するといった事態は想定していないのである．あらためて述べるまでもなく，一連の農政改革によって，価格一定という制度の前提条件は消失した．この意味において，農業災害補償制

度のあり方は，経営所得安定対策の議論の有無にかかわらず，見直しの対象とされてしかるべきである．

　以上の整理を考慮するならば，経営所得安定対策の目的として頭に描くことができるのは，さしあたり次の3つであるとしてよい．すなわち，第1に現在は品目別に行われている価格補塡型直接支払いの機能代替であり，第2に価格の振れに起因する収入ないしは所得の年次間変動の平滑化であり，第3にコストダウンの速度を上回る価格の構造的な低下への対処である．このうち第1の目的は上述の第1の施策のグループに対応している．また，第2の目的は上述の第2の施策グループに対応し，第3の目的は稲作経営安定対策に対する限界感の背景となっている事態，つまり第2のグループの施策では充分に対応できない事態への追加的な対処であると言ってよい．

第3章　変わる水田農業政策

1. 米消費の変貌

　改正食糧法のもとで，2004年4月から米をめぐる新しい制度が本格的に始動した．改革の本番を控えて，2003年度には後述する地域水田農業ビジョンの作成をはじめとして，新制度のスタートに向けた準備が各方面で進められた．この章では，最初に米政策改革の背景にある米経済の変貌について，消費と生産の両面から概観する．続いて米政策改革のポイントを解説する．とくに生産調整の問題を中心に，主として米の生産に関わりの深い改革の要素について詳述することにする．

　米消費量の減少傾向は依然として止まらない．ピーク時の1962年度の1人当たり消費量は年118キロであったが，2003年度には62キロとほぼ半減した．経済成長とともに生じた食生活の激変のもとで，動物性たんぱく質や油脂によるカロリー摂取量が増加する一方で，米の消費量は直線的に減少した．加えて，いよいよ人口減少の時代を迎えたいま，量的な米消費の拡大はきわめて困難な状況にあると言ってよい．

　量が減っただけではない．米消費のパターンも著しく多様化した．そもそも米の品種は市場に出回っているものだけでも200を超えている．しかも同一品種であっても，産地が違えば異なる銘柄として流通するのが現代の米である．品種と産地の組み合わせによって，いまや日本の米はもっとも差別化の進んだ農産物のひとつになったとみることもできる．

　消費パターンの変化としては，なによりも外食・中食による米の消費が増加したことをあげなければならない．今日では米の3割は外食というかたちで消

図 3-1 米の購入先の推移

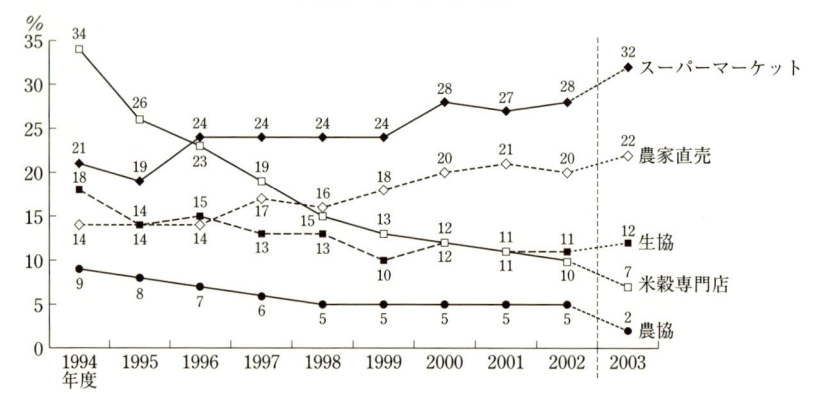

資料：農林水産省「食料品消費モニター調査」(2003年度調査) とそれ以前の「食料モニター調査」．
注：1998年度以前は回答方法が複数回答であったため，全体が100％になるよう換算している．

費されると推計されている[1]．周知のとおり，近年の外食市場では価格競争が一段と激化している．食材としての米の価格上昇が外食メニューの単価に影響するとすれば，それは売上高の減少に結びつくことにもなる．現代の米は，パンや麺類など米以外の主食性食品との厳しい競合関係のもとにあると言ってよい．

外食や中食の増加があるため，米の家計消費の減少は米全体の減少を上回るテンポで進んできた．さらに内食のかたちで家庭内消費される米の購入先にも，特徴的な変化が現れている．図3-1を見ていただきたい．サンプリング調査によるものであるため，結果の評価には慎重を期する必要があるが，量販店の伸びと米穀専門店の退潮というコントラストが見てとれる．農家直売の増加も目につく．

小売の業態別シェアの大きな変化は，1994年に成立した食糧法によってもたらされた．すなわち，戦時下の1942年に制定された食糧管理法が最終的に廃止され，流通規制とりわけ卸売と小売からなる川下側の流通規制が大幅に緩和されたのである．けれども1994年の食糧法の制定は，米の生産と川上側の流通に関するかぎり，いわば不徹底な制度改革であった．流通経路や時期別の

---

1) 農林水産省の推計によれば，2002年の主食用米消費量886万トンのうち，外食産業による使用量は29％の253万トンに達している．

表3-1 旧計画流通米の集荷実績と旧計画外流通米の出回り量

単位：万トン，%

年産	作況	生産量 ①	旧計画流通米集荷実績 ②=③+⑤	旧自主流通米等 ③	加工用 ④	政府米 ⑤	農家消費等 ⑥	うち一般米相当の旧計画外流通米 ⑦	生産量に対する比率 ⑧=⑦/①
1995年産	102	1075	631	466	23	165	444	258	24
1996	105	1034	577	461	19	116	457	277	27
1997	102	1003	553	434	19	119	450	280	28
1998	98	896	465	435	23	30	431	270	30
1999	101	918	472	427	24	45	446	292	32
2000	104	949	482	442	23	40	467	318	34
2001	103	906	446	438	21	8	460	312	34
2002	101	889	433	419	19	14	456	318	36
2003	90	779	324	322	17	2	455	321	41

資料： 生産量は農林水産省「作物統計」，旧計画流通米は農林水産省と全国出荷団体調べ，農家消費等は農林水産省「生産者の米穀現在高等調査」等をもとに農林水産省が推計．

販売量などをコントロールする計画流通制度が維持され，生産面では1970年に本格的に導入された減反政策が，さまざまな問題点を内包しながらも，そのままのかたちで継続されたからである．

しかしながら，川下の規制改革のインパクトは次第に川上の流通分野へ，そしてさらに生産の現場へと及んでいく．市場のニーズに的確に応えることのできるビジネスが，規制に縛られたビジネスに対して優位に立つプロセスが進む．計画流通米の傾向的な減少がこれを物語っている．計画流通制度は実質的には農協系統組織の米ビジネスと表裏一体の流通制度である．その意味では，食管法から食糧法への転換にさいしても，制度によってビジネスの確保を図ろうとする力学が計画流通制度の継続をもたらした面を否定できない．けれども，平時の流通にも課される計画流通制度のさまざまな制約は，しばしば計画外流通米にはない足枷となって働く．いささか皮肉なことではあるが，こうした足枷が計画流通米の存立基盤を掘り崩しはじめる．規制から自由な計画外流通米の優位性は，計画流通米のシェアが一貫して低下してきたことに端的に現れている（表3-1）．計画流通制度は米の流通を政府のコントロールのもとに置くこ

とで米の安定供給の確保を意図した制度である．しかるに計画流通制度は，そのシェアが5割を切るまでになったことで，自らの存立基盤を失う状況に立ち至ったのである．

2. 米生産をめぐる新たな動き

　変わりゆく米の消費パターンに流通業界が順次適応し，それが川上の規制改革にまで及んだこと，これが今回の米政策改革をもたらした大局的な情勢の変化である．けれども同時に，米生産の現場にもさまざまな新しい動きが芽生えている．消費者のニーズを掴み，消費者との交流を深めるなかから，水田農業の新しい世界を切り開こうとする意欲的な取り組みである．これを支援すること，ここにも米政策改革のねらいがある．

　米生産が多数の兼業農家に依存している点で脆弱な構造にあることは，いまも変わりない．主業農家（農業所得が所得の半分以上を占め，1年間に60日以上農業に従事する65歳未満の世帯員がいる農家）の米生産のシェア（37%）は，他の品目に比べて極端に低い[2]．残りの63%は準主業農家や副業的農家によって生産されているのである．ここで注意しておきたい点は，平均的には準主業農家や副業的農家の所得水準が主業農家よりも高いことである．農業以外の所得があるためである．ここには比較的安定した兼業農家の家計のもとで，小規模に生産された米が供給量の過半を占める構造がある．

　問題は，農業従事者の減少と高齢化が急速に進むことが確実視されるなかで，兼業農家中心の稲作が中長期的に持続可能か否かである．兼業農家の米作りは，さまざまな面で専業的な農家に支えられている．大型の機械による作業や栽培管理のアドバイスといった面で，しっかりした装備と技術を備えた農家は地域の農業全体を支える大黒柱なのである．もちろん逆に，小規模の農家を含めた農村のコミュニティは，水利施設をはじめとする地域共通の生産基盤の維持保

---

2) 例えば畜産分野では主業農家のシェアは軒並み9割を超えており（生乳96%，肉用牛93%，豚92%），野菜も83%である．米以外でもっともシェアが低いのは果樹であるが，それでも68%に達している．いずれも2002年に関する農林水産省による推計である．同様の推計については，2001年を対象として『平成13年度食料・農業・農村の動向に関する年次報告（食料・農業・農村白書）』に公表されている．

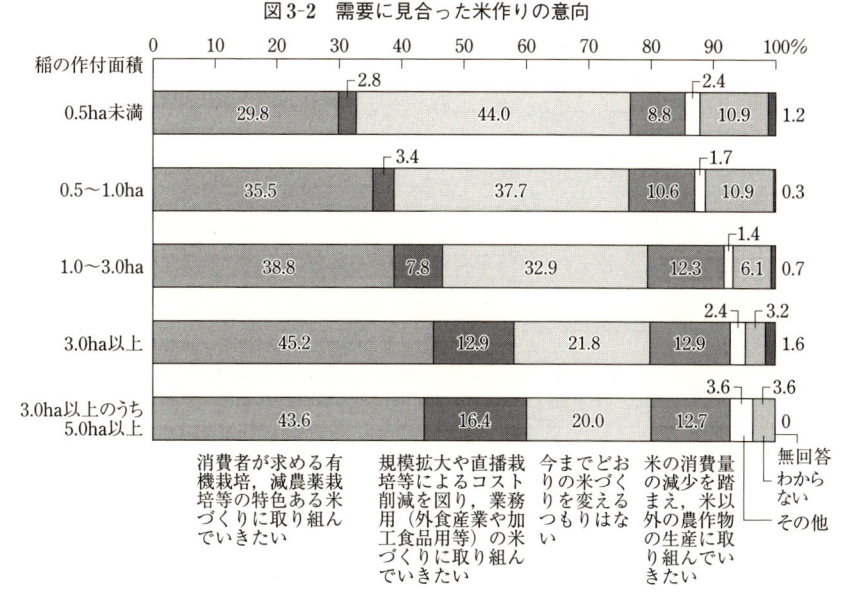

図3-2 需要に見合った米作りの意向

稲の作付面積	消費者が求める有機栽培,減農薬栽培等の特色ある米づくりに取り組んでいきたい	規模拡大や直接栽培等によるコスト削減を図り,業務用(外食産業や加工食品用等)の米づくりに取り組んでいきたい	今までどおりの米づくりを変えるつもりはない	米の消費量の減少を踏まえ,米以外の農作物の生産に取り組んでいきたい	無回答	わからない	その他
0.5ha未満	29.8	2.8	44.0	8.8	10.9	2.4	1.2
0.5〜1.0ha	35.5	3.4	37.7	10.6	10.9	1.7	0.3
1.0〜3.0ha	38.8	7.8	32.9	12.3	6.1	1.4	0.7
3.0ha以上	45.2	12.9	21.8	12.9	2.4	3.2	1.6
3.0ha以上のうち5.0ha以上	43.6	16.4	20.0	12.7	3.6	3.6	0

資料: 農林水産省「米政策に関する意向調査」(2003年2-3月調査).
注: 「2000年農林業センサス」の結果による販売農家(経営耕地面積が30a以上または農産物販売金額が50万円以上の農家)のうち,農産物の販売金額の中で稲作部門が1位である2,124戸を対象とした調査である.

全という機能を果たしている.この意味において,専業的な農家と兼業農家は共助・共存の関係にある.

米生産の新しい動きとしては,環境保全型農業への取り組みや業務用などの新たな需要への積極的な対応がある.図3-2はこのような取り組みに対する意向を稲の作付面積規模別にみたものである.有機栽培や減農薬栽培などの特色ある米作りと,外食・加工用需要への対応のいずれについても,規模の大きい農家の回答率が高いことが分かる.むろんこうした取り組みについては,裾野が広がることが望ましい.この面でも規模の大きい農家のリーダーシップに期待がかかるのである.

さらに図3-3は,米政策改革の直前の時点で計画外流通米への取り組みの意向を調べたものである.ここでも大規模層の積極性が認められる.新たな需要やこれを反映した新たな流通ルートに対する前向きな姿勢という点でも,大規模層が一歩先を歩んでいることが分かる.規模の大きな稲作農家ほど多様な販

図3-3 計画外流通米の販売志向

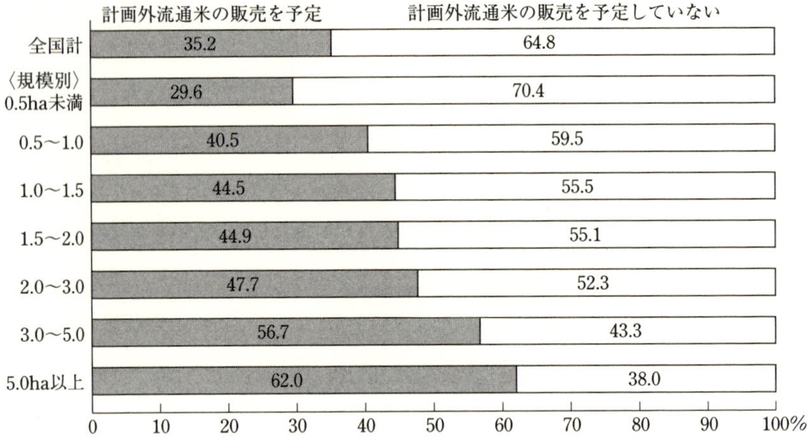

区分	計画外流通米の販売を予定	計画外流通米の販売を予定していない
全国計	35.2	64.8
〈規模別〉0.5ha未満	29.6	70.4
0.5～1.0	40.5	59.5
1.0～1.5	44.5	55.5
1.5～2.0	44.9	55.1
2.0～3.0	47.7	52.3
3.0～5.0	56.7	43.3
5.0ha以上	62.0	38.0

資料：食糧庁「生産段階における計画外流通米の販売に関する意向（2001年産）」．

売ルートを活用する傾向が現れている．

3. 生産調整研究会

　2002年1月18日に初会合を開いた「生産調整に関する研究会」（以下，生産調整研究会）は，発足当初から研究会の任務を狭く減反政策の見直しに限定するのではなく，米政策と水田農業政策の全般にわたる抜本的な改革を目指すこととした．事実，生産調整研究会の報告を受けて着手された改革は，生産から流通の全体をカバーする包括的なものとなった．以下では減反政策の転換を中心に改革のポイントをみていくが，計画流通制度の廃止を柱とする流通制度の改革と一対の関係にあることにも留意していただきたい．

　生産調整研究会の議論を通じて繰り返し強調された点に，農業者の経営判断の大切さと全国一律型政策の限界のふたつがある．経営判断の重要性の強調を裏返せば，それまでの水田農業政策のもとでは経営判断の自由度が不必要に制約されていたことを意味する．創意工夫の発揮できる範囲が著しく限定されていたわけである．経営判断の自由度のないところに経営の発展はなく，経営者の成長もない．

経営判断に対する制約の最たるものが，上意下達の方式で割り当てられる減反であった．割り当てられた減反面積を達成するために，役場や農協の職員が説得のために集落に日参する．集落のまとめ役は頭を抱え込み，しばしば村社会の相互牽制機能が動員される事態も生まれた．しかも，このような状態が30年以上も続いた．これでは，水田農業が若い世代に魅力に乏しい農業に映ったとしても仕方がない．この意味で，減反政策は水田農業の担い手の脆弱化をもたらした要因のひとつであり，ここを何とかよい方向に変えたいというのが生産調整研究会の問題意識であった．

同時に研究会は，南北に長い列島として地域性の強い日本の農業に全国一律の制度を適用することの限界を強く意識していた．全国一律の制度の典型が転作助成金である．旧制度の最後の期間についてみると，転作田に作付けられた麦と大豆と飼料に対しては，要件さえ整えば10アール当たり73,000円の助成金が支給された．収量や品質とは関わりなく定額の支払いが行われていたのである．麦や大豆にも適地がある．けれども，そんなこととは無関係に画一的な基準が適用されてきた．家畜のいない地域で飼料生産を行っても，それは資源の無駄使いである．そんな作付けであっても容認する制度，これが長年続いてきたのである．ここも重点的な改革を必要とする領域であった．

今後は，制度にあわせて地域農業のあり方を考えるのではなく，地域農業のあるべき姿を構想し，その実現に力を発揮するローカルな仕組みを作り出すという発想が大切である．もちろん，ローカルな仕組みを作り出すための材料については，国の政策が提供することがあってよい．けれども，地域に根ざした産業である農業の場合，仕組み作りの主役はあくまでも地域にあると考えなければならない．これを農政の地域主義と呼ぶことができるが，実を言えば，農政の地域主義は食料・農業・農村基本法（1999年）に掲げられた理念のひとつでもあった．

第8条にはこううたわれている．すなわち，「地方公共団体は，基本理念にのっとり，食料，農業及び農村に関し，国との適切な役割分担を踏まえて，その地方公共団体の区域の自然的経済的社会的諸条件に応じた施策を策定し，及び実施する責務を有する」のである．古い基本法の第3条が「地方公共団体は，国の施策に準じて施策を講ずるように努めなければならない」としていたのと

は対照的である.ともあれ,こうした農政の地域主義を水田農業にも導入することこと,これも生産調整研究会の強い問題意識であった.

4. 2段階の改革プログラム

　生産調整研究会は初会合から10カ月後の2002年11月29日に最終報告を取りまとめた.難産であった.とくに生産調整の仕組みの転換について,改革のタイムスケジュールを明記することに対する農協系統組織の抵抗が最後まで続いたが,結局次のかたちで決着がついた.すなわち,「需給調整システムについて,平成20年度(2008年度)に農業者・農業者団体が主役となるシステムを国と連携して構築する.この間,農業者・農業者団体の自主的・主体的な取組の強化を目指すものとし,平成18年度(2006年度)に移行への条件整備等の状況を検証し,可能であればその時点で判断する」(「米政策改革大綱」)とされた.平成18年度云々とあるのは,可能であれば1年前倒しで2007年度にも主役の交代を行うという意味である.

　またタイムスケジュールの特徴として,2003年度を改革の準備のための期間とした点も重要である.過去の米政策の手直しは,秋にその内容が決定され,翌年の春に慌ただしく実施に移されるパターンを繰り返してきた.今回は大改革であるだけに,情報伝達の徹底のための時間と,地域農業の将来ビジョンを練り上げるための時間を確保したわけである.こうした一定の準備を経て2004年度に改革は本番を迎えた.

　すなわち2004年度には,依然として国や地方公共団体が生産目標数量の配分に直接関与するものの,副作用や弊害の小さい生産調整の新方式に移行する(新システムへの移行).さらに2008年度には,なおその時点で生産調整が必要と判断される場合には,これを農業者団体が主役となって実行する自主的な生産調整方式に進む(新・新システムへの移行).つまり,従来の減反から新システムに移行し,さらに数年後には主役の交代した新・新システムに移る2段階の改革プログラムがセットされたわけである.

　2段階のプログラムではあるが,改革全体の成否を左右するのはなによりも2004年度にスタートする前段の制度転換の達成度である[3].第1に,2008年

度以降に生産調整が必要とされる場合にも，2004年度からスタートする新しい生産調整方式がベースになると考えられるからであり，第2に，新しい生産調整は強制感を伴う生産調整から徐々に脱却するメカニズムを内包しているからである．この第2の点は，農業者団体が主役となる生産調整へのスムーズな移行にとっても重要である．次節でその意味について述べる．

なお，2004年度以降の生産調整では，生産しない水田面積すなわち減反面積ではなく，生産の目標数量が配分されている．ただし，市町村から農家に配分する段階では，目標数量とこれを作付面積に換算した目標面積があわせて配分される．ここに文字どおりの意味での減反政策は終わりを告げたわけである．この変化は，それだけでも農家の経営判断の自由度をいくぶん広げる意味合いを持っている．新方式のもとであれば，減肥料栽培などによって面積当たり収量を抑制する場合には，その分だけ作付面積を増やすことが可能になるからである．

5. 自己決定的な生産調整

生産調整の主役が交代する2008年度（もしくは2007年度）以降，国や地方公共団体は農業者や農業者団体の主体的な取り組みを支援する側にまわる．具体的には，国は全国の客観的な需給見通しの策定や，生産出荷団体等が作成する生産調整方針の認定などを担当し，地方公共団体は後述の地域水田農業ビジョンを生産出荷団体などと一体となって作成するといった分担関係になる．しかるに，このような主役の交代については，とくに農協系統組織からその実効性をめぐる強い懸念が寄せられた．

たしかに生産調整の仕組みそのものを改革することなく，主役の交代が強行されるとすれば，生産調整はおそらく瞬時に崩壊したことであろう．全中に農林水産省ほどの権力があるわけではない．あるいは，これまで県や市町村の行政が苦労を重ねてきた生産調整の配分と達成のための仕事を，同じレベルで農協系統組織が実行できるとも思われない．瞬時に崩壊したであろうと述べたゆ

---

3) 2006年には食料・農業・農村政策審議会食糧部会などの場において，それまでの改革の進捗状況について集中的な検証作業が行われる．

えんである．それでも構わないという考え方もないわけではないが，生産調整研究会はこの意味でのハードランディングは回避すべきであると判断した．

だれが生産調整に責任を持つかという問題は，いかなる方式の生産調整かという問題とワンセットで解決されなければならない．生産調整のシステムの転換を伴わない単なる主役の交代であるとすれば，さまざまな弊害の克服につながらないだけでなく，現実論としても実行不能であろう．問題は，2004年度に始まった新たな生産調整が深刻な副作用を伴ったかつての方式にどこまで別れを告げることができるかである．ポイントはふたつある．すなわち新システムの生産調整は，自己決定的な生産目標数量の設定と経営判断を重視する参加方式のふたつの点を基本的な特徴としているのである．この節では，自己決定的な生産目標数量の設定という点について若干の説明を加えておく．

これまでの減反政策が上意下達の配分システムによって実施されていたことはすでに触れた．地域の農業から遠く離れた別の世界で配分の基準が決まり，その基準に従って減反面積が上から降りてきたわけである．新しいシステムのもとでも，都道府県や市町村への目標数量の配分は行われる．ただし，その配分量にそれぞれの地域における米の販売実績が素直に反映される方式に改められた．米の生産と販売をめぐる地域の農業者や農業団体の前年までの行動の成果が，翌年以降の生産目標数量に反映される仕組みであり，これを筆者は自己決定的な配分方式と呼んでいる．

この点について生産調整研究会の最終報告は，「地域別生産目標数量は，それぞれの地域の供給量を在庫増減により調整した前年実績数量を基礎に，翌年の需要の増減見込み，作況変動，在庫増分等を反映させた数値を基本として算定する」と述べている．ポイントは「前年実績数量を基礎に」という部分にある．もちろん全国レベルの生産目標数量は別途定められるわけであるが，それを都道府県に配分するにさいして，地域毎の実績をウェイトとして用いるわけである．具体的には，6月末日の在庫に着目して販売の実績を把握する手法がとられている[4]．在庫情報の精度にも依存するが，同様の仕組みを都道府県内

---

4) 実際には2003年産米の不作等の不安定要因もあって，2004年産と2005年産に関する都道府県別生産目標数量は，過去5カ年の需要実績から求められた需要見通しと，前年の生産目標数量の加重平均として算出された．詳細については農林水産省「米穀の需給及び

の配分にも適用することが期待されている.

　売れる米作りの総合力が生産目標数量につながる仕組みに移行したわけである. もっとも, ひとくちに売れる米作りと言っても, 米の消費形態が多様化し, 販売ルートが複線化するなかで, 米の販売力を左右する要素も多様化している. 食味や価格に加えて, 実需先との安定的な取引関係の有無や, 消費者の安心と信頼に結びつく商品管理システムの有無がものを言う場面も増えている. いずれにせよ, 川下の流通に発した規制改革の波は, この点において, 米作りの現場に及び, これに呼応・共鳴する改革の流れを生みだしたと言ってよいであろう.

　2004年度にスタートした自己決定的な生産調整方式は, 今後の生産調整のあり方, あるいはそもそも生産調整の必要性に関わって, 次のふたつの意味を持つ. ひとつは, 少しずつではあっても, 毎年の目標数量配分の変化を通じて稲作の立地移動が発生することである. 立地移動が向かう先は, 国全体として売れる米作りの力が最大限発揮される適地適作のパターンであり, 需要に応じて自らの判断で生産量を決定する世界に徐々に接近することになる. 言い換えれば, 強制的な生産調整を必要としない状態への接近である.

　もうひとつの意味は, 目標数量配分のプロセスを通じて, それぞれの地域に対して産地としての実力を自己評価する機会が毎年与えられることである. 米をめぐる現下の経済環境のもとにあって, その地域の米をどの程度の量まで販売することが可能か. 新しい生産調整方式は, この点に関する自己評価を形成することに寄与するであろう. このこともタイトな生産調整からの脱却を促す要素のひとつである. 当然と言えば当然であるが, 上意下達の減反システムのもとでは, 地域の米販売力を自己評価する機会は奪われていたと言ってよい. また, かりにそのような機会が与えられたとしても, 上意下達の生産調整のもとで, 評価の結果を地域農業に活かす道は閉ざされていた.

価格の安定に関する基本指針」, 2004年11月を参照されたい.

6. 経営判断を重視する生産調整

　新しい生産調整方式のもうひとつの特徴は経営判断の重視である．この点は，メリット措置を受け取ることを前提に，納得のうえで生産調整に参加する仕組みと表現することもできる．裏返せば，メリット措置を放棄し，その意味でデメリットを甘受することを前提として，自己責任であえて生産調整に参加しない判断があるとしても，それはそれとして認めようという仕組みにほかならない．問題はメリット措置の厚みであるが，稲作の収益性などの立地条件による面はあるものの，のちに述べる3つの措置を総合すると，通常であれば生産調整への参加が有利な水準にあると判断される．事実，2004年産米の作付面積（153.6万ヘクタール）は前年に比べて2.6万ヘクタール，比率にして1.7%の増加にとどまった．この数値には単位面積当たりの収量を抑制することに伴う作付面積の増加も含まれている．

　経営判断を重視する生産調整と述べたわけであるが，ここで見逃すことができないポイントは，メリット措置の組み立て方についても地域が主体的に決定できる点である．経営判断を重視するという表現は，しばしばいわゆる手上げ方式であると理解されがちである．そういう面のあることを否定するわけではないが，しかし，与えられた条件のもとで個々に参加・不参加の決定を行うという意味での単純な手上げ方式と同一視することはできない．たしかに与えられた条件のもとで最終的に生産調整に参加するか否かを決めるのは個々の農業者であるが，今回のシステムはその条件の設計にも農業者自身が関与できるようにしたのである．とくに担い手と目される農業者については，その声をルール作りに反映させる道が明確に開かれている．

　メリット措置の組み立て方だけではない．生産目標数量の地域内配分の方法についても，地域の第三者機関的組織において「必要に応じて，担い手や自給的農家の扱い等の配分の一般ルールを設定することができる」とされた（「米政策改革基本要綱」）．すぐあとに述べる地域水田農業ビジョン作りの組織であり，メリット措置の設計にもあたる地域水田農業推進協議会が，ここで言う第三者機関的組織を兼ねることができる．つまりメリット措置の設計と生産目標数量の配分という生産調整の急所の部分が，地域の主体的な決定に委ねられた

わけである．問題はこの新機軸を地域の関係者が使いこなすことができるか否かである．

7. 地域水田農業ビジョン

　新しい生産調整方式のもうひとつのキーワードが，地域水田農業ビジョンである．制度的には，「今後の水田農業政策と米政策は，生産調整のみを切り離して展開するのではなく，地域の作物戦略・販売，水田の利活用，担い手の育成等の将来方向を明確にした地域の水田農業全体のビジョンを作成し，生産対策及び経営対策を一体的に実施」するとの整理が行われ（「米政策改革基本要綱」），基本的には市町村を範囲としてビジョン作りが進められた．

　ビジョン作りのための組織は次のように規定された．すなわち，「地域水田農業ビジョンは，都道府県等関係機関と連携して，地域の関係者からなる地域水田農業推進協議会（市町村，農協等生産出荷団体，農業共済組合，農業委員会，土地改良区，担い手農家，実需者，消費者団体など地域の実情に応じて構成）が作成」することとされた（「米政策改革基本要綱」）．担い手農家が含まれている点は先ほど触れたが，このほかに実需者や消費者団体も関与しうる構成メンバーが想定されている．

　いまの引用にもあるように，地域水田農業ビジョンは水田利用の将来像や担い手の育成方針を明らかにするものでなければならない．このことはビジョンの実現に向けたローカルな施策のデザインを行うことを意味する．これを農業者の観点からみるならば，ポイントはメリット措置の設計にほかならない．とくに地域水田農業ビジョンが直接に責任を持つのは，メリット措置のうち「産地づくり対策」と呼ばれる助成金についてである．「産地づくり対策」は「地域自らの発想・戦略と地域の合意に基づき，作物生産，担い手，水田利用の将来方向を明確にした地域水田農業ビジョンに基づいて実施する取組を支援するための助成措置」として位置付けられている（「米政策改革基本要綱」）．

　「産地づくり対策」は地域の創意を生かす制度として設計された．交付金の支給額の積算は全国統一の基準によるものの，交付金の使い方については基本的に市町村のアイデアに委ねる方針が貫かれている．地域に強みのある品目の

サポートをはじめとして，担い手に対する集中的な支援や売れる米作りのための方策の推進など，独自の工夫に着目した助成を行うことが可能なシステムである．まさにそれぞれの地域の知恵とパワーが問われていると言ってよい．

初回の地域水田農業ビジョンづくりは2003年度に行われた．率直に言って，地域差が大きいように思う．ずいぶん早くから積極的に議論を開始した地域もあれば，土壇場に駆け込みでかたちだけを整えた地域もある．けれども，地域水田農業ビジョン作りは1回限りで終わるものではない．スタートで躓いた地域は，否，順調にスタートした地域も次年度以降に向けて繰り返しビジョンの改訂を行うべきである．いまや農業政策のデザインをめぐる地域間競争の時代なのである．

なお，生産調整参加者に対するメリット措置としては，「産地づくり対策」のほかに，都道府県の判断により措置することができる米価下落の影響緩和対策（「稲作所得基盤確保対策」）と，担い手農業者を対象とする稲作収入の安定化のための対策（「担い手経営安定対策」）がある．担い手経営安定対策は，生産調整に参加している認定農業者または集落型経営体で「一定規模以上の水田経営を行っている者（地域農業の維持・発展を責任を持って担いつつ，規模拡大等の経営改善に取り組む者）を対象として，米価の著しい下落の影響を緩和する」ための措置である（「生産調整研究会最終報告」）．認定農業者の場合の規模要件は，原則として北海道10ヘクタール以上，都府県4ヘクタール以上とされた．

8. 改革のインパクト

水田農業と米経済をめぐる制度改革は農業・農政のさまざまな領域に直接・間接のインパクトを与えている．なかでも2007年度から本格的に実施される農政改革に与えたインパクトが重要である．具体的には，水田農業政策の改革にはいわゆる品目横断型の経営支援策につながる要素が含まれている．すなわち水田農業政策の改革の一環として，担い手経営安定対策が曲がりなりにも導入されたのである．ただし，担い手経営安定対策は米の収入に着目したセーフティネットであり，品目横断的政策とは異なっている．その意味では経過的な

制度なのであるが，対象を明確化した経営支援策が一歩先んじてスタートした点は特筆されてよい．

いずれにせよ，タイトな生産調整のもとで経営判断に対する束縛の強い政策環境にあっては，経営のリスクに対処するタイプの経営支援策を導入することは困難であった．その面での障害が除去されつつある点で，水田農業政策の改革は農政全般の改革のステップアップに向けた条件整備の役割を果たした．惜しまれてならないのは，こうした改革が2004年の時点まで先送りされてきた点である．政策転換の遅れによって失われたものの大きさに思いを致し，これを今後の教訓としなければならない．

米政策の改革は農協の事業や組織のあり方に対しても，さまざまな回路を通じてインパクトをもたらすことであろう．とくに今日の農協は深刻な経営問題を抱え込んでおり，事態の展開次第では，米政策改革が農協系統組織の今後のあり方を大きく変える引き金となる事態も考えられないではない[5]．ここでは米の流通制度の転換に限定して，農協事業に及ぶと考えられるインパクトを2点に整理しておく．

ひとつには，単位農協の販売戦略の巧拙が決定的に重要な意味を持ちはじめ，このことによって農協間の力量の差がこれまで以上に顕在化することである．すでに述べたとおり，今後は農協の集荷した米のすべてについて，流通のルートと時期の特定という制約はなくなる．また，これもすでに触れたところであるが，売れた実績に応じて生産目標数量を地域間に配分する自己決定的な生産調整方式の導入も，米の生産と販売に意欲を持った農協にとっては朗報である．こうした制度的環境の変化は，県段階や全国段階の連合組織との対比で単位農協の事業の重みをこれまで以上に増すに違いない．

第2のインパクトは，第1の点とは裏腹の関係にある．すなわち，米の流通については農協系統の利用がひとつの選択肢としての性格をさらに強めると考えられる点である．むろん，これまでも計画外流通米については流通上の制約は存在しなかった．けれども，計画流通米については事実上農協系統の利用とワンセットの制度であった．この点で今後は，全農（全国農業協同組合連合

[5) 「第23回JA全国大会決議」（2003年10月）は，現在の農協経営のおかれている状況を(19)「50年代の再建整備期以来の未曾有の危機」と表現している．

会）あるいは全農の県本部は，単位農協が選択する販売ルートのひとつというポジションに置かれることになる．かりにこのルートが有利でないと判断すれば，ここから離脱することに対する制約は少なくとも制度上は存在しない．これも農協系統組織のあり方を大きく変える要素として作用する可能性が高い．近年の農協事業改革の論議では，全農が単位農協の補完機能に純化する方向が打ち出されているが[6]，米政策の改革はこうした転換を避けがたい流れにしつつあると言ってよい．

9. むすび：食料の二面性と制度改革

　現代日本の食料にはふたつの対極的な性質が同居している．すなわち，絶対的な必需品としての食料という性質と，高度に選択的な財としての食料の性質である．これなしには生命を維持することのできない財でありながら，同時にグルメの素材として，生活に潤いを与える財でもある．これが現代の食料である．米についても例外ではない．

　今日の農業政策のむずかしさはこの点にある．例えば食料自給率の問題がある．これはまさに絶対的な必需品としての食料の性格に発する政策問題である．けれども，自給率の向上が望ましいからと言って，消費者の口を無理に開いて国産の食料を流し込むわけにはいかない．そんなことをすれば反発を招くだけである．むしろ，消費者のニーズにあった国産の農産物が日本の消費者に受け入れられ，それが結果的に自給率の向上に結びつく関係こそが大切である．消費者の声を励みとしてのびのびと活躍する農業経営者．このような農業者によって確保される土地と水としっかりした技術．その結果として向上する食料の自給力．

　絶対的な必需品としての性格が優越した戦時下に形成された制度が，さまざまな修正を経ながらも，今日まで曲がりなりにも残存し続けた．これが米をめぐる政策の構図である．1994年の食糧法の制定は，川下の流通の分野につい

　6）例えば「農協のあり方についての研究会」の報告書（2003年3月）には，「全農については，連合会の本来の任務であるJAの補完に徹する方向を目指すべきである」と述べられている．

ては旧制度の残滓をほぼ完全に払拭するものであった．その意味では大きな変化であった．今回の水田農業政策と米政策の改革は，そのさいに残された生産の現場と川上の流通分野の問題にメスを入れた．高度に選択的な財であることを前提に，しかしながら同時に，このところ形骸化していた面のあった生産者の出荷届出を徹底するなど，絶対的な必需品としての性格にも配慮した政策体系が生み出された．米をめぐる制度改革は，農業者や流通の担い手から新たな行動を引き出すことであろう．そうした新しい動きの量と質によって，今次の制度改革の評価が定まることになる．

【参考】 水田農業政策・米政策の経緯

1993 年　ウルグアイラウンド実質合意．関税化の特例措置のもとで上乗せされたミニマムアクセス．

1994 年　食糧管理法の廃止と食糧法の制定．

1997 年　「新たな米政策大綱」．備蓄運営ルールの設定．稲作経営安定対策の導入．

1999 年　4 月に米の関税化．食料・農業・農村基本法制定．翌年には 2010 年に向けた食料・農業・農村基本計画のなかで食料自給率の目標を設定．

2000 年　水田農業経営確立対策．稲作経営安定対策の見直し．生産調整目標割当をポジ方式に転換する方針を提起．経営所得安定対策をめぐる論議の急浮上．

2001 年　「農業構造改革推進のための経営政策」において，保険方式もしくは積立方式を前提に経営所得安定対策を検討する方針を提示．「米政策の見直しと当面の需給安定のための取組について」（11 月 22 日）によって，生産調整研究会の設立を決定．

2002 年　1 月に「生産調整に関する研究会」発足．6 月 28 日の「中間取りまとめ」を経て，11 月 29 日に「最終報告」．「最終報告」を受けて，12 月 3 日には与党による「米政策改革大綱」を策定．同日に農林水産

省もこれを省議決定.
2003 年　6 月 27 日に食糧法改正に関する法案の成立. 7 月 4 日には水田農業政策と米政策の改革の全体像について農林水産省が「米政策改革基本要綱」を発表.
2004 年　新たな生産調整方式を軸に水田農業政策改革を実施.
2005 年　3 月 25 日に新たな食料・農業・農村基本計画を閣議決定.
2006 年　新・新システムへの移行を想定して水田農業政策と米政策の改革に関する検証作業を 2 月にスタート.

第 4 章　条件不利地域政策の日本的特質

1. はじめに

　2000年度に導入された中山間地域等直接支払制度は，日本の農政史上はじめての本格的な直接支払型の政策である．したがって関係者の関心は高く，施策の仕組みやその意義を論じた著作，論文，記事のたぐいも少なくない．筆者もEUの条件不利地域政策との比較を念頭において，直接支払制度の特質について述べたことがある[1]．一方，市町村の担当者をはじめとして，政策運用のフロンティアに立つ人々は新制度の仕組みの詳細を把握することに懸命であった．今回の制度を活かすためには，集落協定の締結に向けた現場の高い説明力が要求されたからである．本章の記述もその一端を伝えることになるが，制度の中身は相当に複雑である．

　以下では，中山間地域等直接支払制度の特質について，あらためて筆者なりの整理を試みる．ただし，先行する著作や論文の内容に屋上屋を架すことは極力避けたい．そこで本章では，助成金の単価の設定，対象農地の団地性の要件，協定上の集落の概念といった制度の具体的な内容の点検を通じて，そこに反映されている日本農業の特質や，制度が明示的もしくは暗黙のうちに意図している政策の理念を浮き彫りにする．

　本章全体を通して心がけたい点がある．それは現行の制度について，いくぶん距離をおきながら客観的に評価することである．言い換えれば，現行制度の

---

[1]　中山間地域等直接支払制度に関する論考としては，例えば「制度の設計者が語る」と銘打った山下（2001）や，小田切（2001）をあげておく．筆者自身によるものとしては，生源寺（2000a）の第8章（「日本型直接支払い制度と地域づくり」）がある．

枠組みは可変的であるとの前提で議論を進めたい．はじめて導入された施策である以上，周到な準備を重ねたとしても，未知の領域における試行錯誤の要素がある程度含まれることは避けがたい．早い時期に軌道修正が求められる可能性もないとは言えない．

　この点はほかならぬ制度の設計者自身がよく自覚している．すなわち，「中山間地域等直接支払交付金実施要領」は，「交付金は我が国農政史上初めての手法であり，制度導入後も中立的な第三者機関を設置し，実行状況の点検，施策の効果の評価等を行い，基準等について不断の見直しを行っていくことが必要である」とうたい，「5年後に制度全体の見直しを行う．ただし，必要があれば，3年後に所要の見直しを行う」と明記している．加えて，2004年度に本格化した水田農業政策の改革に典型的であるが，直接支払制度と関係の深い政策に大きな変化が生じる可能性も視野におさめておく必要がある．

　本章で吟味する制度の詳細については，「中山間地域等直接支払交付金実施要領」（以下，「要領」）と「中山間地域等直接支払交付金実施要領の運用」（以下，「運用」）を基本的なテキストとし，ふるさと情報センター『中山間地域等直接支払の手引き』の「中山間地域等直接支払制度のポイント」（以下，「ポイント」）と「中山間地域等直接支払制度Q&A」（以下，「Q&A」）を必要に応じて参照する．

2. 直接支払いの根拠と単価

　直接支払いの根拠について，「要領」は「耕作放棄地の増加等により多面的機能の低下が特に懸念されている中山間地域等において」，「多面的機能を確保する観点から」「中山間地域等直接支払交付金を交付する」と述べている．この規定は食料・農業・農村基本法（1999年）に掲げられたほぼ同趣旨の条文（第35条第2項）を受けたものである．また，「ポイント」は直接支払いの交付単価について，「交付金の交付を受けられない平地地域との均衡を図るとともに，生産性向上意欲を阻害しないとの観点から，平地地域と対象農用地との生産条件の格差（コスト差）の8割とする」と述べている．この交付金の単価の設定については，WTO農業協定の規律に沿うことが強く意識されている．

すなわち「要領」は，直接支払制度がWTO農業協定に規定された要件を満たす必要があると述べたうえで，支払額については「所定の地域において農業生産を行うことに伴う追加の費用又は収入の喪失が限度とされる」[2]とうたっている．

　いま紹介した点は，関係者にとっては常識に属することがらである．それでも，いくつかの要点を確認しておくことが，のちの議論のためにも有益である．まず「多面的機能を確保する」という表現の意味であるが，耕作が放棄された状態との対比で多面的機能が発揮された状態を確保することと解される．あくまでも当該農地における耕作の有無したがって多面的機能の有無の対比によって支払いの根拠が与えられているのである．これはあえて取り上げるまでもないほどに自明のことのように思われるかもしれない．けれども，例えば従来は稲作に利用されていた農地において新たな畜産的土地利用の展開を視野に含めるとき，その畜産が他の畜産に比べて環境保全の面で優位に立つ点に着目するなど，別の見地に立った施策の組み立ての可能性が考えられないではない．この点は次節で述べるように，日本の中山間地域の多くが工学的な条件不利地域であることから栽培可能な作物にはかなり幅があること，したがってそのかぎりでは土地利用の選択肢も多様であることからくる論点であると言ってよい[3]．第6節で農業環境政策と絡めてあらためて触れることにしたい．

　確認したいもうひとつの点は，多面的機能の質ないしはレベルが直接支払いとリンクしているわけではないことである．たしかに「運用」は，「農業生産活動等として取り組むべき事項」として，「適正な農業生産活動に加え，地域

---

2) これはWTO『農業に関する協定』附属書2の13の表現である．
3) この点に関連して地目の変更に関する交付金の扱いは以下のとおりである．まず，「田から田以外に地目を変更する場合は，変更後の地目の区分に相当する単価」が適用される．また，「地目の変更により勾配の区分に変更があった場合は，変更後の地目の区分の傾斜単価」となる．ただし，地目変更の結果として「勾配が区分外となった場合は，変更後の地目の区分の緩傾斜の単価」とすることとされている（いずれも「運用」による）．この但し書きは，田に比べて畑や草地の傾斜度要件が厳しいことから，田から他地目への変更によって交付金の支給要件を満たさなくなる事態を想定して設けられている．けれども，こうした緩衝規定はあるものの，のちにみるように緩傾斜の畑や草地の交付金単価が相対的に低い点を考慮すると，転換前の地目が田の場合，とくに急傾斜に区分されている場合には，地目の転換に対してかなりブレーキが働くものと思われる

の中で，国土保全機能を高める取組，保健休養機能を高める取組又は自然生態系の保全に資する取組等多面的機能の増進につながる」活動について，例示した行為のなかからをひとつ以上行うことを求めている[4]．しかしながら，選択された行為の内容によって交付金の単価に違いが生じるわけではない．また例示された行為には，「土壌流亡に配慮した営農の実施」や「環境の保全に資する活動」のように，追加的なコストをさほど要することなく，比較的容易に実行できると考えられるものも含まれている．良好な農業生産活動が基本的な要件であって，付帯的な行為の義務が高いハードルになっているわけではない．この点にも関連するが，「ポイント」は交付金の対象となる農業生産活動等について，「農法の転換まで必要とするような行為（肥料・農薬の削減等）は求めない」と述べている．なお，多面的機能の水準とリンクした直接支払いのイメージについては，本書第9章5節を参照していただきたい．

　交付金の単価の問題に移ろう．すでに紹介したとおり，交付金の単価算定の基準は平地地域とのコスト差の8割とされている．単純にして分かりやすい基準である．けれども，「農業の生産条件に関する不利を補正するための支援を行う」（食料・農業・農村基本法第35条第2項）とすれば，原理的には生産物の単位面積当たり収量も考慮する必要があろう．また，収量を考慮することは，補正すべき不利の度合いが農産物の価格条件にも依存することを意味している．農業の単位面積当たり収益は〔農産物価格×単位面積当たり収量－単位面積当たり費用〕と表され，収量に違いがあるときには，これに価格を乗じただけの差が生じるはずだからである．裏返せば，条件の不利性をもっぱらコスト差として把握したことは，直接支払制度が収量の地域差を捨象しても差し支えないとの判断に立っていることを物語っている．

　もうひとつ確認しておきたいのは，コスト差によって支払い単価を決定するこの方式が地目ごとに適用されている点である．すなわち，田・畑・草地・採

---

[4] 集落協定の内容についての規定である．なお，必須事項とされた農業生産活動等は，「耕作放棄の防止等の活動」と「水路，農道等の管理活動」のふたつに分類されている（「運用」）．また，「Q&A」は農地に関する対象行為について，「本制度の目的は耕作放棄を防止し多面的機能を確保することであるので，管理だけでも対象とする」としている．具体的には，米の生産調整における保全管理や調整水田がここでの管理に含まれる（「Q&A」）．

草放牧地の4つの地目のそれぞれについて，急傾斜と緩傾斜に区分したうえで，コスト差に基づく交付単価が算定されている．10アール当たりの単価は，急傾斜の田で21,000円（緩傾斜8,000円），急傾斜の畑で11,500円（緩傾斜3,500円），急傾斜の草地で10,500円（緩傾斜3,000円），急傾斜の採草放牧地1,000円（緩傾斜300円）である（いずれも国の交付金と地方公共団体が一体化して行う交付金の上限単価．「要領」による）[5]．

　地目の区分については，まず田を「たん水するための畦畔及びかんがい機能を有している土地」と定義し，畑を「田以外の農地で草地を除く畑（樹園地を含む）」としている．ここで言う草地（牧草専用地）とは「畑のうち牧草の栽培を専用とする畑であって，播種後経過年数（概ね7年未満）と牧草の生産力から判断して，農地とみなしうる程度のもの」である．さらに，採草放牧地は農地法第2条第1項[6]にならって，「農地以外の土地で，主として耕作又は養畜の事業のための採草又は家畜の放牧の目的に供されるもの」とされている（以上，「運用」による）．なお，混牧林地については，「主として木竹の生育に利用されるものであって，従として耕作又は養畜のための採草又は家畜の放牧に利用される土地」であることから，採草放牧地には該当せず，したがって直接支払制度の対象とはならない（「Q&A」）．

　ところで，さきに引用したWTO農業協定上の表現である「農業生産を行うことに伴う追加の費用又は収入の喪失」は，条件の不利な地域であえて農業を行うときに生じるマイナスの収益を意味していると解することができる．このような理解と，平地農業地域との差に着目する直接支払制度の考え方にはいくぶん差がある．もっとも，基準とされる平地農業地域の農業生産が，収益がゼロであるという意味で収支相償う状態にあると考えれば，ふたつのアプローチの意味するところは一致する．この点については本章の補論を参照していただきたい．いずれにせよ，平地農業地域との差に着目する日本の直接支払制度の背景には，条件不利地域と条件良好地域の双方に稲作に代表される同一の作目

5）　草地に関しては急傾斜と緩傾斜の区分のほかに「草地比率の高い草地」がある．実質的には北海道の草地型酪農地帯を想定して設けられた区分であり，「積算気温が著しく低く，かつ，草地比率が70%以上である市町村に存する草地」を指す．

6）　農地法第2条第1項では農地を「耕作の目的に供される土地」と定義している．

が立地している実態がある．この点も，条件不利地域と条件良好地域で作目間の棲み分けが比較的明瞭なEUとは異なるという意味で，日本の条件不利地域農業のひとつの特質である．

3. 工学的な条件不利

「草地比率の高い草地」（注5参照）を別にすれば，直接支払制度が念頭においている農業生産条件の不利は，筆者の表現を用いるならば，工学的な条件不利であると考えられる．そして，このことがコスト差をもって生産条件の差異を把握する制度のスタンスにも結びついている．

工学的な条件不利とは，「耕地が狭小であったり急傾斜地に立地しているために，農作業の機械化が困難な条件を抱えていることを意味」する[7]．直接支払制度の対象農地の要件はかなり複雑であるが，基本的には傾斜度が判断基準とされている．すなわち，「勾配が田で1/20以上，畑，草地及び採草放牧地で15度以上」を急傾斜の農地，「勾配が田で1/100以上1/20未満，畑，草地及び採草放牧地で8度以上15度未満」を緩傾斜の農地としているのである（「要領」）．そしてこの基準の根拠として「Q&A」は，1/20以上の水田は「30a区画以上のほ場整備が困難」であることを，15度以上の畑は「農業機械の利用が困難」であることをあげている[8]．効率的な機械作業に適さない点や，そもそも機械作業自体が無理である点に着目しているわけである．もっぱら工学的な条件不利が念頭におかれていると言ってよい．一方，工学的条件不利と対になるのが農業技術の生物学的側面におけるハンディキャップである（生物学的な条件不利）．こちらは「気象や土壌からくる作物栽培上の不利であって，しばしば栽培可能な作物自体が著しく限定されるような状態」[9]を指しており，さきに触れた「草地比率の高い草地」はこのタイプの生産条件の不利に照応するカテゴリーである．

---

7) 生源寺（2000a）の第7章（「山地畜産に学ぶ」）による．
8) 田で1/20以上，畑，草地と採草放牧地で15度以上という条件は，もともと特定農山村法（1993年）の指定地域の基準として使用されてきた．なお，田の急傾斜の下限勾配である1/20は約3度，緩傾斜の下限勾配1/100は1度弱である．
9) 生源寺（2000a）の第7章による．

ごく単純化するならば，農業技術の工学的側面は土地当たりの労働投入量（土地・労働比率）に反映され，生物学的側面は土地当たりの作物収量に反映されると考えてよい．いま農地面積を A，労働投入量を L，作物収量を Y と書くことにする．このとき，農業の生産効率の基本的な指標である労働生産性（Y/L）に関する次の恒等式が成立する．

$$Y/L = Y/A \times A/L$$

ここで右辺の第1項は土地生産性を表しているが，この大きさは主として農業技術の生物学的な側面に規定されるであろう．同様に，第2項つまり土地・労働比率は農業技術の工学的な側面に規定される．単位労働当たりどれほどの面積の農地が耕作可能かが示されているからである．言い換えれば，単位面積当たり投下労働の違いである．一般に機械による労働の代替を通じて省力化が進むことから，この点は同じく面積当たり機械費用の違いにも結びつく．そして工学的な条件不利に着目する観点は，第1項に関する地域差に比べて，第2項に関する地域差が優越する格差構造を想定する観点にほかならない．本節冒頭に述べた「コスト差をもって生産条件の差異を把握する制度のスタンス」とは，生産の効率の差をもっぱら上式の第2項（A/L），したがって土地当たりの費用投入構造の違いとして把握するスタンスなのである．

ところで，農業技術をこのようなふたつの側面として把握することは，現代の農業経済学ではオーソドックスな方法である．このアプローチに照らしてみるならば，日本の条件不利地域政策は主として工学的な条件不利に着目して組み立てられている．けれども，ハンディキャップの発現形態が一面ではそこで営まれる農業のタイプに依存することにも注意が必要である．急傾斜であれば，そこに立地する農業経営がつねに同じ種類のハンディキャップを負うわけではないのである．例えば，傾斜を厭わない家畜の行動特性を活かした放牧の場合であれば，傾斜度が費用条件の深刻な不利をもたらすとは考えにくい．言い換えれば，家畜の放牧は工学的なハンディを克服する農法のひとつである．

4. 水田農業の特性

 すでに述べたところからも明らかなように，直接支払制度はすべての地目をカバーしうる制度である．けれども制度の骨組みには，やはり水田農業の特質が色濃く反映されている．当然である．中山間地域にあっても，土地利用の中心は水田であり，稲作だからである．しかしながら，米の過剰問題を持ち出すまでもなく，水田における稲作以外の土地利用の重要性を否定することはできない．その意味でも，水田農業の特質を反映した制度のあり方については冷静な評価が必要である．

 ここでの検討のポイントとなる水田農業の特色は，地域の共有資本である用排水施設の維持管理や利用であり，土地・水利用に関する圃場間の相互依存の関係である．こうした生産面の特質は，水田農業に特有の水利をめぐる共同行動という農村社会の特質にも結びついている．そしてこれらの点は，次のふたつのかたちで直接支払制度の骨格に反映されている．ひとつは対象農地の要件，なかでも連担性に関わる要件であり，もうひとつは対象行為が基本的には集落協定に基づいていること，すなわちしばしば集落主義と表現される直接支払制度に特徴的な実施体制である．この節では前者を取り上げる．

 直接支払いの交付対象となる農地は前節で紹介した条件不利の要件を満たさなければならないが，あわせて農振法（農業振興地域の整備に関する法律）による「農用地区域内に存する一団の農用地（1 ha 以上の面積を有するものに限る）」であることも求められている（「要領」）．この一団の農用地という概念について，「運用」には「農用地面積が1 ha 以上の団地又は営農上の一体性を有する複数の団地の合計面積が1 ha 以上のもの」と規定されている．さらに「運用」は，「団地」と「営農上の一体性を有する複数の団地」のそれぞれについて，その要件を詳細に列挙している（「運用」の別記1）．

 興味深いのは後者の営農上の一体性があるとみなされるケースであり，別記1には次の3つの場合があげられている．まず第1に，「団地間で耕作者，受託者等が重複し，かつ，そのすべての耕作者，受託者等による共同作業が行われている場合」である．ただし，ここでの共同作業とは耕起や田植や収穫などの農作業に関するものであり，なんらかの共同作業が行われていればよい．ま

た，団地間で重複するという要件も一部の耕作者もしくは受託者の重複でよい（いずれも「Q&A」による）．第2は，「同一の生産組織，農業生産法人等により農業生産活動が行われている場合」である．これは第1の場合のスペシャルケースとしてよいであろう．そして第3が，「団地間に水路，農道等の線的施設が介在し，当該施設が構成員全員によって管理されている場合」である．

こうしてみると，営農上の一体性は基本的にふたつの要素からなっていることがわかる．ひとつは，農地の機能自体が相互に物理的に依存しながら発揮されている関係をもって，営農上の一体性として把握することである．第3の場合がこれに相当する．例えば，一方の団地の内部で水路が破損したときに，別の団地にもその影響が及ぶことや，一方の団地の崩壊によって農道のアクセス条件が損なわれたときに，別の団地の維持にも支障が生じるような関係である．むろんひとつの団地の内部では，圃場と圃場のあいだに同様の依存関係が存在する．だからこそ，そもそも個々の圃場ではなく，団地が制度の対象となっているのである．言うまでもなく，こうした圃場間と団地間の影響関係は，用排水施設が決定的に重要な役割を果たす水田にとくに強く現れる．

営農上の一体性のもうひとつの要素は，農業生産活動の担当者が重なっていることに起因する団地間の結びつきである．第1と第2の場合がこれにあたる．こちらについても，一方の団地の耕作に支障が生じたときに関係者の営農活動全体にマイナスの影響が生じ，それが別の団地の耕作条件に響くというかたちで，連鎖的な関係の存在が想定されている．人を媒介にする点では異なるものの，ある団地における営農が他の団地の営農に影響を与える点では，農地の機能のあいだに存在する物理的な相互依存の関係と類似の構造を有している．

ところで，ここで吟味した影響関係，とくに物理的な相互依存の関係を経済学の用語で表現するならば，圃場間・団地間に発生している外部性である．本節の検討から明らかなように，日本の条件不利地域政策はこうした外部性に配慮しながら制度を設計しているわけである．一方，すでに確認したとおり，直接支払制度の目的は多面的機能を確保することであった．そして，この多面的機能も経済学のタームを用いるならば外部経済，すなわちプラスの外部性にほかならない．ここにひとつの興味深い関係が浮き彫りにされる．それは外部経済の発信源の内部にも外部性が作用しているという意味において，二重の外部

性 double externality の構造にほかならない．二重の外部性は単純な外部性のケースに比べて，最適な生産規模の決定問題をいくぶん複雑なものにするであろう．例えば，圃場（団地）間の外部性が存在する状況のもとで，ある圃場（団地）の適正な耕作は近隣の圃場（団地）の耕作費用の低下をもたらすであろうから，圃場（団地）間の外部性が存在しない仮想的な場合に比べて，所与の条件下の最適な生産規模はいくぶん上方にシフトすることであろう．

5．集落協定と個別協定

集落協定は直接支払制度のキーワードである．ただし，集落という表現には注意が必要である．それは，ここで言う集落が必ずしも社会集団としての農業集落に対応しているわけではないことである．むろん，結果的に集落協定の締結されたその範囲が，農業集落に一致するケースも少なくないであろう．また，そのことの意味はけっして小さくない．集落協定を作りあげるための話し合いの積み重ねは，社会集団としての集落組織を活性化する契機になり得るし，また，活性化された集落組織は将来の地域農業にとって大切な無形のストックとしての意義を持つ．

けれども，直接支払制度の集落概念自体はこの制度の下で組織される共同行動の単位に即して定義されている．すなわち，直接支払制度の集落とは「一団の農用地において協定参加者の合意のもとに農業生産活動等を協力して行う集団」を言うのである（「運用」）．つまり，活動の対象としての一団の農用地が決まり，これに対応して集団の範囲も決まるという論理である．そうであるからこそ，例えば畜産的な土地利用に関して既存の集落とは別に協定上の集落を設定し，直接支払いを受けるといった柔軟な対応も可能なわけである．ただし繰り返しになるが，このように農業集落とは異なる範域のケースを含めて，圃場間・団地間に前節で述べたようなネットワーク型の影響関係を想定し，なんらかの集団的な対応を予定している点は，日本の直接支払制度の基本的な特徴であると言ってよい．

関連して，個別協定の性格についても触れておきたい．筆者のみるところ，たしかに個別協定という名称の協定方式が準備されてはいるものの，これに集

落協定と対になるような位置づけが正面切って与えられているわけではない．個別協定という言葉のイメージからは，EUで実施されている農場単位の支払いが連想されないでもないが，日本の直接支払制度の個別協定に関する限り，そうした意味合いは弱い．個々の経営単位で独立に農業生産活動を行うことに対して，個別協定が用意されているわけではないのである．原則は集落協定のかたちをとる集団的な対応であって，必要に応じて，集落協定を補完する手法として個別協定が用いられることになる．

　個別協定とは「作業受託等を行う認定農業者，第3セクター等と作業を委託する出し手」とのあいだの協定である（「Q＆A」）．さらに踏み込んで述べるならば，集落協定でカバーされない農地について，これを個別協定によって維持することが予定されている．次のパラグラフで紹介する場合を別にすれば，そもそもみずから自作地として耕作している農地は個別協定形態による交付金支払いの対象にはならない．他方で，作業受託や賃貸によって個別協定のもとで引き受けた農地については，集落協定の場合には必要な1ヘクタール以上という要件を満たす必要はないともされている．いわば集落協定からこぼれ落ちた農地が念頭におかれているのである．この点にも関連して，「Q＆A」は「一団の農用地で集落協定と個別協定が併存することもあり得る」としており，その但し書きとして，「一団の農用地において，原則として集落協定を締結することが望ましい」が，「集落協定を締結できない農用地について個別協定を結ぶことも可能である」と述べている．

　このような個別協定の副次的なポジションについては，自作地が交付対象となる場合についての解説が興味深い．すなわち，「一団の農用地すべてを耕作している者」については，「当該認定農業者等の自作地も協定の対象とすることができる」（「要領」）のであるが[10]，その理由として，「1ha以上の一団の

---

10) 自作地を協定の対象とすることのできるもうひとつのケースは，「都府県にあっては3ha以上，北海道にあっては30ha以上（草地では100ヘクタール以上）の経営の規模を有している者」である．この規定はいわばEU型の直接支払いに道を開いているものと考えることもできる．ただし，北海道の草地で100ヘクタール以上の経営はレアケースではないものの，大多数の酪農経営をカバーするというわけにはいかない．なお，一定規模以上の経営について自作地を対象に含めることについて，山下（2001）は「大規模経営層では，集落協定が想定できない場合もあることから，都府県にあっては3ヘクタール以上，

農用地における農業生産活動等が一人の農業者によるものであっても，集落協定に基づく農業生産活動と同等の効果が期待できる」ことがあげられている（「Q＆A」）．ここにも原則は集落協定，その補完としての個別協定という制度の設計思想がにじみ出ている．

個別協定はEUで実施されている農場単位の直接支払いを意味するものではない．けれども，北海道の草地型酪農のように個々の農場の営農活動に独立性が強いケースについては，農場単位の直接支払いとして制度を設計することが自然であろう．事実，100ヘクタール以上という強い限定はあるものの，そのような意味合いを持つ個別協定にも道は開かれている（注10参照）．しかしながら実際にふたを開けてみると，北海道の直接支払いはいずれも集落協定によるものとなった．しかも農協の範囲や市町村の全域を協定上の集落としているケースが少なくない．都府県の水田農業の特質に立脚した集落協定という仕組みが，農業構造のまったく異なる条件不利地域に不自然なかたちで援用されているとの印象は否めない[11]．

6. 政策間の調整

6.1 水田農業政策

最後に直接支払制度と他の農業政策の関係について，若干の論点を指摘しておきたい．まず水田農業政策なかでも米の生産調整との関係がある．周知のとおり，2002年12月の政府・与党による「米政策改革大綱」を受けて，米政策と水田農業政策の抜本的な改革が行われている．第3章で紹介したところであり，細部にわたって説明することは控えるが，生産目標数量設定の方法の転換，生産調整に対するメリット措置の再編，地域ごとに施策を組み立てる地域水田農業ビジョンの策定など，水田農業政策は2004年度から抜本的に組み直され

　北海道にあっては30ヘクタール以上（草地では100ヘクタール以上）の経営の場合は，個別協定を集落協定とみなして自作地も対象とする」と述べている．
11) 北海道における直接支払制度の運用をめぐる問題点については，福与（2004）や生源寺（2004）を参照していただきたい．

た．さらに，遅くとも 2008 年度には生産調整の主役が政府から農業者団体へと移行することも決まっている．これらの改革を受けて，直接支払制度の側でも必要な修正を加えていくことになるであろう．

ひとつの焦点は，交付金の支給に関して地域としての生産調整の達成を事実上の要件としている点の見直しにある．すなわち現行の直接支払制度は，制度の目的に関しては「基本的には生産調整と直接支払いとは別個の政策目的に係るものである」としながらも，「農政全体としての整合性を図るとの観点から，集落協定で米の生産目標を規定し，関連づける」としている（「ポイント」）．具体的には，「集落協定における米の作付面積の目標を超えて米の作付けが行われた場合は，協定農用地について次年度以降交付金の交付対象としないこと」とされている．ここにも，生産調整の達成を他の助成などに関する一種の交差要件とし，そのことで生産調整の実効性の確保をはかろうとする従来型の水田農業政策の構図がある[12]．

6.2 農業環境政策

環境保全型農業をバックアップする政策も，直接支払制度とオーバーラップする面を持つ．現在のところ直接支払制度とは異なって，農業環境政策は制度設計の詰めの段階にある（本書の第 1 章を参照されたい）．今後の政策の動向を注視する必要がある．農業環境政策のひとつの姿としては，優れた環境保全型農業を慣行農法と比較したうえで，環境保全の実施に伴う収益のロスについてこれを補塡する方式が考えられる．そうであるとすると，例えば中山間地域の優れた土地利用型畜産については，直接支払制度と農業環境政策の双方の要件を満たすこともありうる．つまり，耕作放棄の防止と多面的機能の確保に貢献するという観点からは直接支払制度の目的に合致し，他方で自給飼料生産に立脚し，副産物の有効利用を通じて地域の循環型農業の形成に貢献している点に着目するならば，農業環境政策によるサポートにふさわしいという状況を想定することができる．

---

12) このような政策の構造を筆者は政策手法の抱き合わせ問題と表現したことがある．生源寺（2000c）の第 1 章（「コメ政策の基本方向」）．

ところで，直接支払制度といま述べた意味での農業環境政策については，その支払いのロジックに微妙な差があることに注意が必要である．すなわち直接支払制度の場合，当該農地において農業生産活動が行われていること，これが支払いの基本的な要件であり，そのうえで支払いの単価は平地農業地域とのコスト格差をベースに算定されている．一方，農業環境政策の場合には，慣行農法との比較で環境への負荷の小さい農法であることを条件とし，支払単価の算定も慣行農法との比較がベースになると考えてよい．現実の動きとしても，畜産経営をめぐる農業環境政策の対象には，別のかたちの畜産からの転換，例えば輸入飼料に全面的に依存していた畜産からの転換によって環境保全型経営が展開されているケースなどを想定することが自然である．

その農地で耕作が行われることを要件とし，平地農業地域との比較によって交付金の単価の決まる直接支払い．慣行農法との比較に基づいて支払いの要件と単価が設定される農業環境政策．そうすると，中山間地域にまったく同じタイプの土地利用型畜産が成立した場合であっても，どちらのロジックに基づいて政策的なサポートを行うかによって，サポートの厚みに差が生じることもありうる．政策間の交通整理が必要であり，さらに踏み込んで言うならば，一貫性のある理論構成のもとで両者を包括する政策体系の構想が要請されている．

6.3 その他の政策

第2節で述べたように，直接支払制度は農業生産活動に加えて，多面的機能の増進につながる行為を行うことを求めており，行為の具体例も列挙されている．ところが列挙された行為のなかには，市民農園・体験農園の設置やグリーンツーリズムのように，国や地方公共団体の農業・農村政策の守備範囲に含まれているものがある．だとすると，政策の重複の問題にも一定の配慮が必要であるように思われる．極端なケースとしては，かりに直接支払制度によってある特定の機能の確保が図られたとしても，それが従来の別の政策にたんに置き換わっただけという状況もありうるからである．

この点に関連して直接支払制度は，多面的機能を増進する活動について，「法律で義務づけられている行為及び国庫補助事業の補助対象として行われて

図4-1 外部経済と直接支払い

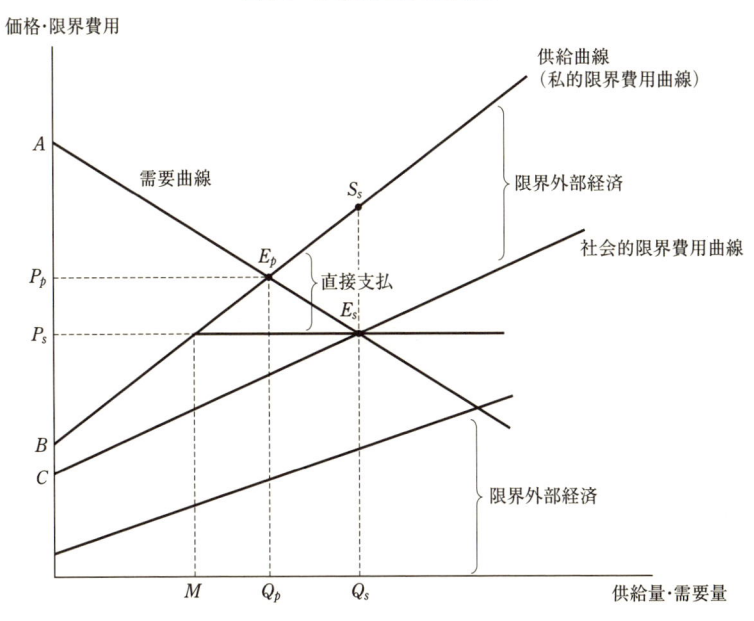

いる行為」を除くこととしている（「運用」）．けれども，これは集落協定に記載すべき一つ以上の行為とすることはできないという趣旨であって，「これらの活動に対して交付金を充当することは何ら制限を受けるものではない」とされている（「Q＆A」）．政策の重複ないしは置き換えの問題については，今後とも注意深い観察が必要である．むろんこのことは，第2章5節でも論じたように，中山間地域等直接支払制度に固有の問題だというわけではない．

補論　農産物市場と直接支払い

　条件不利地域の農業に対する直接支払いをごく単純化するならば，図4-1のように模式化できる．ここには農産物の需要曲線と供給曲線が描かれている．ただし，通常の市場均衡の概念図とは異なって，ここでの供給曲線は農業生産条件のベストの農地を起点として，土地条件の降順に限界費用をプロットした

ものと考えていただきたい．すなわち，縦軸上の点 B が限界費用最小の農地を示しており，供給曲線に沿って右上に移動するにつれて条件の不利性が強まり，したがって限界費用も上昇するわけである．

さて，政府による政策的な関与がない場合，市場の需給均衡は点 E_p で達成され，農産物の均衡価格は P_p となる．このとき当該農産物の生産が行われるのは，原点と Q_p のあいだに照応する農地においてである．議論を単純化するため，代替的な土地利用の可能性は耕作放棄のみであるとすれば，点 Q_p の右側に照応する農地は耕作放棄地となる．

ここで，農業生産には多面的機能が伴っているとする．そして，これを認識している政府が社会的に最適な状態の実現を目指して，必要な施策を講じるケースを考える．供給曲線から限界外部経済を差し引いた限界社会的費用曲線と需要曲線の交点が E_s であるから，外部経済を考慮したときの農産物の最適供給量は点 Q_s で与えられる．問題は Q_p と Q_s のあいだの農地について農業生産を促す政策手段である．経済学でよく知られている処方箋は，言うまでもなくピグー補助金である．具体的には，最適点 E_s における限界私的費用と限界社会的費用との差（限界外部経済）に等しい単価の補助金を農産物に支給することによって，社会的な最適点 E_s が実現されるのである．農産物価格は P_s となる．しかしながら，直接支払制度はすべての農産物に補助金が行き渡るピグー補助金タイプの政策として組み立てられているわけではない．地域を限定した補助制度であり，第2節で紹介したとおり，「耕作放棄地の増加等により多面的機能の低下が特に懸念されている中山間地域等において」，「多面的機能を確保する観点から」直接支払いが交付される．加えて交付金の単価については，「交付金の交付を受けられない平地地域との均衡を図るとともに，生産性向上意欲を阻害しないとの観点から，平地地域と対象農用地との生産条件の格差（コスト差）の8割とする」とされている．

これらの点を考慮するならば，日本の直接支払制度は，限界私的費用が価格 P_s を上回る農地について，限界私的費用と価格 P_s の差額を支払う施策として模式化することができる．このとき，農産物の供給曲線は点 M より右側で高さ P_s の水平線となる．ここで模式化された直接支払制度が市場で形成される農産物価格と整合的であるためには，農産物の生産量は Q_s でなければならな

いが，直接支払制度のもとで，点 M より右の農地は供給コストに関して同一の条件のもとにおかれることになる．となると，どの農地を直接支払制度の対象とするかについての選択問題が発生する．ここは相対的に条件不利性の弱い M と Q_s のあいだの農地が支払いの対象となるものと考えておく．直接支払いの上限額が Q_s における限界外部経済の水準 $E_s S_s$ に設定されるわけである．なお，支払いの対象が Q_p と Q_s のあいだに照応する農地ではなく，M と Q_s のあいだになるのは，直接支払いによって農産物供給が増加し，そのことで農産物価格の低下が生じているためである．

図4-1 は農地の条件が連続的に変化することを想定しており，したがって生産条件の差が拡大するにつれて，支払単価も連続的に引き上げられることになる．日本の直接支払いの場合，それぞれの地目について，傾斜度によって2段階の支払単価が設定されている．模式図に比べて著しく単純ではあるが，条件良好地域との差に応じて支払単価を決める点では，本質的な差があるわけではない[13]．また，模式図では基準となる直接支払いがない農地のコストを点 M における限界費用としている．これも平地地域の平均コストを基準としている実際の直接支払制度とは異なっている．ただし，特殊なケースとして，平地地域のコスト水準が一様であることを前提にした作図を行うことも可能である．

ところで以上のモデルでは，市場の失敗を補正するための手段として直接支払制度を捉えている．そして，施策がない場合に比べて，施策が講じられている状態のもとでの農産物の生産量は増加する．WTO農業協定の「緑の政策」の要件との関わりで，この点は微妙である．すなわち農業協定の附属書2は，「地域の援助に係る施策による支払い」の要件として，支払いの額が「生産者によって行われる生産の形態又は量（家畜の頭数を含む）に関連し又は基づくものであってはならない」としているのである．模式図では生産量と支払いが直接にリンクしているから，この要件を満たしていない．

もっとも，実際の直接支払いは農地面積に応じて交付されている．生産費用の不利性を農地面積当たりに換算し，これを支払単価算出の基礎としているの

---

13) 農業比較値に基づいて支払単価に細かなランクを設けているドイツの平衡給付金制度は，この模式図により近い面を持つ．ドイツの直接支払制度については，松田（2004）を参照されたい．

である．そして，このような支払形式をとることによって，日本の直接支払制度も農業協定の要件をクリアしているとの了解がある[14]．ただし，こうした形式の支払いであっても，生産に対する影響がまったくないとは考えにくい．費用に補助が行われるならば，価格に補助がなされる場合と類似の生産拡張効果が生じうる．収益性の改善によって，農業生産に対する誘因が働くからである．この点で，生産物に対する支払いと生産要素に対する支払いに違いがあるとすれば，後者の場合には生産する作物にある程度の選択肢が開かれていることであろう．

なお，模式図に描かれた直接支払いが土地当たりに換算されて交付される場合，点 M の右側に照応する農地では，農業生産を行うことを条件に課したうえで直接支払いを交付することになるであろう．なぜならば，農業生産を継続する場合には収支がちょうどバランスするのに対して，作付けすることなく直接支払いを受け取るならば，その分の余剰が発生するため，不作付けという選択が生産者にとっては有利になるからである．土地当たりの支払いであることから，そのままでは不作付けという選択肢も存在するのである．もちろん，農業生産の継続を条件とするのは，農業生産が行われてこそ多面的機能が発揮されるという判断による．

---

14) WTO 農業協定の「地域の援助に係る施策による支払」の規定は，生産要素に関連する支払いを容認している．なお純理論的には，生産物や生産要素への支払いではなく，外部経済そのものに対価を支払うケースを想定することもできる．第9章5節ではこのケースの簡単なモデルを提示する．

第 5 章　土地改良制度の特質と今日的課題

1. 土地改良区とその前史

　日本の水田農業の水利組織は，ほとんどの場合，末端受益者である農家によるインフォーマルな組織と，基幹施設をカバーするオフィシャルな組織からなる二重の構造を有している．受益者による組織は，集落をベースとする水利組織であり，ときには集落の連合体が組織の母体となっている．そして，日本の場合のきわだった特徴は，主要な施設をカバーする上位の組織が土地改良区というかたちで存在している点にある．同時に事実上，土地改良区は末端のインフォーマルな水利組織を統合する役割を果たしている．視角を変えるならば，集落をベースとする農家によるインフォーマルな水利組織のうえに土地改良区が設立されている．

　こうした土地改良区の構造と機能を吟味することが本章のテーマである．現状を確認したうえで，今日の土地改良制度が直面している課題にも触れてみたい．まずこの節では，日本の農業水利制度の歴史をスケッチする．これを受けて第2節では，土地改良区の組織構造，事業の内容，費用負担の構造を中心に，戦後日本の農業水利制度の特質を明らかにする．そして第3節で，土地改良制度の直面している新たな課題について述べる．

　農業水利の長い歴史に比べて，土地改良区の歴史はわずか半世紀に過ぎない．土地改良区と土地改良制度の根拠法である土地改良法は1949年に施行されたものである．戦後設立された土地改良区は，数ある農業・農村の組織のなかにあって際立ってユニークな性格を有している．そもそも「区」という名称自体がユニークである．「組合」という言葉が人的結合組織としてのニュアンスを

強く帯びているのに対して，面としての地域をカバーする組織という意味合いを込めた表現だとされる[1].

　土地改良区の歴史は半世紀であるが，オフィシャルな水利組織という意味では，これに先立つ若干の前史がある[2]. すなわち，土地改良区は戦前の耕地整理組合と普通水利組合の一本化された組織という面を持つ．このうち耕地整理組合は耕地整理法（1899年）に基づく組合であり，灌漑排水施設の建設をはじめ，投資に関わる土地改良行政の末端組織でもあった．一方，普通水利組合は水利組合法（1908年）に基づく組合である．水利組合法の前身は1890年の水利組合条例であり，さらにさかのぼれば区町村会法（1880年）が存在した．水利組合条例のもとで，普通水利組合の任務は農業水利施設の改良や維持管理から治水にまで及んでいた．土地改良区の設立はこのふたつの系譜の統合としての側面を持ち，したがって農業水利や土地改良の投資的な事業に関する旧農林省の行政と，維持管理や治水に関する旧内務省の行政が一本化されたことを意味した．

　このような土地改良区の前史時代を加えると，オフィシャルな水利組織には120年の歴史が存在する．そして，こうしたオフィシャルな水利組織は，村のインフォーマルな水利組織をベースとして形成されていた．冒頭に述べたように，この二重の構造が戦後の土地改良区体制にも受け継がれたわけである．したがって，インフォーマルな末端組織とフォーマルな組織が有機的に結びついて機能するスタイルも，120年の歴史を持つことになる．他方，末端のインフォーマルな組織だけを取り出せば，それは地域における水田農業の歴史に照応

---

1) 所（2004）によると，所秀雄氏ら土地改良法立法当時の農林省の担当官は，地域的な結合体としての新組織にふさわしい名称について想をめぐらしており，それが次のような経緯で「土地改良区」に結びついた．「当時司令部（天然資源局）の担当はジョンソン氏（Earl Johnson）であった．農業土木の専門家である．［中略］ジョンソン氏がカリフォルニアの水利組織の本を貸してくれた．それを夢中で読んだ．そして district（区）という団体名を発見し，「これだ」と思った．司令部を通す自信はある．あとは日本の法制局だけと考え，担当に話をした．ダメと言われるのを覚悟していたのに意外とあっさりと了解していただきほっとしたことを今もよく覚えている．［中略］「区」とした経緯については今までいろいろと聞いたことがあるが，真相は以上の通りである」．
2) 土地改良区の前史については，今村ほか（1977）を参照していただきたい．また，志村編（1992）にも戦前・戦後の歴史を通観したコンパクトな整理が含まれている．

するほどの長い歴史を有しているとみてよい[3]．

　インフォーマルな水利組織の機能は，農業集落の有している諸機能の重要なパートを占めている．言うまでもなく，集落は農業水利だけでなく，農業生産や村社会の生活のうえでさまざまな機能を担ってきた．集落は一面では農業協同組合の末端組織であり，一面では道路や公民館の維持管理の仕事も担っている．あるいは祭祀の基礎単位でもある，等々．加えて，かつての集落は，相互扶助を通じた一種の社会保障単位としての役割も果たしていた．と言うよりも，こうしたさまざまな機能の束こそが集落の実体なのである．

　ここで見逃してはならないのは，さまざまな機能が地縁的に束ねられていることで，それぞれの機能がお互いに補強しあう関係が形成されている点である．農業水利のルールの拘束力についても，そのほかの集落機能とバインドされていることで，水利のルールが単独で機能する場合に比べて，いちだんと強いものになる．ルールに背馳した行動は，農業水利の領域で懲罰を引き起こすのみならず，その他の分野でも村のメンバーから深刻なリアクションを受けることになるからである．いわば多角的懲罰の構造であり，この極端なケースがかつての村八分にほかならない[4]．

　なお，北海道の水田地帯の水利組織は都府県のそれとはやや異なっている[5]．土地改良区の前身も1902年の北海道土功組合法による水系ごとの土功組合である．また，現在でも北海道の水田地帯の場合，集落の範域と水利組織の範域が重ならないことが多い．これは，もともと畑作を前提に開拓集落が形成されていたところに，新たな水源開発に支えられて開田が行われた歴史的な経緯による．開田にさいして，用水路の配置はもっぱら標高と傾斜によって定められ，したがって，その支配域も既存の集落の支配域とは必ずしも重ならないことになったのである．さらに北海道の水田水利については，開拓時に土地がブロックとして配分されていたことから（殖民区画），末端水路が特定の個人のみの

　3）　農業用水をめぐる研究領域には，古い時代の農業水利に関する研究業績も少なくない．例えば，服部（1991）．

　4）　この論点の一般化については，制度形成における連結されたゲームの均衡というアイデアを提出している Aoki（2001），とくに第2章が興味深い．

　5）　玉城（1982）の序章は，北海道の水田地帯の精神風土を描写した興味深い論考であるが，制度移転にまつわる問題を考えるうえでも示唆に富んでいる．

圃場に接しているケースが少なくない[6]．これに対して，都府県の水田においては，最末端の用水路であっても，複数の農家の共用水路である場合が一般的である．

2. 土地改良区の構成と機能

2.1 土地改良区の構成

　土地改良法は，土地改良区の設立をはじめとして，土地改良ストックの建設事業や維持管理事業に関する手続を定めた法律である[7]．そして，そこにはすでに触れた日本の水田水利組織の特質が色濃く反映している．土地改良制度は，集落を基礎単位とする意思決定機構や水利組織の活動を前提として組み立てられているのである．

　土地改良区は受益者である農家の組織である．正確に表現するならば，原則として農地を耕作するものが土地改良区のメンバーになる資格があり，土地改良事業にも参加することができる．つまり，貸借関係のもとにある農地については，借地農がメンバーになるものとされているのである．土地改良事業の参加資格者は，それが土地改良法の第3条に規定されていることから，3条資格者と呼ばれることが多い．ただし，いま述べた耕作者が参加資格者であるという点については，今日，法の建て前と制度の運用に乖離が生じている．この点については第3節で触れる．

　土地改良区は，事業参加資格者である農家の発意と同意によって設立される．地域において土地改良事業を実施する場合も同様であり，農家の発意と同意という手続きを踏まなければならない．具体的には，原則として15名以上の受益者による申請と，事業参加資格者の3分の2以上の同意によって土地改良区が設立される．土地改良事業も同じ手続きを踏んでスタートする．そして日本の土地改良制度に顕著な特色は，事業参加資格者の3分の2以上の同意が得ら

---

6) 北海道の水田地帯に観察される水路系の特徴については，生源寺 (1990) の第7章（「生産調整下の水田利用と水田水利」）を参照していただきたい．

7) 土地改良法の内容については，農林水産省構造改善局管理課監修 (1994) に詳しい．

れるならば，その決定を不同意の農家にも強制できるとされている点である[8]．

　もっとも，これまでのところ100％もしくは100％に近い同意が得られている場合がほとんどである．しかしながら，一定の割合の同意を得ることによって，地域を面としてカバーする事業として着手できるとした点は，地域共有資本としての水利施設の特性に根ざした制度として合理性を持つ．すなわち，分割不能な地域共有資本である水利施設の造成や改良については，ある特定の受益者の農地をプロジェクトから除外すると，効率的な事業の実現が，ときには事業そのものの実現が危ぶまれることになりかねない[9]．日本の土地改良制度は，社会的にみて妥当な投資事業の実施が少数の反対者の存在によって困難になる事態を回避するための仕組みを有しているのである．

　ところで現在，国営事業や都道府県営事業によって整備された頭首工などの基幹的な農業水利施設にあっても，その66％は土地改良区によって管理されている．同様に国や都道府県が整備した農業用用排水路の維持管理についても土地改良区が61％をカバーしている[10]．土地改良区は農業水利施設の維持管理の中心的な担い手なのである．今日の農業水利施設の維持管理は，しばしば高度に専門的な知識や技術を必要とする．このこともあって，ある程度の規模を超える施設の維持管理を担当している土地改良区では，専任の技術職員を擁している場合が多い．土地改良区は地域の組織であり，自立した組織であるから，職員も固定的なケースが比較的多い．長い年月の経験によって地域農業の自然条件や社会経済的条件，水利施設の微妙な特徴，さらには農家の行動様式を熟知したテクノクラートの存在は，しばしば土地改良区の機能を高め，これ

---

8) 土地改良事業の採択については，受益農家の同意と並んで，当該事業について費用便益分析の基準がクリアされていなければならない．正確に表現するならば，財政負担を伴う補助事業として採択されるためには，事業の効果が費用を上回っていなければならない．日本の土地改良制度は，比較的早い時期から事業の採否の判断に費用便益基準を適用している．

9) 同じことは，農業水利事業以外の土地改良にもあてはまる場合が多い．例えば，不整形で入り組んだ圃場の区画を整備するとすれば，地域のすべての農家の参加が効果的に事業を実施するための条件となる．

10) 農林水産省資料による（2001年度末現在）．事業によって造成されたそのほかの施設や水路については，ほとんどが市町村と都道府県による管理である．ただし，末端の水利施設の大半は実質的に受益者のインフォーマルな組織によって保全されている．

を安定したものにする．

2.2 土地改良区の機能

　土地改良法によって規定されている土地改良事業は，投資事業と維持管理事業の両面をカバーしている．したがって，土地改良区はどちらも担当することができる．けれども今日では，投資事業の多くは都道府県営や国営の事業として行われている．土地改良区が投資事業の事業主体となるのは，比較的小規模な事業についてである（団体営事業）．これに対して，農業水利施設の維持管理事業については，すでに触れたように，土地改良区が中心的な担い手である．大規模な頭首工など，高度な技術を要する施設の維持管理については，国の直轄管理や国から管理委託を受けた都道府県の管理も存在するが，その場合にも，水路等の下位施設の維持管理は土地改良区が担当するケースが一般的である．

　国営や都道府県営の投資事業の場合にも，土地改良区は密接な関わりを有している．さきに述べた手続きによる受益農家の同意は，通常は土地改良区の組織を通じて得られている．また，投資事業の計画に際しては，当該事業の完了後における施設の維持管理計画も添えられているのが普通である．つまり，維持管理の主体として，あらかじめ土地改良区が想定されているのであり，その点も含めて受益者の同意が得られているわけである．さらに，土地改良区は投資費用のうち受益者負担分を徴収する役割を負う．これは負担団体としての土地改良区の役割である．以上を要するに，機能の制度的な分担関係のうえでは維持管理事業に特化している場合であっても，土地改良区は施設の建設・改修といった投資事業にも深く関与している．

　水利施設の維持管理機能については，土地改良区による基幹的な施設と水路の直接管理と，受益農家自身による末端水路の管理からなる二重の構造が形成されている．このうち前者については，土地改良区が後述する経常賦課金を徴収し，これをもって維持管理のコストに充当している．土地改良区の職員自身が維持管理にあたるケースのほか，外部委託が行われている地域も少なくない．他方，集落をベースとする水利組織は，地域における水利施設の維持管理や配水調整の機能を果たしてきた．このうち維持管理については，特定の日に農家

全戸からひとりずつが出役し，水路の浚渫や草刈りといった作業を実施するスタイルが一般的である．労働という現物を平等に提供するかたちで，すべてのメンバーが維持管理に貢献するわけである．まさに参加型水管理を象徴する方式であると言ってよい[11]．

配水調整に関しては，水利組織の役員は土地改良区による広域の配水調整をサポートする機能を果たしている．毎年の通水の時期や中干しの時期，あるいは日々必要な用水量についての情報を，集落の水利組織の役員が土地改良区に伝達する．また逆に，土地改良区からの情報もこれらの役員を通じて組合員である農家に伝えられる．同時に，集落の水利組織の役員は，必要に応じてみずから末端における配水調整の指揮をとる．とくに渇水年については，番水慣行が発動される地域も少なくない．そういった場合には，水利組織の役員が用水系統間や集落間の配水調整を差配する．農家はルールに基づく配水調整に従うわけである[12]．

2.3 土地改良区と費用負担

受益者の負担という観点に立って農業水利に関わる費用を整理すると，大別して次の3種類からなる．第1は投資費用の受益者負担分である．通常は土地改良区の特別賦課金として徴収される．第2は土地改良区による維持管理に要するコストであり，組合員である農家から徴収される．こちらの賦課金は経常賦課金と呼ばれている．第3に任意組織である集落ベースの維持管理活動に必要なコストである．水利の費用として独立に徴収されるのではなく，例えば自治会費のようなかたちで，集落の活動全体に関わる費用の一部として集められるケースも多い．むろん，維持管理活動への出役も負担の一部である．労働と

---

11) 参加型水管理組織 Participatory Irrigation Management のあり方は，2003年に日本で開催された第3回世界水フォーラムの農業分野における主要なテーマのひとつであった．土地改良区とインフォーマルな受益者組織からなる日本の水利制度も，モデルとしての役割を果たしうるとされた．フォーラムの議論の全体像については，Japanese National Committee of Commission on Irrigation and Drainage et al. eds. (2003) を参照していただきたい．
12) 生源寺 (1990) の第8章 (「村高用水連合総代会誌」) は，水利組織の役員の日誌をもとに，矢作川水系のある水利組織の渇水年における番水の様子を活写している．

いう現物による費用負担だからである．ただし，この負担にも対価が支払われるケースのあることは，のちに触れるとおりである．

　投資費用については，国や都道府県あるいは市町村による負担がある．経常賦課金にかかわる費用に関して補助金が支給される場合もあるが，土地改良区の運営や維持管理活動に充当されるコストの大半は，経常賦課金というかたちで組合員に賦課される．特別賦課金とは別科目になっていることからもわかるように，運営や維持管理に要する経費は独立採算を前提に経理されている．集落をベースとする任意組織の費用については，それぞれの組織において必要とされる経費に応じて徴収されることになる．費用の農家への案分の方法には，戸数割りや面積割り，もしくはその併用といったかたちがある．

　土地改良区の賦課金は面積割りで徴収される[13]．面積割りの賦課金は，一定期間の湛水状態を確保する水利用形態のもとで，毎年間違いなく用水が供給されることを前提として成立している方式である．受益者のあいだに，使用水量に応じた水価の支払いという観念はない．そもそも水量の測定が容易ではない．一般に，個々の圃場ごとに水量を測定するとすれば，そのために相当の追加的なコストが生じることを覚悟しなければならない．もっとも，例えばパイプライン灌漑であれば，水量の正確な把握は技術的に可能であろうが，そういった地域についても，これまでのところ水量をベースに費用を徴収する量水制を採用しているケースは見当たらない．

　毎年の安定的な水利用が保証されないとすれば，費用負担の面積割り方式の妥当性には疑問が投げかけられるであろう．用水供給の安定度に応じて賦課金単価のランク区分を行うといった工夫が必要になるかもしれない．あるいは，年々の水利用の有無に応じて対価を支払うといった考え方が生まれる可能性もある．この点に関連して，土地改良区の賦課金について，その徴収の根拠が必ずしも実際の水利用の実績にあるのではないとする議論を紹介しておきたい．すなわち，土地改良区による賦課金徴収の根拠は，水利施設という資本ストックの整備によって生じた土地の価値増加にありとする議論である．この論点は，1970年に本格的に開始された米の生産調整に際してクローズアップされた[14]．

---

　13) 経常賦課金については，水利費あるいは水代という呼称が使われている地域も多い．農家は経常賦課金が土地改良区の経常的な経費に充当されることをよく認識している．

3. 土地改良制度の新たな課題

新しい食料・農業・農村基本法の制定を受けて，2001年に土地改良法の改正が行われた（2002年に施行）．おもな改正点としては，第1に土地改良事業の実施にさいして環境との調和に配慮することとされた．第2に，土地改良事業は地域社会の意向を充分踏まえたものでなければならないとの観点から，事業の申請時に市町村長と協議を行うことや，だれもが意見書を提出できることなどが定められた．さらに第3に，施設の更新事業の一部については同意手続きの簡素化が行われた[15]．

これらは土地改良事業をめぐる環境の変化に対応するための法改正であり，それぞれに妥当な変更であると判断される．けれども，今回の改正で農村社会の変容や様変わりした農産物の市場環境に充分に対処しえているかといえば，残念ながらイエスと言うわけにはいかない．加えて，土地改良法の目的を掲げた第1条第1項については改正が行われなかった．そのため土地改良法は，「農業生産の選択的拡大」のような古い農業基本法（1961年）の目的を記述した条文をそのまま残す一方で，食料・農業・農村基本法の基本理念にはノータッチというちぐはぐな法律になっている[16]．

いずれにせよ，土地改良制度にはなお課題が残されている．以下では，主として農業・農村の構造変化に対して土地改良制度がとるべき対応の基本方向という観点から，3つの課題を指摘しておきたい．

3.1 水利施設の維持管理負担

集落をベースとする水利組織は，戦後の経済成長を経るなかで，いくつかの

---

14) 佐竹（1978）を参照されたい．生源寺（1990）の第7章（「生産調整下の水田利用と水田水利」）は同じ論点を批判的に検討している．
15) 2001年の土地改良法改正については，生源寺（2003a）の第12章（「点検・改正土地改良法」）を参照していただきたい．
16) 食料・農業・農村基本法は，食料の安定供給の確保，農業の多面的機能の発揮，農業の持続的な発展，そして農村の振興の4つの基本理念を掲げている．なお，旧農業基本法が制定されたさいには，3年後の1964年に土地改良法の目的も改められた．

面から変容を余儀なくされてきた．ひとつは農村における兼業農家の増加による影響である．今日では，維持管理作業への出役の困難な世帯からは，労働提供の代わりに一定の金額を徴収することが，ごく普通に行われるようになった．出不足金などと呼ばれている．あるいは逆に，出役に対して日当を支払うことも珍しくない．そもそも，安定兼業農家の農外就業の都合に配慮して，共同作業はウィークデーを避けて休日に行われることが多い．

　土地改良事業は一面では水利施設の近代化を通じて，その維持管理に要する地域社会の労働負担を軽減する役割を果たしてきた．このことは農家に歓迎された．用水路のパイプライン化によって，少なくとも受益農家のレベルにおいては，用水路の維持管理作業が不要になった地域もある．こうした流れは，経済学的な見地からするならば，農家の保有する労働の機会費用の上昇に伴って，水利施設の構造も労働節約型の維持管理に適したかたちに移行してきたことを意味する．上に述べた維持管理作業をめぐる出不足金の徴収や日当の支払いも，労働の機会費用の観念が農業水利の領域にも浸透した結果にほかならない．

　ところで，全戸出役が無条件に平等な方式であったのは，地域の農家の耕作規模に大きな開きがなかったからでもある．とくに農地改革の直後には，農村は等質で同規模のいわゆる戦後自作農の村社会へと再編された．けれどもその後は，1961年の農業基本法に始まる構造政策の後押しもあって，農家の規模や経営の内容にははっきりした差が生じるようになった．一方には規模拡大を志向する農家があり，他方には規模を縮小し，ときには農業から離脱する農家が存在する．ここでとくに注意したいのは，ある時期までの北海道の農村を別にすれば，農業経営の規模拡大が基本的には借地の拡大によって進んできた点である．その結果として生じているのが，多数の小規模地主と少数の大型借地農への分化という農業構造上の変化である．大規模地主と小規模な小作という戦前の農業構造とはちょうど逆の関係が出現しつつあると言ってよい．いずれにせよ，ホモジニアスな自作農社会は過去のものとなった．このことは，水利施設の維持管理に対しても新しい問題を投げかけている．

　ひとつは負担の平等性に対する異和感である．規模の大きな農家と小規模な農家が混在するなかで，すべての農家に同じ日数の出役を要求する根拠は，かつてほど自明なものではなくなっている．もうひとつは，大型借地経営の場合

には，複数の集落や複数の水系の農地を耕作していることが多く，借地農の側が水利施設をめぐる共同作業に従事するとすれば，数カ所に出役を求められる事態が生じることである．なかには作業の日が重なって，調整に苦労するといったケースもある．これまでのところ，全戸出役スタイルの維持に深刻かつ全般的な障害が現れているとは言えないが，潜在的に負担の不均衡の問題が存在する点は否めない．

3.2 借地農業と水利施設の維持管理

いまの論点は，視点を変えるならば，末端の水利施設を土地所有者が管理すべき資本，すなわち地主資本とみるべきか，耕作者が管理の責務を負う耕作者資本とみるべきかという問題に帰着する．この点が明快になるならば，問題の克服はそれだけ容易になるはずである．まず，かりに地主資本だということになれば，維持管理は一義的には土地所有者の義務となる．むろん，土地所有者のなかにはこの負担を全うすることの困難なケースもあるに違いない．その場合には，維持管理の義務を耕作者あるいは第三者に委ねることにすればよい．そこに金銭等の対価の授受が生じることもあるだろう．地主資本として良好に管理された水利施設を使用する耕作者は，当然のことながら，その対価を土地所有者に支払うことになる．と言うよりも，やりとりされる借地料には水利施設使用の対価も含まれているものとされるであろう．これとは逆に，水利施設を耕作者が管理すべき資本ストックであるとする整理も考えられないわけではない．この場合にも，一義的に義務を負う者が明確化されているならば，その義務を必要に応じて移譲することに支障はないように思われる．権利義務関係の調整が円滑に進むための必要条件は，なによりも権利と義務が明瞭に定義されていることである．

いま述べた問題は，土地改良法における事業参加資格者の規定にも関係している．すでに述べたとおり，土地改良法は事業参加資格者を原則として耕作者としている．借地農業の場合には，借地側が事業に参加する資格があるというのが法の趣旨である．けれども，これは借地農の権利がきわめて強く保護されていた時代の農地法上の借地と整合的な規定であって，今日の借地の大半を占

める期間を定めた利用権を予定した規定ではない．1975年の農振法改正によって誕生した新しいタイプの借地関係は，5年であるとか，7年といったように，比較的短期の借地契約のもとで成立している．あらかじめ定められた期間が過ぎれば貸借関係はいったん消滅する．その意味では，農地法上の貸借に比して借地農に対する権利保護の度合いは著しく弱いのである．むしろ，そうすることで農地を貸しやすくし，借地農業の展開をはかろうというのが新しい制度の趣旨であった．この新しいタイプの借地のケースについて，政府は，借地農ではなく，土地所有者を事業参加者にすることが望ましいとの行政指導を行っている．土地改良法の原則とは異なった制度の運用がなされているのである．同時にこの運用は，水利施設を地主資本としたうえで権利関係を整理する方向に結びつくものと言えよう．

3.3 土地改良の費用負担をめぐって[17]

受益者が一定の割合で投資費用について負担を行ってきたこと，これも日本の土地改良制度の特徴である．国や地方自治体の財政がすべてを負担してきたわけではないのである．一般に財政の負担割合は，国営，都道府県営，団体営というかたちで事業の規模が小さくなるにつれて低下する．言い換えれば，基幹的な施設については財政負担の比率が大きく，末端の施設に近づくほど受益農家の負担割合が上昇する関係にある．

もっとも，受益者負担が農家にとって重いものであるのか，軽いものであるのかについては，たんに負担の割合だけでは判断できない．同じ負担割合であっても，そのほかの条件次第で重くもなれば軽くもなる．とくに近年，農業政策は農産物の価格形成を市場に委ねる方向にシフトしてきた．このことによって農産物価格の相対的な低下が生じており，かつてはさほどの負担感のなかった土地改良の建設費に関わる特別賦課金についても，かなりの重圧となっているケースが少なくない[18]．

---

17) この項の記述は一部を生源寺（2003a）の第12章（「点検・改正土地改良法」）に負っている．

18) 受益者負担の重みを左右するもうひとつの要素はインフレーションである．日本の土

ところで、やや角度を変えてこの論点を眺めてみるとき、議論は事業の私益性という前提に大きく依拠した法律の構成にも及ぶことになる．むしろ、ここに問題の根本があると言うべきかもしれない．制度の建て前と現実の世界のあいだに、二重の意味でズレが生じているのである．ここでいう事業の私益性とは、土地改良事業の利益の大半が農家にもたらされ、その利益のなかから農家が事業費を負担する関係を指す．この点を規定した土地改良法第36条も、「事業によって生ずる利益は組合員に当然帰着する」[19]ことを想定している．けれども、まず第1に費用負担の実態は明らかに異なっている．高率の補助金が投入されてきたのである．そこで次のような素朴な疑問が投げかけられることになる．すなわち、農家に充分な利益が発生しているはずなのに、なぜこれほどの補助金が投入されるのか、という疑問である．1.0を超える費用対効果の数値は充分な利益の見通しを意味しており、その利益の大半は省力や増産といったかたちで、農家にもたらされているはずなのである．

現実には、この前提は成り立っていない．これが第2のズレである．つまり、発生した効果の多くは、農産物価格の低下となって、消費者としての国民の手に移転されている．そのうえで、消費者としての国民の得た利益の一部は、納税者としての国民の負担する補助金として農村に還流する．これが今日の土地改良事業の効果と費用負担をめぐる構造なのである[20]．しかるに、半世紀前に設計された土地改良制度は、効果がもっぱら農家に帰属するものとして組み立てられている．農産物の価格が右肩上がりを続けていた時代であれば、これでも問題はなかった．しかしながら、農産物価格政策は市場の需給動向を重視する方向に大きく舵を切った．このもとで土地改良が農業の生産性を引き上げる

地改良制度のもとでは、投資費用の受益者負担分は長期資金（農林漁業金融公庫による最長25年の資金）の借り入れによって支払われ、その後は融資を受けた土地改良区が債務を元利均等で償還する．債務の総額は事業の終了の時点で確定する．したがって、毎年の償還額も固定され、これが特別賦課金として受益農家から毎年徴収されるわけである．言い換えれば、土地改良の投資資金は固定金利の融資によってファイナンスされてきたのである．このシステムのもとであれば、インフレーションが昂進している時代には債務者利得が生じる．もちろん、逆は逆である．

19) 農林水産省構造改善局管理課監修（1994）．
20) この点については、生源寺（2000a）の第10章（「新しい基本法と農業・農村整備」）を参照していただきたい．

ならば，それは農産物価格の低下に結びつく．ここから，土地改良制度と実態のズレが生じたのである．

　ここは制度の仕組みを実態に近づけるべきである．土地改良の効果が消費者に移転される構造を前提に，費用負担の基本的な考えかたを提示すべきである．多額の財政負担によって形成された土地改良ストックが，なかば公的な資本であるとの認識も確立すべきである．ところが実際には，半世紀前の原則は改められることなく，さまざまな助成措置の継ぎ足しによって，制度の綻びに辛うじて蓋をする状態が続いた．残念ながら2001年の法改正にさいしても，こうした政府の姿勢は変わらなかった．国民に対する説明責任という点からも，これが健全な状態であるとは思われない．土地改良事業が全体として更新・保全のフェイズにシフトしつつある今日，いささか遅きに失した感がなくはないが，効果の帰属関係を素直に反映する仕組みに転換する必要がある．加えて事業の効果が広く国民に行きわたる関係を明示するためにも，土地改良法の目的には新基本法の理念のひとつ，食料の安定供給の確保をうたうべきである．

第 II 部

新たな農政と経済理論

第 6 章　農業の構造問題と要素市場

1. はじめに

　1970年代に入って，日本の土地利用型農業は「規模の経済」の時代を迎えた．トラクタ・田植機・コンバインの普及が急速に進んだ稲作を典型として，労働節約型技術を背景とする生産性の規模間格差が広く観察されるようになる．生産性の格差は経営規模の拡大を促し，資源利用効率の向上に結びつくとの期待が醸成された．低生産性・高コストの小規模経営は土地利用型農業から退出し，リリースされた農地は高生産性・低コストの大規模経営に集中し，効率的に利用されるとのシナリオが描かれた．

　農業構造の変化は，しかし，緩慢である．小規模生産がいまなお高いシェアを占めている点で，農業の構造問題が克服されたとは言いがたい．近代経済学をバックグラウンドに持つ実証研究は，このような問題状況の理解にどのように貢献してきたであろうか．およそ4つの研究分野に整理することができるように思われる．

　第1は農業に投入される資源総量とその利用の階層構造に関する研究である．第2に，生産性と費用に関する規模間格差の計測がある．生産要素の移動を誘発するにたる充分な勾配が存在しないとすれば，構造改善のシナリオは内発的な起動力を欠くことになるから，この側面の研究に少なからぬエネルギーが注がれているのは当然である．第3は，生産要素の移動の場である要素市場の分析である．土地については農業セクター内部の取り引きに，労働については農業・非農業間の移動にフォーカスが当てられている．さらに第4に，近年とくに活発な研究展開をみている分野として，農業政策の効果を構造問題との関わ

りで評価する試みがあげられる．

本章ではこのような研究をレビューする．ただし，対象を稲作を中心とする土地利用型農業の研究に限定する．農業に固有の構造問題は，土地を大量に利用する技術的特質と，家族経営という歴史的に形成された構造的な特質をともに備えた土地利用型農業に，もっとも純粋なかたちで現れるからである．

2. 農地・農業労働力の動向把握と将来予測

統計的な手法を用いて農業構造の把握を試みる研究には，大きくふたつのタイプがある．ひとつは，主として農業経営の階層構造をその形成要因との関係で吟味する分析的な研究であり，いまひとつは，過去の変動パターンを外挿することによって農業構造の将来像を描き出す予測的研究である．

前者の代表的な研究である清水（1976）は，農業地域別に階層構造の変動要因に関する分析を行った．マルコフ・マトリックスによって得られた終局値のプロフィールを，現在の所得水準に関係づけながら分析した点などに手法の新しさがある．農業経営の規模分布をエントロピー概念と結びつけて把握した樋口（1976）・樋口（1985）も，規模分布のたんなる記述を超えた分析を目指している点で共通している．すなわちエントロピー最大の分布を基準として，実際の分布と基準分布の乖離を類型化することによって分布パターンの形成要因を探索したところに特徴がある．

清水や樋口の業績の後しばらくブランクの続いた感のあった階層構造の変動要因に関する研究であるが，着眼そのものが時代遅れになったわけではない．例えば，高米価と低米価のいずれが農業構造の改善を促すかという周知の論点は，階層構造の変動要因をめぐる事実認識の問題にほかならない．この米価と農業構造の関係については，「米の作付規模別生産者数」による規模別シェアの変化について回帰分析を行った小林（1989）が，「長期的には米価の下落が規模分布でみた稲作における構造改善を進める」との結論を導いている．「米穀生産者の階層別売渡状況調査」（食糧庁）を用いた茅野（1994）もほぼ同様の着眼からの分析であるが，低米価が構造改善促進的である点を認めながらも，大規模経営の絶対的な規模拡大には直結しないとして，やや慎重な姿勢をとる．

予測的研究に関しては，農業総合研究所（現農林水産政策研究所）に所属する研究者によるものが目立っており，なかでも農業労働力と経営規模構成をめぐる予測に力点がおかれている．担い手の脆弱化という農村の実態と，構造政策にドライブをかけることをねらう政策当局のニーズが反映された研究動向である．予測の期間についても，政策が射程におさめることのできる10年後ないしは20年後といった比較的短いタイムスパンに関するものが中心である．

農業労働力については，コーホート分析を用いた松久（1992）が農業就業人口の性・年齢・地域別予測を行い，2010年の山間地域の農業就業人口は1990年対比で51％に減少し，高齢化率が68％に達すると見込まれるなど，いささかショッキングな結果を得ている．手法上の新しい試みとしては，農家人口に関するコーホート分析と，別途推計された就業率の変化に関するパラメーターを組み合わせて就業構造の予測を行った小林（1994）がある．また，小地域に関する予測であるが，平尾（1981）は世帯員の就業行動を積み上げるレプリカティブ・モデルによる予測を試みている．経営規模構成に関する予測の代表的な研究としては，吉田・中川（1992）があげられる．推移確率に基づくオーソドックスな予測計算に加えて，ある階層については規模拡大を抑制し，別の階層については規模縮小を抑制するといった係数調整を施すことによって，政策誘導の効果を捉えようとした点に特徴がある．

3. 生産性と費用の規模間格差

稲作をめぐる規模の経済に関する研究は，1970年代初頭の先駆的な業績を受けて展開し，数多くの実証研究を生んでいる．計測モデルに関しても，双対性を利用したアプローチとフレキシブルなトランスログ型費用関数への特定化が多数派を形成する状況となっている．

コブ・ダグラス型利潤関数を大規模農家と小規模農家のそれぞれについて計測した黒田（1979）は，すでに1960年代半ばにおいて，大規模稲作には規模の経済が存在することを明らかにした．これに対して，加古（1979）・加古（1983）はトランスログ型費用関数の計測によって，稲作には2ヘクタールないしは3ヘクタールを最小効率規模とするL字型の費用曲線が成立している

ことを示した．さらに，「米生産費調査」の個票を用いて小地域（北海道石狩地域）の生産構造を観察した加古（1984）は，黒田（1979）とほぼ同様のモデルによりながら，計測のレンジを連続的に変えることによって，5ヘクタール以上の階層に至って規模の経済が消失することを確認した．この計測結果も加古自身によって確かめられたL字型の費用曲線と整合的である（加古の一連の研究の集大成は加古 1992）．その後，茅野（1985）のトランスログ型費用関数の計測などによる補強もなされ，最小効率規模の水準を別にすれば，一定規模までの領域で逓減状態を示す費用曲線の存在については，ほぼコンセンサスが形成されていると言ってよい．ただし，稲作農家が土地と家族労働力を固定要素とする短期の最適化行動に従っているとすれば，観察される投入・産出点から長期平均費用曲線が厳密な意味で識別されているかどうか，理論上いくぶんの疑問が残るとしなければならない．この論点は，要素供給の固定性を当該要素に関する準地代の計測を通じてチェックするというアイデアのもとで，草苅（1994）によって提起されている．

　さて，規模の経済をめぐる研究はさらに次のふたつの方向に深化している．ひとつはその源泉を探る方向であり，代表的な研究には稲作の機械化体系別に費用曲線の推計を行った稲本（1987）の第5章や，大規模経営のケーススタディに基づいて費用曲線の推計を行った稲本（1987）の第7章がある．稲本の一連の研究の特徴は，家族経営の特質を明示して技術進歩のインパクトを評価する経営学的な視角が貫かれている点にある．一方，経営規模と単収の関係も多くの研究者の関心を集めたテーマである．樋口（1983）が大規模層における単収低下が規模の不経済をもたらしているとし，単収低下を農家の経営行動に結びつける認識を示したのに対して，北海道をフィールドとした生源寺（1986）・生源寺（1989）は低単収地域に大規模経営が成立しているとの仮説を提示し，豊度の異なる農地の売買データを用いた検証を提示している．

　規模の経済に関するいまひとつの研究展開は，階層間に差のある均衡要素価格をめぐってのものである．その口火を切ったのは荏開津・茂野（1983）であり，稲作に関する均衡賃金が小規模農家で低いという階層構造を持つ点を指摘し，規模に関する収穫逓増の技術構造にありながら，構造改善が緩慢にしか進展していない要因のひとつであるとした．これ以降，構造問題を農家の経済行

動のレベルで考究するさいには，要素の機会費用の規模間格差を視野におさめる研究スタイルが定着したと言ってよい．なお，荏開津・茂野（1983）は，準要素代替型の生産関数を用いて，規模の経済が稲作生産の工学的プロセスを源泉とすることを検証した点にも先駆性を持つ．

ところで，加古（1984）は規模の経済を検出しながら，同時にその作用の度合いを規模拡大の可能性という観点から評価している．具体的には，要素帰属所得の推計に基づいて，大規模農家に小規模農家の稲作所得（基準A）もしくは土地純収益（基準B）を上回る地代支払い余力があるか否かを調べ，1979年の石狩地域について基準Aは満たされず，基準Bは満たされるとの判定を導いている．また，新谷（1983）の第10章も小規模農家の農業所得を大規模農家の土地所得が上回ることをもって借地農業の成立条件とし，1970年代末の全国データによる生産関数の推計を通じて，なお条件は満たされていないと結論している．加古（1984）の基準Aや新谷（1983）の条件は，よく知られている「梶井理論」による借地の成立条件と本質的に異なるところのないものであり，速水（1986）においても踏襲されている．

たしかに，計量的な手法に基づいた研究は，要素価格の擬制評価に左右されない基準を導出している点や，限界概念に立脚した基準を適用する（茅野1991）などの点で，方法の洗練に大いに貢献していると言ってよい．しかしながら，近代経済学のオーソドックスなアプローチに従うならば，貸借関係の成立条件は土地用益市場の需給構造とワンセットの問題として吟味されなければならないはずである．この点で，階層間の生産性格差の存在をややナイーブに規模拡大の可能性に結びつける「梶井理論」と，価格を媒介とする需給のマッチングを想定する要素市場の理論とのあいだには，埋められてしかるべき空隙が残されているように思われる．

4. 土地の市場と地代・地価

農地賃貸借が増加していることを背景として，多くの研究者が借地の成立条件に関心を寄せている．現実の借地関係を対象とする実証研究も少なくない．しかしながら，近代経済学をバックグラウンドに持つ土地用益市場の研究とな

ると，量・質ともにさほどみるべきものがないというのが過去の研究状況である．基本的には限界生産力の計測による地代水準の推定に多くのエネルギーが割かれており，市場という観点からの分析にはほとんど及んでいない．そのため，この研究分野は豊富な実態調査に裏打ちされたマルクス経済学的研究の独壇場に近い状況にあると言ってよい．

　理由のひとつとして，地代形成の構造に関する近代経済学とマルクス経済学の理解の類縁性を指摘することができる．もっとも，「梶井理論」について論じたように，土地用益市場の問題に近代経済学独自のアプローチの余地が皆無であるとは思われない．いまひとつの理由としては，標準小作料や農用地利用増進事業といった制度の存在が考えられる．つまり，公的な規制と誘導のもとにあって，日本の土地用益市場が市場として充分に自律的な機能を果たしていないとの判断があるとすれば，それが研究対象としての魅力をそぐ結果になっているかもしれない．ただし，いくぶん逆説めくが，こうした判断を客観的な裏付けのあるものとするためにも，実証研究の必要性は高いと言うべきであろう．

　農地売買の市場に関しては，いくつかの注目すべき成果が生まれている．農地の売買はストックの取引であるため，需要や供給が変化してはじめて売買が発生する構造を持つ（生源寺 1990）のであるが，この点に着目して農地価格の形成要因を分析した研究に Lee（1980）がある．すなわち，農地需要を農地に対する派生需要の変化として把握し，さらに派生需要のシフトに関して要因分解を行うことによって，戦後日本の農地価格水準に対する技術進歩や米価水準の影響を明らかにしている．また，線形計画法によって農地のシャドウ・プライスを計測した天野（1988）は，北海道の畑作地帯の実勢地価が収益還元地価にほぼ対応していることを実証した．線形計画の解が高い再現性を持つ北海道ならではの研究と言えよう．一方，北海道の稲作地帯に関する研究には伊藤・天間（1987）がある．不確実性を加味しつつ，農地売買面積を稲作の収益性によって説明することを試みている．さらに生源寺（1990）は，従来の農地価格研究ではなんらかの先験的な仮定を設けることによって処理されていた時間割引率と家族労働の機会費用について，北海道稲作地帯の豊度の異なる農地の売買データを用いた計測によって，その水準を帰納的に導出した．時間割引

率は 10% を超え，労働の機会費用は農業臨時雇の賃金率を下回っているとの結果が得られている．

　農地売買をめぐる計量的な研究が北海道に集中していることには，北海道の農地価格に対する都市的因子の影響がマイナーな作用にとどまっているという明瞭な理由がある．言い換えれば，都府県の多くの地域の農地価格は転用期待の影響を受けて，収益還元地価を大きく上回る水準となっているのである．このような実態を背景として，農家の農地転用行動の厳密な定式化を試みた研究に黒岩（1978）がある．すなわち，農家主体均衡の動学モデルによって農地転用売却行動を捉えるとともに，地価上昇のインパクトに関するシミュレーションが行われている．

　転用期待の存在は，農地に関する農家の資産保有性向を高め，農業構造の改善に対してネガティブな影響を与えるであろう．つまり，将来の農地転用売却になんらかの制約が生じると観念されるとき，農地貸付の機会費用が加古（1984）の基準 A にいう農業所得を大きく上回ることも考えられるのである．しかるに，このように構造問題の理解にとっても重要な領域であるにもかかわらず，近代経済学の観点に立った農地転用の研究は少ない．そのなかで注目に値するのは小林（1984）のファインディングスである．すなわち，農地転用供給関数の計測に基づいて，農家の農地転用行動が土地価格や税制のみならず，農家の金融資産の保有状況によっても影響を受けるとの結果が得られている．そのうえで，農地転用行動の研究を農家の資産保有ポジションの包括的な分析の一環として行うことの重要性が指摘されている．

　農地の売買・貸借は地域における土地資源の配分プロセスであり，市場の資源配分機能の発現にほかならない．と同時に，土地資源の配分プロセスには組織による資源配分の側面があることも見逃してはならない．こうした認識は，資源配分に関して市場と組織を相互に補完的な制度として把握する経済理論の潮流をバックグラウンドに持つとともに，日本の農地取引が集落の調整機能や行政による誘導と深く結びついている実態の反映でもある．さらにまた，生産組織の内部において，実質的な担い手に対する農地の集中が進んでいるケースも少なくない．この場合の生産組織は，農地市場に代替する資源配分メカニズムとして機能していると言ってよい．

組織の資源配分機能に光をあてた研究には石田・木南（1987）がある．集落営農の実態調査を素材として，稲作において組織の資源配分機能が優越する条件を取引コストの概念に基づいて論じている．組織化コストに着目して地域営農集団の形成条件を整理した木村（1993）も，ほぼ同様の理論フレームに基づく研究である．また，近年は作業受委託に関する近代経済学的研究も成果を生みはじめている（長南・樋詰 1994）．近代経済学からのアプローチが比較的手薄であった領域であるだけに，今後の研究動向が注目される．

さて，広く農地をめぐる資源配分問題に関連を持つ研究として，分益小作制度に関する福井（1980）・福井（1983）や Hayami and Otsuka（1993）の成果にも触れておく必要がある．これらの研究は発展途上国の農地制度を対象としたものであり，日本の農業構造問題にダイレクトにインプリケーションを持つものではない．しかしながら，長いあいだ定額・金納のもとにあった日本の農地制度の意義を相対化してみるためにも，これらの一連の海外研究から学ぶべき点は少なくないものと思われる．この分野の研究内容については，川越・大塚（1982）と大塚（1986）による優れたサーベイがあるので，ここではこれ以上立ち入らない．

5. 農家の就業構造と労働力移動

農地の経営間の移動は，多くの場合，労働力の農業部門からの解放を意味する．すなわち，農業構造の変化は Kuroda（1987）に代表される研究が検証したように，要素代替と偏向的技術進歩による労働力移動と表裏一体の関係のもとで進行する．言い換えれば，農家とりわけ小規模農家の就業行動は，農業経営の規模拡大のテンポを規定する要因のひとつである．

農家世帯員の就業行動の研究は，ダグラス・有沢法則の検証を試みた石田（1981）・石田（1983）の成果を契機として新しい展開をみせた．すなわち，異なるデータと実証方法によるふたつの研究を通じて，女性の就業行動に対する核所得者の就業状態の影響が確認された．これに対して福井（1990）は，ゲーム理論によるアプローチを通じて，女性の就業行動が直接に労働市場の影響下におかれつつあると論じている．これらの研究を通じて，近代経済学の理論フ

レームのもとで，世帯員を個々の主体として把握し，その就業行動を分析する試みがひとつの研究スタイルとして確立されたと言ってよい．

高齢者の就業行動を対象とした茂野（1989）は，農業の担い手の全般的な脆弱化のなかで高齢者の行動に注目した研究である．「農家経済調査」の個票を用いた労働供給関数の計測によって，縁辺労働力としての高齢者の就業行動の特質を明らかにするとともに，別途試みられた生産関数の推定から，稲作の高齢者就農農家の自家労働評価がほぼゼロであることが示されている．小規模農家の低い均衡賃金率（荏開津・茂野 1983）とも符合する結果である．また，茂野（1992）は就業行動における世代効果に着目し，昭和一ケタ世代以降に続く高齢者の就農ポテンシャルの低さを指摘している．深刻化する日本農業の担い手問題を考えるうえでも重要な指摘である．

労働力の移動に関する研究には大別して3つのタイプがある．ひとつは数量経済史の系譜に属する研究であり，戦前・戦後にまたがる長期のタイムシリーズ・データに基づく労働供給関数の推計を行った加賀爪（1976）や資料の綿密な吟味を特徴とする伊藤（1982）などがある．いまひとつは地域間労働力（人口）移動の要因分析であり，吉田（1975）のグラビティ・モデルによる小地域分析や真継（1985）による移動誘因に関する重回帰分析などがあげられる．

さらに第3のタイプとして，農業から非農業への労働力移動のテンポを農業政策との関わりで評価した研究がある．黒田（1985）は労働移動性関数の計測を通じて高度成長期の労働力移動に関する要因分析を行った結果，所得格差が最も重要なファクターであることを確認している．そのうえで，農産物価格支持政策は所得政策としての役割を果たす半面，労働力移動を抑制し，農業部門の産業調整を大幅に遅らせる効果を有していたと評価する．2部門労働市場モデルを用いた本間（1994）も労働市場の調整機能を重視し，市場実勢に近い農工間交易条件の回復を急ぐべきであるとの主張を展開している．急速な調整に伴うコストを和らげるための直接所得補償などにも言及されているが，事実認識の問題としては，調整速度と調整コストの関係の究明が今後に残された興味深いテーマである．

6. 農業の構造問題と政策評価

　農業の構造問題に関わる政策の評価には，農業構造の改善を直接の目的とする構造政策の評価と，価格政策などが農業構造にもたらす帰結に関する評価がある．前者については，近代経済学の観点に立った実証研究はほとんど見当たらない．構造政策が幅広い政策手段体系の総称であり，土地改良政策のようにインプットとしての政策手段を客観的に把握しやすい分野を別とすれば，政策自体が実証分析の対象としてはやや漠然とし過ぎているとも考えられる．そんななかで，農業基本法下の自立経営農家に関する研究は，構造政策全体のパフォーマンスを評価するひとつの視点を提供している．

　明石（1985）は自立経営農家の下限規模を推計するとともに，その時系列変化の要因分析を行っている．このほかにも自立経営農家の下限規模に着目した研究は少なくないが（荏開津 1988 など），これらは理論的には一種の偽装均衡を想定したアプローチであるとみることができる．この点で，限界概念に基づくアプローチ，例えば限界農業労働所得と市場賃金率の均衡する規模水準の動向によって構造問題のテンションを評価した荏開津（1979）のアプローチとの違いには留意する必要がある．

　家族経営が支配的な日本の農業において，自立経営農家の下限規模がたんなる交易条件のバロメーターにとどまることなく，農業経営の規模決定に実質的な意味を持つ指標であることを示したのが生源寺（1986）である．すなわち，北海道の稲作地帯に関して，農業所得と家計支出の均衡を補償する下限規模の推移が実際の専業農家の最小規模の推移に合致していることが確認された．加えて，この下限規模の水準が 70 年代半ば以降，時間当たり平均労働報酬と非農業賃金率の均衡する規模を大きく上回ることも明らかにされている．「自立経営農家は政策目標として適切か？」という神門（1993）の問題提起にも通じる結果である．

　さて，構造問題の観点から農業政策の評価を試みる研究は，価格政策と生産調整政策について興味深い成果を生んでいる．まず，米価政策が農業構造に与える効果については，近藤（1992）のチャレンジがある．すなわち，トランスログ型費用関数の推定に基づいて導かれた結論は，価格支持政策が地代の上昇

を招き，規模拡大を阻害するというものであった．この結論自体は無理なく導かれているが，やや気になるのは，同じ著者による前年の論文（近藤 1991）では，ほぼ逆の結論が示されている点である．

生産調整政策の効果については，長谷部（1989）が減反地代の概念を提起し，土地用益市場の部分均衡分析による評価を行っている．減反地代とは生産割当によって発生する準地代を意味するが，推計された土地用益の需要・供給に関するパラメーターのもとで，この準地代の増加が顕著であることを示し，生産調整が構造政策にとってマイナスの作用を持つとの結論を導いている．要素への機能的分配の変化に着目して，生産調整の構造政策上の含意を評価している点では，草苅（1989）も同じ見地に立つ．すなわち，利潤関数をツールとして，生産調整が土地と労働への分配にもたらす変化に着目し，生産調整が構造政策に逆行する作用を持つことを示している．所得分配の変化をトレースするに際してキーとなる役割を果しているのは，規模間で異なる均衡要素価格である．

農業政策の評価を試みる研究のひとつの拡張として，制度設計の観点に立った政策手段の吟味がある．トランスログ所得関数を用いて，生産調整に関する代替的な手法の持つ構造政策上の含意を探った伊藤（1993）には，制度設計という問題意識が濃厚に含まれており，この方向への研究展開の先駆けであると言ってよい．

7. むすび

農業の構造問題に関わる研究が，近代経済学の領域においても多彩な展開を示してきたことは，以上の代表的な研究成果のレビューによって明らかになったと思われる．とは言え，フロンティアをさらに押し広げるべき分野や，より深く耕すべき分野がないわけではない．すでに指摘した点も含めて，若干の論点を提示して結語とする．

規模間の費用格差・生産性格差の存在が，いかにして生産要素の移動に結びつくか．あるいは，結びつくために必要とされる条件はなにか．この点に今後の構造問題研究のひとつのポイントがある．有力な手がかりは「梶井理論」の再吟味のなかに見出されるように思われる．つまり，「梶井理論」には希薄な

要素取引の場のイメージを，理論・実証の両面で具体化・豊富化することが求められている．

やや角度を変えてみるならば，要素市場とくに土地用益市場に関する深みのあるアプローチの必要性であると言ってもよい．制度的な規制・誘導というやっかいな要素のあることはすでに指摘したとおりであるが，理論の側にも実態の深部に分け入るだけの準備を欠いている面があるのではなかろうか．たしかに，多くの研究が暗黙裡に想定している競争市場のモデルは土地用益市場の一面をキャッチしている．しかしながら，寡占的な市場構造のもとにおける戦略的な行動や，内部組織の土地資源配分機能，さらには貸借や売買に伴うさまざまな取引費用も，農村の実態に観察される見逃すことのできないファクターである．

いずれにせよ，農地のモビリティの低さをいかに理解するかという問題は，いまなお農業経済学の基本的なテーマのひとつである．この点を充分に認識したうえで，農業構造の変化のテンポに着目し，ここを起点として研究課題を発掘することが考えられてよい．価格政策などが農業構造にもたらすインパクトに関する研究は，その重要なパートを構成するであろう．さらに，社会経済的な条件や政策環境の異なる諸外国との比較研究にも，新しい知見とアイデアの源泉としての期待がかかる．

構造問題をめぐる内外の政策環境が大きく転換しつつある点も，今後の研究の課題と方法に強い影響を与えずにはおかない．農産物貿易の国境措置をめぐる流動的な状況は言うまでもない．加えて，構造政策自体が環境政策や地域政策といったベクトルを異にする政策とのバランスのなかで構想される時代が到来している．さらに直接支払いのような新しい政策手段の導入も日程にのぼっている．こうしたトレンドは，構造問題上の含意を検証ないしは予測すべき政策の範囲が急速に拡大していることを意味する．

第 7 章　資源保全政策の基礎理論

1. はじめに

　現代日本の農業は，高度に発達した市場経済に深く組み込まれながらも，他方で環境との広い接触面を有し，農業用水や農道といったコミュニティの共有資本に支えられる面を持つ．現代農業のこうした二面性は，一方で市場の最前線で戦いを挑む攻めの農業を支援する政策を必要とし，もう一方に環境と資源という非市場的な要素の保全に向けた政策を要請する．
　この章では資源保全政策について，あらためて農業・農村政策上の意味合いを考えてみたい．まず次節では，現代の日本農業の生産構造と資源保全政策のポジションを概観する．そのうえで第 3 節では，この章で考察の対象とする地域農業資源の定義的な特質について吟味する．そもそも地域農業資源とはなにか，というわけである．資源保全政策は農業関係者や研究者にとっても比較的なじみの薄い政策ジャンルであり，基本的な概念に関するていねいな議論が必要だと考えたからである．第 4 節では，地域農業資源の保全をめぐる農村コミュニティの共同行動の分析である．ここでのキーワードはコモンズである．最後に，近未来の農村社会のあり方という観点から資源保全活動の今日的な意義に触れる．
　以下では，典型的な地域農業資源として農業水利施設を念頭に置く．典型例によって地域資源の基本的な特質を把握するならば，それは地域農業資源の広がりをイメージするよすがにもなるであろう．もっとも地域農業資源の定義的な特質は，対象を地域農業資源とそれ以外の資源とに二分する厳格な境界線を必ずしも意味しない．言い換えれば，地域農業資源とは地域農業資源としての

特質を色濃く帯びた資源のことなのである．

2. 現代農業と地域資源

　この節では，資源保全政策が現代日本の農業においてどのようなポジションを占めているかについて，ひとつの見取り図を提示してみたい．荒削りではあっても資源保全をめぐる問題の構図を描き出しておくことで，議論が細部に及んださいにも方向感覚を失う事態を避けることができるであろう．以下では，最初に農業生産の基本構造について整理し，そこに地域資源の問題がどのように関係しているかについて述べる．

　先進国の農業は市場経済に深く組み込まれている．日本の農業も例外ではない．農家は市場から生産資材を購入し，生産物を市場で販売する．むろん，すべてというわけではない．家畜の堆肥はしばしば自分の耕地に還元されるし，米や野菜の一部は家族によって消費される．けれども先進国の農業にあっては，こうした自給的な要素のウェイトは著しく低下している．生産資材の市場と生産物の市場との幅広い接触なくして農業経営は成立しない．これが現代の農業である．

　しかしながら同時に，農業生産には一般の市場とは相当に異質な市場との接触がある．むしろ，この点にこそ農業の農業たるゆえんが見出されると言ってもよい．ここで言う異質な市場とは農地をめぐる市場のことである．農地は貸したり，借りたりすることができる．売ることもできるし，買うこともできる．この意味において，農地にも市場が存在する．むろん農家はしばしば農地の市場と接点を持つ．

　けれども周知のとおり，農地の貸借や売買には制度上のさまざまな規制が存在する．勝手に貸したり売ったりすることは許されない．許可なく農地以外の用途に転用することも法令違反である．一般の市場には見られない強い規制の網が張られているのである．この点で農地の市場は通常の財やサービスの市場とは異なっている．しかしながら少し考えてみればわかるように，農地をめぐる市場は，制度的な規制のあるなしにかかわらず，そもそも非常に特殊な市場なのである．農地それ自体が特殊な財だからである．

なによりも農地を空間的に移動することは不可能である．自由に新しく作り出すこともできない．しかも，農地の取引に関与するのは普通は近隣の農家や農業生産法人である．つまり農地市場は，もともと与えられた量の農地をめぐるローカルなマーケットという特質を有している．加えて農地には，と言うよりも土地には，強い外部性が伴っている．ある地片の利用形態が隣接する地片の利用条件に影響を与える関係が，例外的な現象としてではなく，むしろ通則として存在する．しかもある種の外部性は，不特定多数の人々に及ぶという意味で公共財としての性質を有している[1]．その典型は景観である．そして，農地の権利移動や利用形態をめぐる強い規制も，ここで指摘している農地と農地市場の特殊な性格から発している面がある．

　農地市場との交渉なくして農業は成立しない．とくに土地利用型農業の経営規模を拡大しようとすれば，農地を借りたり，買ったりしなければならない．これが農業の宿命である．もちろん農業以外の製造業やサービス業であっても，土地がまったく要らないということはない．けれども，使用する土地の量には桁違いの差がある[2]．高度に土地集約的な産業，これが農業なのである．先進国であろうと途上国であろうと，このような農業の定義的な特質に違いがあるわけではない．

　農業生産は一般の市場と常日頃から交流している層と，農地をめぐる特殊な市場との交流のもとにおかれた層からなる．こうした2層の構造は先進国の農業に共通して観察される．けれども，これだけでは日本農業の構造的な特質をあますことなく描き出したことにはならない．農業生産には，さらに第3の層がしばしば不可欠の要素として存在するからである．それは，市場機構とは異なったメカニズムによって調達される資源に関わる第3の層であり，これが上層と中層を支える基層をなしている．ここで言う非市場的な機構によって調達される資源の典型が水田地帯における農業用水である．すなわち水田農業には，コミュニティの共同作業によって維持管理される水利施設と，コミュニティの

---

1) 好ましくない外部性の場合には，公共財（パブリック・グッズ）ならぬ公共悪（パブリック・バッズ）と表現すべきかもしれない．
2) 農業と製造業の土地係数を計算してみると，それぞれ 8,174 m²／百万円，13 m²／百万円である（2000年）．ただし，土地係数は農地面積と工場用地面積をそれぞれ農業と製造業の国内総生産で除して得た．

ルールのもとで供給される用水が欠かせないのである.

　農道のサービスについても，農業用水と同様の供給メカニズムが働いている. 今日でもインフォーマルな組織である農村のコミュニティの活動によって末端の農道が維持管理されている地域は少なくない. 一般化して述べるならば，地域の農業の基層には，市場経済とは異なるメカニズムによって維持される地域資源と，そのような資源から湧出・供給されるサービスが存在している. しかも個々の生産活動の独立性が比較的強い西欧の農場型農業に比べて，水田を中心とする日本の農業においては，コミュニティというインフォーマルな組織によって調達される資源とサービスの役割が概して大きい.

　市場経済が浸透したのちの日本の農業生産は，資源の3層の投入構造によって支えられている. 最上階の一般市場との交流層と，中層階の農地市場との交流層に加えて，地上階である基層において，農業生産は市場経済とは位相を異にする資源の供給構造と結びついている. このうちのどれひとつを欠いても，現代日本の農業を健全に維持することはできない. それでは，こうした生産資源ないしは生産要素の調達・投入の3層構造のもとで，地域資源保全の問題はどのようなポジションを占めるであろうか.

　すでに答えは示されている. 市場経済とは異なるメカニズムで調達・供給されている資源について，将来に向けて持続的に確保されるべきだとの問題意識が，地域農業資源の保全政策の検討を促しているのである. 農業生産の3層構造に引き寄せて述べるならば，地上階である基層の存在意義と，その継承の重要性に対する認識の深まりが，資源保全政策の提起につながったと言ってよい. こうした認識の深まりの背景には，新たな食料・農業・農村基本計画が指摘しているように，過疎化・高齢化・混住化の進行のもとで，地域資源の保全に注意信号が点滅しはじめていることがある[3].

---

3) 土地利用型農業の規模拡大は，主として農地の比較的短期間の貸借によって実現されている. 担い手政策にさらに力点が置かれるなかで，今後もこうした貸借関係は拡大することが見込まれる. この点が資源保全政策の検討を要請しているもうひとつの要素である. 貸借関係のもとにある農地と結びついた地域資源の保全活動を借り手と貸し手のいずれが担当すべきか. あるいは，広域の農業水利施設に関わりを持つ担い手が，はたして地域資源の保全活動を十全に担当することが可能か否か. これらの課題が現実の問題として投げかけられているのである. ただし，このテーマは本書第5章で論じた土地改良法上の3条

3. 地域農業資源の特質

　この節ではあらためて，農村の地域資源の特質について整理する．そもそも地域資源とはなにかという問いからスタートしよう．まず「地域」という形容には，地域を離れた場合に本来の機能が損なわれるという含みがある．その極端なケースは地域から移動することができない資源であり，土地がその代表である．景観という資源を移動することもできない．ベースにある土地が移動不能だからである．あるいは純技術的には移動可能であっても，それに要するコストが禁止的に高い場合には，その資源を地域資源と性格づけてよいであろう．そのうえで，こうした資源の存在する地域が農村である場合に，これを農村地域資源と呼ぶことができる．さらにそれが農業生産に投入される資源である場合には，地域農業資源と表現すればよい．

　地域資源の幅は広い．純粋の自然資源から人工の加わった自然資源，さらには純粋の人工物までを想定することができる．もっとも純粋の人工物，つまり通常の用語法でいう資本財は地域を問うことなく形成することができるから，いま述べた移動不能性の条件に合致しない．ただし，建築物のようにいったんその場所に据え付けられると，他の地域への移転に多額のコストを必要とするものもある．事実上，移動が不可能なことも少なくない．この意味においてであれば，純粋の人工物であっても地域資源の概念要件を満たす場合があるとしてよいであろう[4]．

　地域農業資源の多くは人工の加わった自然資源である．その典型である農業用の水利施設は，自然物である河川などの水源に，頭首工から末端水路に至る人工の構造物が連結されて機能する．加えて，通常のオープン水路は自然の地形勾配を利用して敷設されている．さらに，農業用水の水自体についても，自

　　資格者の問題と大きく重なっていることから，ここでは論点の指摘にとどめておく．
　4）　無形の農村地域資源を考えることもできる．例えば村にユニークな農耕儀礼として継承されている伝統行事は，その地を離れて引き継がれることはむずかしい．地域特有の食材とセットで成り立っている郷土料理の調理法も，同じような意味で無形の地域資源の範疇に含めてよいかもしれない．このように地域とのつながりなしには存続が困難な点に着目するならば，農村地域資源の概念のもとに括ることのできる無形の資産は少なくないのではないか．

然の水資源の挙動が人工物によってコントロールされている点で，あるいは，水路に降雨が自由に流入するという点でも，自然と人工のミックスであると言ってよい．

ひとくちに人工の加わった自然と言っても，両者の配合の度合いはさまざまである．そしてこの点から，その管理に必要とされる技術や組織のありようにも違いが生じることになる．例えば，ライスセンターや育苗センターのように純粋の人工物に近い施設の管理作業は，定型化することが比較的容易である．規格化して日常のルーチンワークとすることや，定期点検として外注することも可能である．ただし逆に，複雑な機器が組み込まれているために，保守管理に高い専門性が求められることも少なくない．これに対して農業水利施設の管理，なかでも圃場に近接した末端の水利施設の管理には，予見困難な要素に満ちた自然環境にさらされていることに起因する困難がつきまとう．そこには，人間が意のままにコントロールできない自然との格闘という側面がつねに含まれている．

自然と人工のミックスであることは，農村地域資源にもうひとつの特質を与えることになる．それは農村地域資源の個性である．農村地域資源は母体となっている自然環境を反映して強い地域性を帯びている．ある農村に存在する農業水利施設とまったく同じ水利施設を別の地域に見出すことは不可能である．このことは，農業水利施設の利用や維持管理に地域それぞれの流儀があることに結びつく．自然条件の特徴や施設のくせをよくわきまえている地元の人々が保全管理を行い，利用のルールを継承していることには合理的な根拠が存在する．

さて，引き続き農業水利施設を検討の素材として，やや異なった角度から地域資源の特質を探ってみよう．ここでは，農業用の水利施設が一般に分割不可能なシステムである点について考えてみる．水利施設は，取水施設から幹線水路，分水施設から支線水路・末端水路に至るシステムの全体が機能することで，はじめて1枚1枚の圃場に用水を配分することができる．部分を切り取ったとたんに，それは部分としての意味を失う．排水のシステムについても同様である．重要なのは，この分割不可能な農業水利施設が，個々の農家の投資能力や維持管理能力をはるかに超えた巨大なシステムだという点である．ここが同じ

分割不能な資本財であっても，トラクタや田植機などとは異なっている．トラクタや田植機は個々の農家のコントロールのもとに置かれている．

個々の農家の力を超えるシステムであることは，システムの建設や維持管理が地域共同の作業として行われることを要請する[5]．事実，日本の農業水利ストックは，歴史的に地域社会の共同の営為の積み重ねによって形成され，継承されてきた．もっとも，現代の土木技術は高度に機械化されているから，今日の水利施設の新設や改修はもっぱら建設会社の仕事であって，地域の人々が共同で参画することはほとんどない．しかしながら，維持管理活動の場合にはそういうわけにはいかない．とくに圃場に接している末端水利施設は，いまなお地域の人々の共同作業によって維持されている．

農業水利施設の維持管理活動が人々の共同作業として営まれることには，はっきりした理由がある．まず，すでに述べたように，末端の水利施設の維持管理は規格化して外注することになじまない．非定型的な手作業が大きな割合を占めており，しかも突発的に障害物の除去や施設の補修が必要となる場合が少なくないからである．もっとも，地域の人々が担当するにしても，各人の受け持ちを決めてそれぞれの責任において作業を分担する方法も考えられないではない．現にそのような仕組みを導入している地域もある．けれども，個別の作業に比べて，集団的な作業にはいくつかの利点が存在する．いっせいに作業を行うならば，そのときにだけ用水をストップすればよい．障害物の除去のような作業には，多数の人々の協力が必要な場合も少なくない．加えて，いっせいの作業であれば，水利施設全体の維持管理水準を均一のレベルに揃えることも期待できる．相互の監視が手抜きを防ぐ作用を持つと考えられるからである．つまり，水利施設の維持管理の労働にはさまざまな意味で相互に外部性が作用しており，それが共同行動の効率を高めているのである．

---

[5] 資本ストックそのものは技術的に分割可能であっても，共同による建設や管理が合理的なケースも存在する．単純な例として放牧地の牧柵のケースをあげておく．放牧地は分割しても，機能が失われるわけではない．けれども，放牧地を分割したうえで個々に牧柵で囲む場合に比べて，全体をひとまとめにして牧柵で囲むほうが，建設と管理の両面で効率的であることは言うまでもない．一種の集団化の経済が作用しているわけである．集団化の経済の概念については，生源寺（1998a）の第2章（「農地取引における市場と組織」）を参照されたい．

ところで，水利施設の維持管理労働については，施設の近代化によってその軽減を図ることが，従来の農業基盤整備の基本的な流れであった．近代的な施設による維持管理作業の省力化が，農業経営の規模拡大を側面から支えてきたことも事実である．具体的には，例えば土水路をコンクリート水路化することで維持管理作業の負担軽減が図られてきた．水路を地中に埋設し，それぞれの圃場に設けられた取水口を操作することで用水が確保されるシステムも導入されている．パイプライン化である．この場合，少なくとも用水路については通常の意味での維持管理作業は不要になる．

　ひとことで言うならば，農業水利施設のさらなる人工物化である．しかしながら，このような方向に対しては強い疑問の声が投げかけられている．たしかに水利施設の近代化は農業の生産性の向上に大きく貢献した．けれどもその反面，水生動物や湿地性植物の生息環境に影響が及んだことで，地域の生物多様性の後退が進んだことも事実である．例えば，旧来の水利施設では保持されていた河川と水田の連続性が断ち切られたために，魚の遡上が不可能になるといった影響である．あるいは，農業用水の親水機能という見地からすると，伝統的な水路に比べて近代化された水路に変化が乏しい点も否めない．

　時代の変化である．農業の価値がもっぱら生産効率という尺度でもって評価された時代は，すでに過去のものになった．とは言うものの，たんに旧来型の水利施設を是とするだけで問題が解決するわけではない．効率をある程度断念する選択が行われるならば，それは維持管理の負担が今後とも変わらないことを意味する．変わらないだけならまだしも，農村社会に生じている変化は，多くの人々の出役に依存する共同作業を次第にむずかしくしている．高齢化の急速な進行があり，各地の農村で進んだ都市化と混住化は，水路へのゴミの投棄や生活排水の流入といった現象を招いており，これも維持管理の負担を増す要因として働いている．

　こうしたなかで地域の人々による共同作業をバックアップするところに，資源保全政策の眼目がある．そしていま述べたように，コミュニティの共同作業の継続には，さらなる人工物化を追求する方向とは異なる選択としての意味がある．このような文脈において，資源保全政策は農業環境政策と重なり合う面を持つ．環境への負荷の軽減と多面的機能の質的向上というふたつの課題は，

ひとつのディメンションに連続的に位置づいているテーマであると言わなければならない．

4. コモンズとしての地域資源

　水田地帯の農村には農業用水をめぐるふたつのルールが存在する．ひとつは前節で論じた維持管理作業をめぐる取り決めである．農業水利の世界では，維持管理活動に対する一人ひとりの小さな貢献があって，はじめてメンバー全体の利益が確保されるわけである．自分ひとりぐらい欠けても大差ないという利己的な計算から，個々の農家が手を抜きはじめるならば，水利施設を維持することはできない．もうひとつは用水の配分に関するルールである．ただし，用水配分のルールは通常の年には目に見えるかたちで現れない場合も多い．その典型が番水慣行であり，水が豊かな年には発動されることなく，いわばしまい込まれている．あるいは，極度の渇水年には配水しない水田（犠牲田）を決めておくことで，地域の水田の共倒れを防ぐといった慣行もある．

　もちろん逆に豊水年であっても，メンバーが利己的な利水行動を取るとすれば，しばしば全体としての用水の利用水準の低下がもたらされる．例えば，自分の圃場や自分たちの支線用水に多くの水を引き入れるために，水路に材木などの障害物を固定するとしよう．たしかに特定の水田に引き込まれる用水は増加するであろう．けれども同時に，このような障害物はその水路の流速の低下を招き，地域全体としての取水量の減少に結びつく．

　つまり，農業用水にはその機能を掘り崩すふたつの契機が存在する．ひとつは維持管理をめぐる利己的な行動であり，もうひとつは水利用における利己的な行動である．そして，これらの利己的な行動の発生を内部から防いでいるのが農業水利のルールにほかならない．こうしたルールが生きている事実をもって，農業用水を日本型のコモンズと呼ぶことができる．以下では，その積極的な意味合いを再評価する観点から，コモンズの概念と農業水利の結びつきについて考えてみたい．

　コモンズとはもともとはイギリスの共有地のことである．日本であれば，入会地ということになろう．よく知られているように，コモンズの概念が世界的

に注目されるようになったのは，アメリカの生物学者ハーディンによる 1968 年の論文「コモンズの悲劇」をきっかけとしてであった[6]．この論文のなかでハーディン自身は，地球そのものをコモンズと見立てて，増え続ける人口の問題に警鐘を鳴らしている．

コモンズは，メンバーが利己的な行動に駆り立てられ，資源が浪費されることによって自壊する．これがハーディンによって定式化されたコモンズの悲劇である．簡単な数値例として，共有地の 100 人のメンバーが 1 人 1 頭ずつの牛を放牧している状況を考える．ここでひとりのメンバーが 1 頭の増頭をはかるとき，10 万円の収益を得られる反面，放牧地に対する追加的なダメージが 100 万円に達するとしよう．すでに資源利用圧は限界に達していたわけである．このとき費用が収益を大きく上回るから，増頭を断念することが賢明な選択である．けれども，これは共有地全体を視野に入れた場合の収益と費用の関係からの判断であって，個々のメンバーの経済計算に収益と費用がどのように映るかは別の問題である．

100 万円の費用のうち増頭するメンバーが直接負担するのはその 101 分の 2 である．それだけダメージは希釈されるわけである．だとすれば，個人の経済計算としては増頭が合理的な選択だということになる．そして，このような計算結果に忠実な行動がメンバー全体に広がるとき，共有地は草資源の回復不能なダメージによって崩壊する．これがコモンズの悲劇である．

経済学の用語で表現するならば，共有地には排除不能性と消費の競合性が備わっている．ただし，ここでの排除不能性は，メンバーが自由に頭数を増やすことができるというかたちをとっている点に留意していただきたい[7]．問題は，

---

6)　Hardin (1968).
7)　排除不能性と消費の競合性を備えた資源は，しばしば open access resource と呼ばれる．また，特定のメンバー以外についてはその資源の利用から排除することが可能で，消費の競合性が伴っているケースは common property resource もしくは common-pool resource と分類される (CPR)．ここで問題としている共有地は，メンバーが特定されているという意味では common property resource であるが，メンバーの利用になんらのコントロールも存在しないとすれば，実質的には open access resource としての性質を帯びることになる．CPR を念頭においた財や資源の分類については，Randall (1993) が参考になる．また，CPR を農業用水との関連で論じた文献としては，Lam (1998)，Tang (1992)，Wade (1988) がある．

共有地全体からみた場合の費用と収益の関係，言い換えれば社会的な費用と収益の関係と，メンバー個人の観点からみたときの私的な費用と収益の関係のあいだにギャップが生じていることである．草資源のダメージというコストが他のメンバーにも拡散する点で，一種の外部性が作用しており，社会的には合理性を欠いた行動が個人としては合理的なのである．むろん，草資源には限りがあり，放牧される牛の頭数に比例して消費される．消費の競合性が働いており，利己的な行動の集積による過放牧は，結局のところメンバーの生存基盤を掘り崩すことになる．

けれども少し考えてみれば分かるとおり，コモンズの悲劇が通則であるならば，コモンズがこの世に存在することはありえない．かりそめに存在したとしても，悲劇によってまたたくまに自壊するほかはないからである．けれども，イギリスの共有地に限らず，メンバーの共同利用のもとにおかれた資源はさまざまな国や地域にたしかに存在した．日本の入会地しかりであり[8]，コモンズとしての農業用水はいまなお健在である．

農業用水に引き寄せて，コモンズが長期にわたって存続してきた理由をここであらためて確認しておきたい．第1の理由は，農業用水を合理的に利用するためのルールが存在していることである．同じコモンズでも，農業用水は利水者自身によってコントロールされたコモンズなのである．人々の利己的な行動の帰結である資源の破滅的な浪費は，人々の協調行動によって回避されている．実は，コモンズの悲劇を唱えたハーディン自身が20年後の論文において，「私の論文のタイトルは「管理されざるコモンズの悲劇」とすべきであった」と述懐している[9]．

もちろん，水利用のルールは多様である．たんに多様であるだけでなく，水利のルールにはある種の規則性の存在も指摘されている．ここで言う規則性とは，水資源の賦存条件とルールの厳格さのあいだに認められる相関関係である．

---

8) たしかに日本の多くの入会地は解体された．しかしながら，それはコモンズの悲劇によって自壊したわけではない．いわば外から近代化されたのである．周知のとおり，1966年には入会林野近代化法が公布された．あるいは，経済の成長に伴って入会地に生活を依存する人々の数が減少したこと，これが入会地解体の原因であった．人々が入会地を離れたのであって，資源の過剰利用によって自壊したわけではない．

9) Hardin (1988).

例えば日本については，降水量の少ない地域に発達したため池灌漑の場合に，もっとも厳格な水利用ルールが認められるとされている[10]．あるいは，水田アジアの国際比較から，資源賦存の水準と村社会の組織の緊密性に同様の関係を想定している研究もある[11]．

さて，コモンズとしての農業用水が存続しているもうひとつの理由は，維持管理作業における集団行動の合理性であり，合理性に裏付けられた維持管理ルールの存在である．第1の理由が共有資源の利用をめぐるものであるのに対して，この第2の理由は共有資源の再生産のプロセスに関わっている．ふたつの理由は，農業用水の機能を掘り崩す潜在的な契機が水利用と維持管理の両面にあることに対応している．ふたつの面でコモンズの悲劇の可能性があり，それぞれについて機能崩壊を食い止めるルールが存在していると言い換えてもよい[12]．

すでに触れたように，地域資源としての水利施設の建設や維持管理については，一種の集団化の経済や労働相互の外部性が作用することで，効率の観点からも共同行動が適切である場合が少なくない．けれども，つねに共同の維持管理活動に軍配が上がるとは限らない．共有資源を分割したうえで，それぞれに管理・利用するシステムが有効なケースをアプリオリに排除することはできない．同じ水田水利であっても，アメリカやオーストラリアのような新開国の場合には，個々の農業経営の規模が大きく，しかも農地がまとまっている場合が

---

10) ため池における水利慣行については，玉城（1979）におさめられた論文「溜池の論理とダムの思想」が興味深い．なお，日本における水田灌漑のうちため池に依存している割合は10%である（田淵1999）．

11) Hayami and Kikuchi (1981) には次の記述がある．"We hypothesize that the basic force underlying the tightness in community structure is relative resource scarcity—the scarcity of non-labor resources relative to labor".

12) コモンズとしての農業用水の形成には，日本の伝統的な農業用水路が開水路であったことも関係しているように思われる．開水路システムにおいては，我田引水の行動はただちに近隣のメンバーの知るところとなる．コモンズの悲劇の兆候は充分に可視化されているわけである．逆に，過剰な取水行動が他のメンバーによって知覚されにくい状況のもとでは，コモンズの悲劇に対する抑制も形成されにくい．例えばパイプライン灌漑の施設が設けられ，あたかも上水道のごとく用水を個別的に利用できるとすれば，調整機能の必要性は認識されにくくなるであろう．むろん，この場合にも利用競合は生じているのであるが，それが見えにくいのである．

多いため，支線レベルの水路が事実上個人の用水であるケースが少なくない．いずれが合理的なシステムであり，したがって安定的なシステムであるかは，さまざまなファクターの相対的な重要度に依存して決まる empirical question なのである．

5. 開かれたコモンズ

　もともと農業用水は地域の川であった．農業生産のインプットとしての機能のほかにも多様な役割を果たしてきた．農業用水が農作物の洗浄用水や防火用水として使用されるのは当たり前のことであった．積雪地帯にあっては消雪・流雪用水でもある．こうした機能のかなりの部分は現代にも引き継がれている．農業用水はまさに地域用水なのである．加えて近年は，農業水利施設の親水機能が注目されている．水遊びの場として親しまれることを念頭においた施設の整備も行われるようになった．水辺の景観に対する関心も高まっている．近代的な水利施設の単調さに対する不満が表明されるとすれば，それも水辺環境に対する住民の関心の高まりを映し出した現象であると言ってよい．

　ところで，農村の存立構造という点で，日本とヨーロッパの国々には基本的な共通点がある．もちろん，農業生産のタイプには大きな違いがある．けれども，農業の違いにもかかわらず，農村の存立構造には共通点がある．それは，自然の産業的利用の空間と，アクセス可能で人々がエンジョイできる自然空間，さらには非農家の住民も含んだコミュニティを支える居住環境としての空間，これら3つのディメンションが重なり合って存在している点である．農村空間の多目的利用構造と表現することもできる[13]．

　日本に住む私たちにとってはごく当たり前であり，したがって普段はとくに意識することもないのであるが，しかし，これは世界の農村に共通する構造ではない．日本やヨーロッパのように古く開発された国に特有の共通項なのである．アメリカやオーストラリアのように新しく開発された国においては，自然資源がなお豊富であることもあって，自然の産業的利用の空間，言い換えれば

---
13)　このような理解については，生源寺 (2000a) の第8章 (「日本型直接支払い制度と地域づくり」) を参照していただきたい．

農場と，国民のアクセスの対象としての自然空間，典型的には国立公園は，概して分離されて存在している．コミュニティとしての日常的な交流の場も，農場からは多少距離のある小さな町にあることが多い．

多目的利用空間である日本の農村に張りめぐらされた水利施設は，たんなる農業用の施設としての意味を超えた存在である．考えてみれば，親水機能も近隣に多くの住民が居住する日本の農村空間ならではの機能なのである．最近では，地域の農業用水の歴史を，実際に水利施設に触れる機会を通じて伝える教育活動も盛んである．地域の外部からの訪問者もある．農業用水を支える農村のコミュニティには，現代の社会が失いつつあるコモンズの精神，すなわち利己心を抑制する共助・共存の精神が生きているからである．

身の回りの環境や資源を地域の住民自らの力で保全するスタイルは，多くの都会で失われて久しい．都会で進行してきたのは，身近な環境の維持についても行政が代行して担当する領域の拡大であり，住民自身が維持管理にタッチしなくてすむタイプのインフラの整備であった．そして，このことは国や地方の財政の膨張にも結びついた．けっして褒められたことではないと思う．この意味でも，身の回りの環境や資源を保全する農村社会の仕組みは，将来にわたって引き継がれる必要がある．たんに引き継ぐだけでなく，都会に再移植する必要があると言うべきかもしれない．

農村の仕組みがよいことづくめだなどと主張するつもりはない．農村には，共助・共存の精神に満ちたコミュニティという側面と，個としての存在が集団のなかに埋没しがちな側面がある．農村の社会には，公共心の欠如した行動に対してブレーキとして働くプラスの面とともに，一人ひとりの伸びやかな行動を押さえ込むマイナスの面がある[14]．前者を継承しながら，しかも個人の成長

---

14) このことは農村のコミュニティだけに当てはまるわけではない．「パットナムは，Bowling Alone の中で，強力な結合型ソーシャル・キャピタルに内在する「排他性」の危険性を認めている」．「その他，ソーシャル・キャピタルには「個人の自由を制限する」「個人の特異性を損なう」などのマイナス面が生じうることも指摘されている」（内閣府国民生活局 2002）．本文で明示的に述べることは控えたが，本章の議論はいわゆるソーシャル・キャピタルの問題と密接に関連している．ソーシャル・キャピタルに関する基本文献としては Putnam (1993) と Putnam (2000) をあげておく．なお，Putnam (2000) の邦訳では，social capital の訳語として「社会関係資本」が用いられている．

を大切にするコミュニティを創り出すことが求められている．自立した個人の相互了解に基づく合理的な協働，そこに現代版のコモンズのかたちを見出すことができる．

第 8 章　農業環境政策の理論フレーム

1. はじめに

　農業環境政策を具体化する気運が高まりつつある．ここで言う農業環境政策とは，農業生産が環境に与えている負荷に着目し，これを除去ないしは軽減するための諸政策を意味する．除去や軽減だけではない．地域の資源循環の構造を強める観点から，環境保全にプラスの貢献をもたらすタイプの農業をバックアップすることも，農業環境政策の重要な任務である．

　本章では，農業環境政策の具体的な制度設計の前提となる理論的な枠組みを提示する．まず次節では，経済学が環境の問題をどう捉えてきたかについて述べる．第3節は，欧米の農業環境政策の展開を跡づける．1980年代に形成された欧米の農業環境政策は，いままた大きく転換を遂げようとしている．欧米先進国の動向は，WTOによる国内農業政策に対する規律にも影響を与えるであろう．さらに第4節では，汚染者負担原則 Polluter Pays Principle をめぐる若干の論点を吟味する．汚染者負担の原則は農業環境政策のあり方をめぐる基本的な問題のひとつである．最後に第5節では，今後の日本の農業環境政策の課題を整理してみたい．

2. 環境問題をめぐる経済学の概念

2.1　外部不経済としての環境問題

　現代の経済学は，環境の問題を外部不経済の概念のもとに捉えている．この

場合の外部とは市場経済の外部であると理解して差し支えない[1]．社会には市場を経由することなく，つまり対価や代償のやりとりなしに受け渡される影響関係があるというわけである．このうち好ましくないネガティブな場合を外部不経済と呼ぶ．逆に影響が好ましいものである場合，例えば農業生産が同時に良好な景観を提供するといったケースについては外部経済と表現される．

経済学のテキストブックは，必ず外部経済と外部不経済について説明する．しかし筆者のみるところ，オーソドックスな経済学の世界では，外部経済と外部不経済の現象はあくまでも例外的な現象であるとされてきた．経済学の対象の大半は市場経済の内部に生じる現象であると考えられているのである．言い換えれば，市場は充分に網羅的である．これが近代経済学の経済観であると言ってよい．ただ，市場経済の内部で処理できない問題もまったくないわけではない．そこで，こうした例外的なケースに対して外部経済と外部不経済の概念が生み出され，テキストブックでも解説が行われている．その具体例として環境問題があるというわけである．

はたして例外的と言ってよいか．少なくとも現代の農業の場合，この点はおおいに疑問である．むしろ，今日の鑑識眼をもってすれば，農業生産の外部経済つまり農業の多面的機能の発信や，外部不経済すなわち環境への負荷の発生は，広範囲に観察される普遍的な現象であるとみるべきである．このことに留意したうえで，外部不経済の概念について，農業生産の具体例をまじえながら解説しておく．

東海地方K市のニンジン産地における水質問題を，外部不経済のフレームワークで捉えてみよう．図8-1を見ていただきたい．ニンジン生産農家は肥料などの生産資材を市場で購入し，生産したニンジンを市場に販売する．この流れが通常の経済学の対象となるわけである．ところが，この地域ではかつてニ

---

1) もともと外部経済の概念はマーシャルによって，内部経済の対概念のかたちで提示された．すなわち，マーシャルは「われわれはある種の財の生産規模の増大に由来して起こる経済を二つに区分してさしつかえないように思う．第1は，産業の全般的発展に由来するものであり，第2は，これに従事する個別企業の資源，その組織とその経営能率に由来するものである．前者を外部経済，後者を内部経済と呼んでよかろう」(Marshall 1890) とした．けれども，今日の標準的な経済学のテキストブックにおいては，本文中に述べた意味を持つ概念として定着している．

図8-1　K市の水質問題

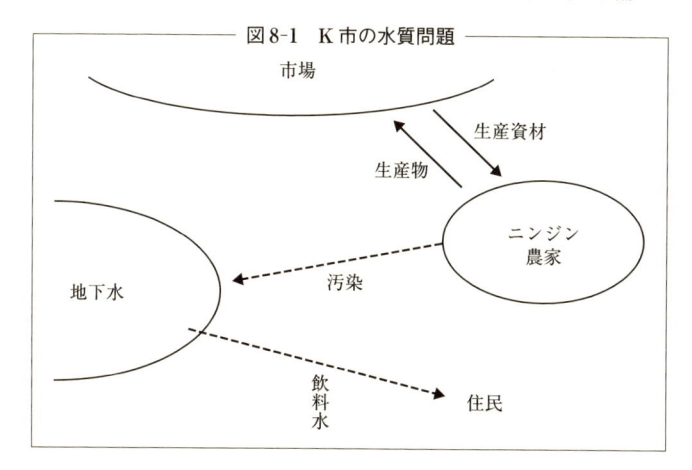

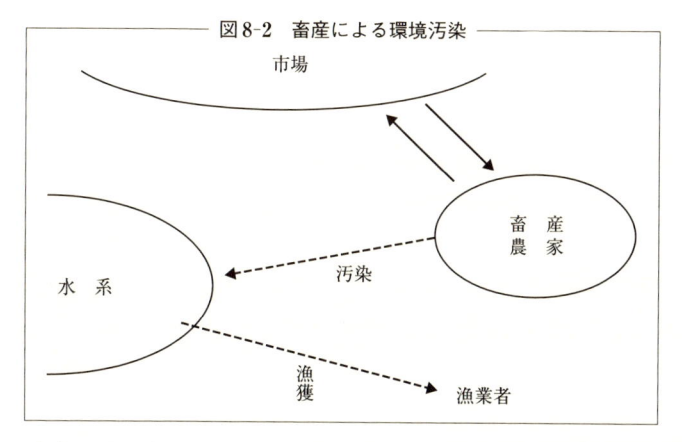

図8-2　畜産による環境汚染

ンジンの生産が地下水の汚染を引き起こし，それが住民の飲料水に悪影響を与える懸念が生じたことがある[2]．この影響関係は点線で表されている．これが外部不経済にほかならない．

図8-2は北海道の一部の地域の酪農をイメージして描かれている．ここでも酪農家は市場とのあいだでいろいろな取引を行っている．しかし，同時に水系の汚染を引き起こしているとも指摘されている．地域の漁業に実際に被害が出ているかどうか．この点はこれまでのところ微妙であるが，地元の漁業協同組

---

2) このケースについては，肥料の使用の抑制がニンジンの品質の向上につながったこともあって，水質汚染の問題はすでに解決をみている．熊澤（2001）を参照されたい．

表8-1 農業地域類型と糞尿処理問題の発生状況　　　単位：％

		北海道			都府県		
		都市的地域	平地農業地域	中山間地域	都市的地域	平地農業地域	中山間地域
問題発生	牛舎悪臭	15.5	16.3	15.3	25.7	19.5	17.1
	圃場悪臭	12.4	9.7	8.7	25.4	22.5	15.1
	水質汚染	3.1	11.4	16.3	6.0	6.6	11.1
	地下水汚染	5.2	3.0	2.4	1.9	2.4	2.6
	害虫発生	16.5	18.5	14.3	18.4	18.8	18.6
	その他	2.1	1.3	1.1	2.0	1.5	1.4
問題発生せず		57.7	53.2	56.8	46.7	49.5	50.6

資料：生源寺眞一「わが国酪農生産の基本構造」佐伯尚美・生源寺眞一編『酪農生産の基礎構造』農林統計協会, 1995年による. 原データは中央酪農会議「酪農全国基礎調査」.
注：問題発生の頻度は, それぞれの地域に立地する経営のうち問題が発生していると回答した経営の割合である（複数回答）.

合では定期的に河川の硝酸態窒素の濃度の測定を続けており, 強い不安のもとにあることは間違いない[3]. そしてこの問題についても, 経済学ではニンジン生産農家のケースと同じように, 外部不経済の現象として理解するわけである.

すでに述べたように, 外部不経済は産業活動などに伴う市場外の影響関係を意味する. ところが, その影響がどのように伝達され, どのように作用するかについて, 経済学の理論にそれほど強い問題意識はない. 図8-1と図8-2を用意したのは, 実はこのことを伝えたかったからである. つまり, 通常の経済学の教科書では, 点線の矢印はニンジン生産農家と住民を直接結ぶかたちで描かれる. 肥料が地下水を汚染し, それが飲料水の水質悪化につながるメカニズムについて議論されることはほとんどない. そもそも肝心の地下水という環境要素を明示的に考慮すること自体が稀なのである. 図8-2の場合についても, 酪農家と漁業者とのあいだに好ましくない影響が作用しているというところで, 探索は終わってしまう.

環境問題の発生の態様にはいろいろなタイプがある. 例えば, 畜産に伴う騒音や臭気はいわばフローの問題であり, それ自体としては一過性の影響関係である. あとに尾を引くということはない. これに対して, 図8-1や図8-2で例

---

[3] 酪農生産による水質汚染は, とくに北海道においては局所的な問題とは言えない. 15年ほど前の時点のデータではあるが, 表8-1は酪農家自身の申告による水質汚染の発生状況を示している.

示したケースのように，ストックとしての環境要素に徐々に変化が生じ，変化がいったんあるレベルに達すると，汚染原因が除去されたのちにも悪影響が長く続くタイプの環境問題もある．こうした伝達のメカニズムは，環境問題を考えるうえでひとつのポイントであるが，経済学のテキストブックはこの点をほとんど意識していない．

いささか逆説めくが，経済学の環境問題に対するアプローチは，ほかならぬ環境を分析の視野の外側におくことで成り立ってきたのである．環境という要素を明示的に取り上げるとすれば，K市のケースであれば地下水を考慮し，畜産の例であれば河川や湖あるいは海を考慮することになる．外部不経済の作用を具体的に分析するためには，これは不可欠の作業であると言ってよい．しかるに，従来の経済学の世界では，環境そのものに分析のメスを入れるアプローチは少なかった．

やや角度を変えて述べるならば，経済学は環境のように所有権が明確に定義されていない要素を苦手とし，これを分析対象の外側に追いやってきたわけである．むしろ，そうすることで市場経済をめぐる自己完結的な理論体系の構築に成功してきたとも言える．しかしながら，経済学は経済学のためにあるわけではない．現実の問題の構図を充分に反映できない理論モデルは，やはり限界があると言わなければならない．このような限界ないしは弱点の克服については，経済理論の今後の充実に期待がかかると同時に，経済学とフィールド科学の学際的な研究に待つべき点も少なくないであろう．

さて，外部不経済として捉えられた問題に対して経済学が提出する処方箋は，ひとことで言うならば，この外部性を内部化することである．すなわち，ある経済活動によって環境に悪影響が生じている場合，その悪影響が当該経済活動の費用に反映されるように制度を設計するのである．その典型が炭素税である．CO_xによる影響について，排出源に対する課税というかたちで費用化をはかり，それぞれの経済主体がこの費用を考慮して行動するように促す．これが経済学のオーソドックスな処方箋である．

2.2　生産関数とインプットの投入量

　いま述べた処方箋の意味を，農業生産の問題に引きつけて理解するために，ここで生産関数の概念を導入しよう．図8-3には上に凸の曲線が描かれている．これが単純化された生産関数であり，インプットの投入量とアウトプットの産出量の対応を，ふたつの変数の関数関係として表現している．ここでは農地面積は固定されている．この前提のもとで，横軸の可変要素投入量とは，例えば施肥量や家畜飼養頭数であり，縦軸にはこれに照応する穀物や食肉の生産量が測られている．図8-4は農業技術の専門家にも馴染みの深い収量のレスポンスカーブであるが，これも生産関数の具体例にほかならない．稲作における「緑の革命」の突破口を開いた改良品種IR 8とIR 8の片親のPeta（インドネシアの品種）について，施肥量と収量の関係がプロットされている．

　さて，図8-3には勾配の急な直線 P_0 と，緩やかな直線 P_1 が描かれている． P_0 が左下で生産関数に接しており，同様に P_1 は右上で接している． P_0 と P_1 の勾配は，それぞれに例えば肥料と穀物の価格比を表す．そして，緩やかな直線 P_1 は急な直線 P_0 に比べて，穀物の価格が相対的に高い状態に対応している．言うまでもなく農業者にとって有利な相対価格は P_1 で，不利な相対価格が P_0 である．つまり， P_0 は農業の保護がない状態， P_1 は農業が保護されている状態に対応する．

　さて，与えられた生産関数と価格条件のもとで，売上から費用を控除した残余である所得を最大にする投入産出点は， P_0 の場合には左下の (F^*, Y^*) である[4]．一方， P_1 の状態つまり農業の保護が行われるときには，所得を最大化する投入産出点は右上の (F^{**}, Y^{**}) に移動する．まことに単純なモデルではあるが，欧米先進国における農業に対する環境面からの批判については，この図8-3によってその本質を理解することができる．

　農業保護政策は言うまでもなく，直接的には農家の所得を支持するためのものであり，この政策目的の実現はグラフの上では左の軸に沿った矢印①の変化によって示されている．切片の上昇が所得の増加にほかならない．さらに，相

　4）　ここでの最適化問題は，生産関数 $Q = Q(F)$ の制約のもとで所得 $PQ - P_F F$ を最大化する問題として定式化される．相対価格 P_F/P が P_0 や P_1 の勾配である．

第8章　農業環境政策の理論フレーム　169

図8-3　農業保護政策の帰結とデカップリング

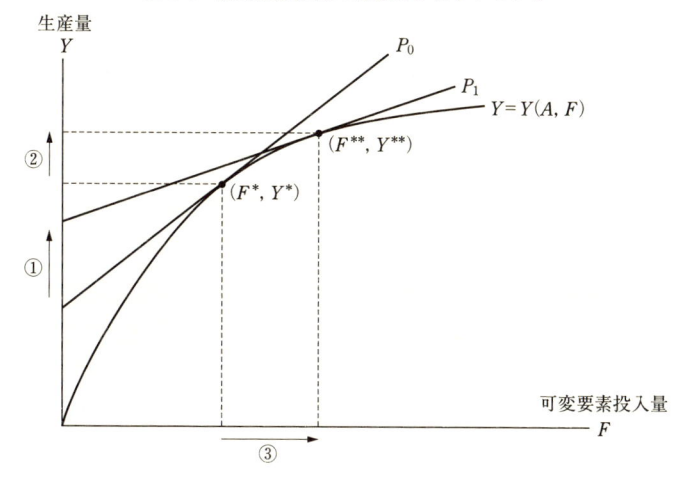

図8-4　窒素施用量と収量の関係
（IR 8 と Peta の例）

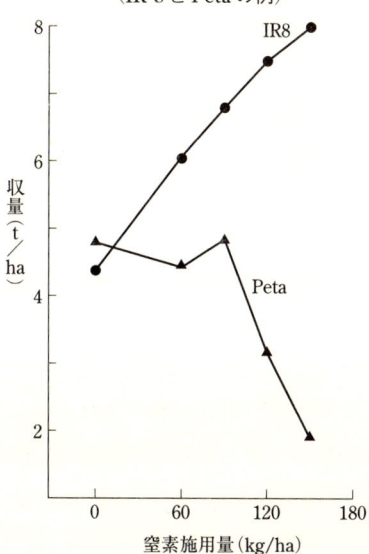

資料：　藤田幸一「食糧問題と研究開発」（東京大学農学部編『人口と食糧』朝倉書店, 1998年所収).

対価格が穀物に有利に転じたことによって，肥料の増投が生じるであろう．農家の所得最大化行動を想定すると，土地当たり肥料の投入量は下の矢印③のように変化するはずだからである．そして，矢印②は施肥量の増加に対応する収量の増大である．

　以上の3つの変化が農業の保護政策によって同時に生じるわけである．直接の目的である農業所得の増加以外に，生産量が増加すると同時に，土地当たりのインプットの投入量が増加するという意味で，農業の集約度も上昇する．つまり農業の保護政策が，意図したわけではないものの，結果的に農業の集約度を上昇させる方向に作用している．環境に対する負荷の発生である．

　このような因果関係を認めるか否かについても議論がないわけではないが，こうした作用は程度の差こそあれ，むしろ通則だと考えるべきである．例えば，ヨーロッパで環境保護論者による批判のターゲットになった問題のひとつに湿地の開発がある．農業開発により野生動物の生息地が失われた点が批判されたのであるが，これも図8-3のモデルで説明できる．つまり，穀物が安価であった時期には開発しても収益的にペイしなかった土地が，穀物価格の上昇によって十分ペイすることになり，農業用の土地として耕境内に取り込まれていったわけである．農業の保護が過大な資源を農業に振り向けることにつながり，しかもインプットが集約的・集中的に投入されることで，環境に対する負荷の増大を招く．このような理解はむしろヨーロッパでは広く受け入れられていると言ってよい[5]．

　加えて長期の観点からみると，農業の保護のもとでは，高い穀物価格や安価なインプットを前提として成り立つ技術の開発に力が注がれることになるであろう．つまり，農業の保護は集約度を高める農業技術の開発を推し進める作用を持つ．例えば，図8-4でIR8とPetaのレスポンスカーブに触れたが，灌漑と安価な肥料が存在しなければ，近代品種が普及することはなかったはずである．安価な肥料が利用可能だったからこそ，耐肥性の品種開発に意味があり，

---

5) 加えて，これも批判の対象となった農産物の過剰問題がある．過剰問題の発生メカニズムは農家の所得を支持する政策の手法によって異なるが，例えば市場の価格を一定の水準以上に保つ介入制度を用いているEUの場合，図8-3の矢印②に対応する供給量の増加と，価格が支持されたことに伴う需要量の減少が，双方あいまって過剰農産物を生み出すことになる．

またそれが定着したのである．緑の革命と環境問題の関係にも，図8-3にモデル化されたメカニズムの作用という点で共通の要素があると言ってよい．

多少分析の角度は異なることになるが，安価なインプットを多投することが合理的であるという意味で，図8-3に示されたロジックは，われわれが身近に観察できる農家の農薬散布行動を理解するさいにも一定の有効性を持つ．雑草への対策として人力による除草と除草剤撒布のふたつの方法があるとき，その選択は労働と除草剤の相対価格に依存するであろう．経済成長とともに賃金率が高騰し，一方でこれも化学工業の成長によって比較的安価な除草剤が入手できる条件のもとで，農家が手取り除草にいそしむ姿が消えて久しい．重要なのは，こうした除草方法の選択が変化した経済の環境にマッチしていることである．そこには高価になった生産要素である労働を節約し，安価になったインプットをふんだんに用いるという意味での経済合理性が貫かれている[6]．

2.3 経済的な手段による環境負荷の抑制

さきほど述べたとおり，外部不経済に対する経済学のオーソドックスな処方箋はこれを市場経済に内部化することであり，外部不経済が私的な経済活動の費用に反映されるような制度を設計することであった．具体的には生産物やインプットに課税することによって，外部不経済を考慮した経済余剰が最大化される生産量を達成することができる．ピグー税である．生産物やインプットの削減に対して補助金を支払うことによって，過剰な生産を抑制することもできる．例えば税や補助金のない状態のもとでの生産量からスタートして，1単位の生産削減に対してピグー税のケースと同じ単価の補助金を支払うならば，農業経営にとっての限界費用は課税の場合と同じになるからである[7]．

---

[6] このケースは，生産要素やインプットの相対価格の変化に伴う要素代替の問題として定式化される．これに対して図8-3にモデル化された現象は，生産物とインプットの相対価格の変化が引き起こす最適な投入産出点のシフトである．

[7] 補助金の場合の限界費用は，私的な限界費用と1単位の増産によって失われる補助金の和である．ただし，限界費用条件は同一であるが，平均費用条件は課税の場合と補助金支給とでは明らかに異なる．したがって，生産物の価格水準次第では農業経営の行動にも課税と補助金で違いが生じことになる．すなわち，短期では生産物価格と損益分岐点の関係

こうした経済学の処方箋を，図8-3にモデル化されたケースについて考えてみる．まず相対価格が P_1 で表される状態をスタート点にしよう．ここで相対価格が P_0 の状態に転換されるならば，最適な投入産出点は保護政策のなかったときの状態に戻る．生産の抑制とインプット使用の集約度の低下をもたらすという意味で，この政策転換は農産物やインプットに対する課税と同じ効果を有していると言ってよい．もちろん，保護政策のない状態が環境負荷の問題を含めて最適な資源配分を実現している保証はない．環境に対する負荷を考慮したときに，依然として当該農産物の生産に過剰な資源が投入されていると判断されれば，価格の抑制に加えて課税を行うことが考えられる．

このように政府が市場に介入している相対価格 P_1 の状態をスタート点とするモデルも，現実の農業政策の問題を理解するためには有益である．なぜならば，近年次第に後退しているとは言っても，先進国の農産物の多くは大なり小なり政府の市場介入の影響下におかれているからである．この場合，政策に対しては政府の介入による資源配分の歪みと産業固有の外部不経済に起因する非効率の両面について，これを補正する役割が求められることになる．

3. 欧米における農業環境政策の展開

3.1 農業環境政策の本格化

欧米の農業環境政策の展開をみるうえでは，1985年が重要な画期である[8]．まず，EUではこの年に「農業構造の効率の改善に関する規則」がもとの規則を改定するかたちで制定される．名称に「効率の改善」という表現があるものの，実際には規模拡大で効率的な経営を作り出す方向とは異なって，むしろ環境に対する配慮を強調する内容が盛り込まれた[9]．改定された新規則のもとで

によって，長期では操業停止点との関係によって，補助金の場合には市場に残存し，税の場合には市場から退出するという違いが生じうる．

[8] 欧米の農業環境政策の展開については，例えば Mahé et Magné (2001) や服部 (1998) などを参照されたい．

[9] 改定前の1972年の規則では規模拡大や生産性の向上が強調され，日本で言う構造改善の色彩が強かった．1985年の規則ではそのトーンが影を潜める．

イギリスの ESA（環境保全地域制度）に代表される農業環境政策が導入され，あわせて 1975 年に制定された条件不利地域政策に関する規則も統合された．

一方，アメリカでは 1985 年農業法のなかで，LISA（低投入持続型農業）と総称される環境保全に配慮した農法の促進がうたわれた．1990 年農業法以降も，LISA という名称こそ使用されていないが，同じタイプの農業環境政策が基本的に引き継がれている．また，土壌流亡などによる生産環境の劣化に対処する保全留保計画も 1985 年農業法によって導入された．一定の期間，農地を作物生産から引き上げ，草地や林地などの粗放な利用形態のもとにおくことを選択した生産者に，そのことで失われた収益に相当する支払いが行われる制度である．この制度は農業環境政策であると同時に，農産物の過剰に対処する施策という面を有している．

3.2 農政改革とデカップリング

すでに触れたように，1992 年の共通農業政策改革が EU の農業環境政策の第 2 の画期である．この改革によって EU 域内の穀物や牛肉などの支持価格が大胆に引き下げられる[10]．農業環境政策の観点に立つとき，このことによって期待される効果は，さきほども述べたとおり，図 8-3 に即して言うならば，投入産出点の (F^{**}, Y^{**}) から (F^{*}, Y^{*}) へのシフトである．もっとも，かりに農業環境への負荷や農産物の過剰問題への対処としてはこれで目的を達成できるとしても，農業所得の確保という価格支持本来の目的は実現できない．この目的を放棄するならば別であるが，そうでないとすれば，所得を補填する手段を別途講じる必要がある．そして，この要請がデカップリングというアイデアにつながっていく．

日本の農業関係者のあいだでもデカップリングという言葉が使われるようになってずいぶん時間が経過した．ただし，条件不利地域政策との関連で頻繁に使われたこともあって，デカップリングを中山間地域の直接支払いと解する向きもある．しかしながら，これは正確な理解ではない．デカップリングとは生

---

10) EU の共通農業政策の改革については，生源寺（1998a）の第 10 章（「EC 農政改革の構造」）と第 11 章（「ウルグアイラウンド農業合意と EU 農政」）を参照していただきたい．

産から切り離された所得支持のことであり，増産のインセンティブの働かない所得支持を意味する．中山間地域政策にそのような面がまったくないわけではないが，デカップリング本来のねらいは生産からの切り離しという点にある．そして共通農業政策改革で導入された直接支払いは，この意味においてデカップルされた支払いであることを強く意識している．

　具体的に穀物について述べるならば，価格支持に代わる所得支払いの額は，その年の収量とは切り離されたかたちで決まる．すなわち，当該年の作付面積と，過去の実績に基づいてあらかじめ定められた地域の標準的な単収をもとに支払いが行われる．そうすることで，その年の生産量との直接的な結びつきはないものの，従来の水準に匹敵する所得を確保することができるというわけである．

　もっとも，過去の地域の作付面積という上限制約はあるものの，こうしたEUの直接支払いは当該年の作付面積にリンクしており，完全に生産から切り離されているわけではない．このこともあって，WTO農業協定において，EUの直接支払いは当面は削減の対象としない「青の政策」とされた．そして第2章で触れたように，2003年6月に合意された共通農業政策のさらなる改革では，「青の政策」からの脱却がより強く意識された直接支払いが打ち出されている．

3.3　汚染者負担原則の段階的導入

　農業環境政策をめぐる重要な論点のひとつが，汚染者負担原則導入の是非である．あるいは仮に是であるとしても，どの程度の導入かが現実的な問題となる．汚染者負担の原則とは，環境に対する負荷を抑制あるいは処理するための費用は，環境負荷の原因者が負担すべきであるとする考え方で，1972年のOECDの原則にその淵源がある．

　農業環境政策と汚染者負担原則の関係は，EUを例にとるならば，これまでに3つの画期を経験している．第1の画期は1985年に農業環境政策が本格的に開始された時点であり，むしろ汚染者負担原則に逆行する制度が導入された．つまり，環境保全型農業の採用によって農業者に経営上のロスが生じるとすれ

ば，それは政府によって補償されたのである．例えばイギリスで先駆的に実施されたESAでは，環境負荷の小さい農業経営のあり方を普及機関と農業者が協議しながら組み立てるわけであるが，それによって低下した収益相当分については政府が助成を行っている．1985年農業法によるアメリカの保全留保計画についても，この構図は基本的に変わらない．

1993年12月に実質合意に達したウルグアイラウンド農業交渉では，汚染者負担を適用しない農業環境政策が認知された．すなわち，WTO農業協定の「緑の政策」には「環境に係る施策」による支払いが盛り込まれた．この場合の要件は，「明確に定められた環境又は保全に係る政府の施策の一部として決定」されていることであり，支払額については「政府の施策に従うことに伴う追加の費用又は収入の喪失に限定される」[11]．ここでうたわれているのは，環境に対する負荷の抑制によって生産者に生じる追加的なコストを補塡する政策の是認である．このタイプの政策が汚染者負担の原則と合致しないことは言うまでもない．

さてEUの農業環境政策の第2の画期は1992年の共通農業政策改革である．先ほど紹介したとおり，改革によって農産物の支持価格の水準が引き下げられ，その代償として直接支払いが導入された．そしてこの改革のもうひとつのポイントは，直接支払いに関して一定の環境要件の遵守を義務づけるクロスコンプライアンスという手法が部分的に導入されたことである．その典型は牛肉部門である．すなわち，改革によって枝肉の価格は3年間で15％引き下げられ，その代償としていくつかの奨励金が新設・拡充されたわけであるが，主要な奨励金の支給には家畜単位で1ヘクタール当たり2.0以下の飼養密度のものという要件が課せられたのである．

クロスコンプライアンスとは，ある施策による支払いについて，別の施策によって設けられた要件の達成を求める手法である[12]．このようなクロスコンプ

---

11) WTO『農業に関する協定』附属書2による．
12) クロスコンプライアンスという政策用語は英語のまま用いられることが多い．素直に日本語を当てるとすれば，交差要件といったところが妥当であろう．なお，後述するその後の共通農業政策の改革を通じて，クロスコンプライアンスは次のふたつの点で拡張された．ひとつは遵守を求める要件の内容が公衆衛生や動物福祉といった領域にまで拡大したことである．もうひとつはクロスコンプライアンスの適用範囲が共通農業政策による直接

ライアンスの導入には，汚染者負担原則のいわば変則的な適用という意味合いがある．価格引き下げの代償支払いが無条件になされる場合とは異なり，生産者は環境要件を満たすためのコストを生産者みずからが負担しなければならないからである．のちに詳しく述べるが，汚染者負担原則の適用に関する判断は農業者の権利をめぐる国民的な支持基盤の強さといった要素にも依存する．この見地からすれば，クロスコンプライアンスの導入は，環境問題や所得政策に関する農業側のポジションの一定の後退を反映した政策転換であるとみることもできる．

EU における農業環境政策の第3の画期は，アジェンダ 2000 という名の政策文書をベースとする 1999 年の共通農業政策改革である．1999 年には農業環境や農村政策に関する規則も統合された．とくに適正営農基準 Good Farming Practice が導入された点が重要である[13)14)]．すなわち，この基準を達成することが農業者の事実上の義務となったのである．設定された基準を達成できない農業者に対しては，共通農業政策の直接支払いは支給されない．このように共通農業政策の傘の外におかれた農業は，実際には存続不可能である．「事実上の義務」と表現したゆえんである．この意味において今日の EU の農業環境政

支払い全般に拡大したことである．このような変化を反映して，近年ではクロスコンプライアンスに共通遵守事項といった訳語をあてる日本語文献も増加している．

13) Good Farming Practice については定訳が固まっていない．本書では普通は適正農業規範と訳される Good Agricultural Practice との混乱を避けるために，適正営農基準と訳し分けた．なお，適正農業規範（GAP）はおもに生産管理や品質管理に関する詳細な基準を意味し，もともとヨーロッパの流通業界による農産物に対する品質保証の要請から生み出された仕組みである．

14) 農業環境政策をめぐる 1999 年の改革については，西尾（2003）を参照されたい．なお，アジェンダ 2000 による共通農業政策改革の中間見直しのかたちで取りまとめられた 2003 年 6 月の改革方針では，作付面積などとリンクしていた直接支払いのデカップリング化とともに，直接支払いの受給条件としてのクロスコンプライアンスの強化がはかられた．後者は 2003 年 9 月の欧州理事会規則において，法定管理要件 Statutory Management Requirements と良好な農業・環境条件 Good Agricultural and Environmental Condition として規定され，2005 年 1 月 1 日から順次適用されはじめている．このうち法定管理要件は環境・公衆衛生・動植物の健康・動物福祉などの事項から構成されている．また良好な農業・環境条件は農地とりわけ耕作されていない農地を良好な状態に保つことを目的としており，土壌浸食の抑制，適切な土壌有機物や土壌構造の保持，家畜飼養密度，景観の保全などの事項からなる．

策は，汚染者負担原則の本格適用のもとに移行しつつあるとみてよい．もっとも，汚染者負担原則のインパクトは基準設定のあり方に大きく依存するから，こうした政策の評価も具体的な基準の要求レベルの評価とセットで行われなければならない．

一方，近年の農業環境政策の展開過程はさまざまなタイプの環境支払いの導入という側面を有している[15]．こうした環境支払いの受給に際しても，農法に関する一定の基準の遵守がその前提条件となっている．一定の基準の達成は生産者の負担において行われ，さらにこれを上回る優れた環境保全型農業の営みに対しては政策的な助成が講じられるというわけである．この意味において，EUの農業環境政策は連続性と整合性を備えた政策体系に収斂しつつある．

4. 農業環境政策と汚染者負担原則

4.1 農業の特質と汚染者負担原則

農業には汚染者負担原則の適用にブレーキとして作用する技術的な特質が存在する．また，汚染者負担原則への抵抗感につながる農業の社会経済的な特質もある．したがってかりに汚染者負担原則の適用がはかられるとすれば，これらの特質が克服されている必要がある．あるいは，少なくともそこに一定の変化が生じていなければならない．ここでは，こうした技術的，社会経済的な特質を取りあげて，その意味合いを順に吟味する．

特質の第1は，農業に起因する汚染が非点源（面源）汚染 non-point pollution であり，しかも汚染ないしは負荷の面的斉一性が低いことである．汚染者に支払いを求めるとなると，一般的には支払いを要求する側に挙証責任が生じると考えてよいが，汚染の量と質を客観的に示すことはそれほど容易ではない．もっとも，生産者がみずからの負担において達成すべき基準を示し，達成の有無のみを確認するタイプの施策であれば，いま述べた挙証に関する難点はかなり回避できると考えられる．

---

15) EUにおける環境支払いについては，松田（2004）や永松（2004）を参照されたい．

ただし，達成すべき基準の設定もそれほど簡単なことではない．とくに問題となるのは基準に地域性をいかに的確に反映するかである．農業の投入産出構造には地域性があり，環境の受容力にも地域によって大きな違いが存在するからである．例えば，イギリスの ESA は Environmentally Sensitive Area（環境面で農業の影響を受けやすい地域）の頭文字であり，まさに地域性を考慮したエリア指定型の施策である．農業に起因する環境負荷の第2の特質は，その地域性の強さである．

　第3の特質は農産物市場の構造に関わっている．汚染者負担原則はもともと第2次産業を念頭において採択された原則である．ところが製造業の場合には，寡占的な市場が形成されている場合が少なくない．つまり，企業がみずから価格を左右するパワーをある程度保持しているケースが少なくないのである．例えば自動車産業では，企業はみずから製品価格を決めたうえで消費者に販売する．これに対して農産物の場合，個々の農家には価格決定力がない．生産者がプライステイカーであること，これが農産物市場の特性である．

　汚染者負担原則のもとでは，まずは直接の原因者が環境改善の費用を負担する．問題はそのあとである．農業者の場合には，完全競争的な農産物市場の構造のもとにあって，この負担を消費者に転嫁することが難しい．少なくとも，個々の生産者単位ではほとんど不可能である．これに対して，寡占的な市場構造が形成されている産業の場合には，製品価格に上乗せして前方に転嫁する道が開かれている[16]．

　ところで多くの場合，農業の環境に対する負荷は生産のプロセスのなかで生じている．これを第4の特質とみることができる．この論点のポイントは，生産のプロセスの改善がはかられたとしても，多くの場合，生産物の品質の違いにはつながらない点にある．一部の有機農産物のように，生産工程の特色が製品の特色に反映される場合がないわけではない．けれども生乳のように，酪農経営が糞尿の垂れ流し状態にあっても，非常に緻密な処理を実践していても，製品自体の品質は変わらないというケースも多い．こうしたケースにあっては，品質の違いを消費者に訴求することで製品の差別化をはかり，プレミアム付き

---

16) Polluter Pays Principle を直訳すれば汚染者支払原則である．費用を直接負担する経済主体と負担が最終的に帰着するその経済主体は，常に重なり合うわけではない．

図8-5 汚染者負担の転嫁の構造

(A) (B) (C)

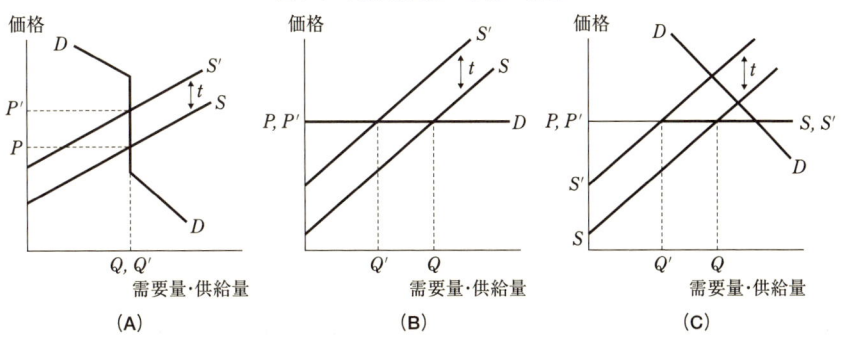

の価格による販売を通じて環境改善のコストを回収する道は閉ざされている.

　第3と第4の特質の農業環境政策上の含意はやや込み入っている．まず，個々の生産者についてみると，みずからの負担において環境改善をはかるインセンティブが働きにくい点を否定できない．コストが増嵩したとしても，これを価格に転嫁することが困難だからである．ここには真面目に環境保全に努めた者が損を被る構造がある．けれども，すべての生産者に環境改善を義務づけるとすれば，環境改善の費用が生産物の市場価格にも反映され，コストが回収される可能性がある.

　問題はどの程度の回収が可能かである．通常の市場均衡の分析モデルが当該農産物の市場にあてはまるとすれば，この点は需要の弾力性に依存して決まると考えてよい．すなわち，需要の価格弾力性が小さい場合には，価格に転嫁される度合いが大きくなる．このケースは，その農産物が必需財としての性格を強く帯びている場合に対応する．図8-5のAには需要の価格弾力性がゼロの場合を描いてある（tが単位生産物当たりの環境改善費用）．逆に，弾力性が大きいときには，農産物の価格上昇は生じにくい．したがって，環境改善に伴うコストの多くは生産者が負担することになる．図8-5のBは弾力性が無限大のケースである．この場合のひとつの特殊ケースは，国内の農産物市場の価格が国際的な価格の動向に規定されていて，国内生産者の供給量の変化に市場の価格が反応しない状況である．図8-5のCがこのケースである．なお，Cの場合に輸入農産物の価格に関税が含まれていても，図示されたモデルの分析

的な意味に変わりはない．

　汚染者負担原則が社会的に妥当と判断されるか否かは，環境の使用に関する権利の所在ないしは分布にもよる．これが環境をめぐる財産権 property right の問題にほかならない．かりに農地の地表部や地下部はもとより，周辺の水系や大気を含めて環境を使用する権利が基本的に農業者にあるとしよう．このとき農業者に対して環境保全型農業を要求し，その結果として収益のロスが生じるとすれば，それは農地と環境を使用する権利の侵害にほかならず，農業者は損失を補償されてしかるべきだという論理が成立する．逆に，環境をめぐる財産権が国民一般の手中にあるとすれば，環境に対する負荷の原因者である農業者に対して，公共の権利の名においてその削減を要求することは妥当である．むろん，負荷の削減に伴う費用は農業者が負担することになる．

　このように，環境をめぐる財産権の問題は汚染者負担原則の採否にとってきわめて重要なポイントであると言ってよいが，財産権が実際にだれに帰属しているかとなると，ことはそれほど簡単ではない．国や時代によっても微妙に異なるはずである．なぜならば，農業と環境に関する権利関係の構造は，その社会の辿ってきた歴史やその社会に形成されている法制度や慣習，あるいは世論の動向を複雑に反映していると考えられるからである．当然のことながら，ここで言う歴史や制度のなかには，過去から現在に至る農業政策の履歴も含まれる．こうした意味において，農業環境政策はそれぞれの国に固有の歴史的・制度的な背景を無視して議論することのできないテーマでもある．

4.2　農政の転換と汚染者負担原則

　農業環境政策における汚染者負担原則の適用については，いま述べたように，挙証の難易度，負担転嫁の可能性，環境に関する財産権の分布，国民世論の動向などの要素に左右される面を持つ．また，政策形成のプロセスでは農業団体の影響力も無視できない．この点も，程度の差はあるものの，先進国の農業に共通している．プレッシャーグループの強さも，産業としての農業の特質のひとつに数えることができるかもしれない．

　ここで注意を要するのは，いま掲げた要素のほとんどが固定的なものではな

いという点である．国民世論がしばしば大きく変わることは言うまでもない．農業団体のパワーや方針も不変のものではない．そうなると，財産権の分布にもゆらぎが生じうる．コスト負担の転嫁の可能性が価格政策や国境措置のあり方によって変化することも，すでに述べたとおりである．さらにのちに論じるように，生産物の表示による環境保全型農業のサポートという手法も考えられてよい．ラベリングによって生産プロセスの健全性が消費者に伝達されるというわけである．また，汚染の地域性といった点についても，評価技術の進歩を期待することができる．いずれにせよ，汚染者負担原則をめぐる農業の特質の意味合いを固定的に捉えるべきではない．なかでも国民の世論は，民主主義のもとで制度のあり方を決定する力の源泉であり，その動向にたえず注目しておく必要がある．

　農業政策全体の枠組みのなかで，汚染者負担の原則をどのように考えるか．このような視点を意識しておくことも大切である．とくに現在，日本の農業政策は大きな転換期を迎えている．とりわけ，明瞭に定義された目的に対して一定の助成を行うタイプの政策が導入されつつある．すなわち，2000年度には中山間地域等直接支払制度が誕生し，2002年の米政策改革大綱では，特定の農業者を対象とする担い手経営安定対策が盛り込まれた．さらに，2005年3月の食料・農業・農村基本計画では，環境保全に貢献する農法について積極的にインセンティブを付与する方向も提案されている．

　こうした政策転換は，一面では農産物価格支持政策の後退とセットの改革として理解されている．この点は，EUの共通農業政策が価格支持から直接支払いへと転換した経緯とも重なり合う面がある．けれども同時に，目下の政策転換の背景には農業の社会的な役割をめぐる人々の認識の変化があることも指摘しておかなければならない．いまや農業はたんに食料生産を担うだけの産業ではない．自然環境や景観の保全，あるいは固有の文化の伝承といったさまざまな面で，いわば国民の高次の欲求を満たすための産業という意味合いを持ちはじめているのである[17]．これがいわゆる多面的機能に対するニーズの高まりに

---

17) 欲求の階層化という点でよく知られているのは，アメリカの心理学者アブラハム・マズローの欲求段階説である．マズローによれば，「生理的欲求」と「安全の欲求」が低次の欲求であり，そのうえに「社会的欲求」「自我の欲求」「自己実現の欲求」の順に高次の

もつながっている．

このように農業の持つプラスの機能が評価され，また，こうした要素の保全と促進に向けて政策的な支援が講じられるとき，逆にネガティブな側面を問題視する議論が強まることも避けがたい．農業の持つプラスの機能を評価する観点は，同じ評価の座標軸のうえでマイナスの機能を批判することで首尾一貫したものになるからである．ポジティブな要素への助成とネガティブな要素へのペナルティは，農業に対する評価のディメンションという意味では，同一の座標軸の上に位置づいている．

なにをプラスの要素とし，なにをマイナスの要素とすべきか．あるいは，どこから先をプラスとして評価し，どこまでをマイナスとみるか．実際の制度設計にさいして境界線を引くことは容易ではない．しかも，境界線そのものが社会環境の変化に照応して可変的であろう．けれども，マイナスの要素を的確にチェックすることが，プラスの要素の促進とバランスする関係にあるとの観点は，農政に対する国民の理解を得ていくうえでも，今後の政策展開においてますます重要な意味を持つに違いない．

5. 農業環境政策の課題

5.1 環境問題の評価視点

農業に関わる環境の経済的な評価の面で，日本の研究は質・量ともに高いレベルにある．もっとも，そのほとんどは農業のプラスの側面についての評価であり，ネガティブな側面の評価は少ない．今後の課題である．ただ，プラス面の評価の対象には，景観や田園環境の保全のように物理的に測定しにくい要素が含まれがちであるのに対して，マイナス面については，水質の汚染やメタンの放出などのように定量的な評価になじみやすい要素が比較的多い．したがって，まずは物的な尺度でもって現状の問題点を的確に把握することに努めるべきであろう．そのうえで，マイナス面の貨幣的な評価に取り組むことが考えら

欲求が存在する．

れてよい．貨幣評価の作業は，農業にどれほどの社会的費用[18]が発生しているかを把握するうえで決定的に重要である．むろん，物的な尺度による評価を貨幣換算することもそれほど容易ではない．理論的にも手法的にも専門的な知識が必要とされる．

　環境問題の的確な評価は制度設計の前提となるばかりでなく，評価された結果の開示を通じて，人々の農業に対する偏りのない認識を醸成するうえでも大切である．人々の農業観は，農業について日頃どのような情報に接しているかに左右される面がある．1980年代以降の欧米で農業と環境の関係に厳しい見方が広がった背景には，書物やマスメディアの情報によって汚染の実態に対する認識が深まったことがある[19]．日本の農業と環境の関係に対する社会の認識についても，程度の差はあれ，同様の方向に変化が生じることを想定しておくべきである．

　ここで教訓として念頭においておきたいのは，食の安全性をめぐって生じた近年のさまざまな混乱である．とくに，虚偽の情報や不正確な情報，あるいは前言の修正といった事態が重なるとき，情報に対する信頼が失われると同時に情報の発信源に対する不信が広がる．いったん不信感が醸成されるならば，当然のことながら，その情報源からの発信は強い拒絶反応にあう．このことの意味を重く受け止める必要がある．農業と環境の問題についても，客観的で中立的な観点に立った適切な情報の提供に努めていくことが大切である．必要と判断されるならば，食品の安全をめぐる体制が一新されたように，行政の組織編成を整え直すことにも躊躇すべきではない．避けなければならないのは，産業としての農業の振興と地域の環境保全をめぐって，行政組織の内部に一種の利益相反の構造が形成され，環境問題固有の観点に立脚した農業環境政策の立案が妨げられるような事態である．もちろん，産業振興と環境保全のふたつの要請はどこかでバランスしなければならない．けれども最善のバランスを探るプロセスは，ふたつの要請がそれぞれに自立した要請であることを前提としてい

---

18) 社会的費用とは，ある製品の生産に要した通常の意味での費用（私的費用）と，そのプロセスで生じた外部不経済を費用として貨幣換算したもの（外部費用）の和である．
19) 例えばイギリスにおけるマリオン・ショードの著作をあげることができる．とくに Shoard (1980) は，その後の議論に大きな影響を与えた点でエポック・メイキングであった．

図 8-6 食料生産と環境保全のトレードオフ

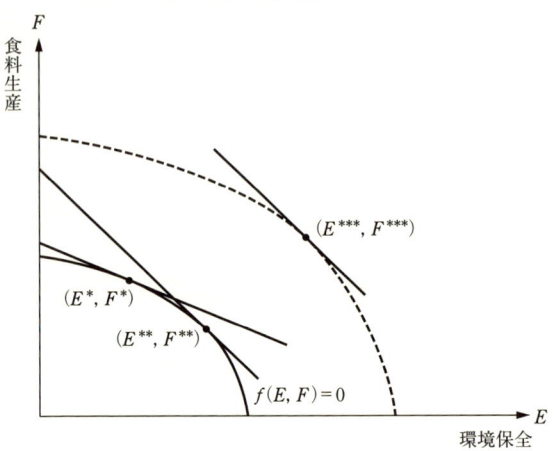

[図: 縦軸 F 食料生産、横軸 E 環境保全。$f(E,F)=0$ の曲線上に点 (E^*, F^*), (E^{**}, F^{**}), (E^{***}, F^{***}) が示されている。]

注：(E^*, F^*) などの点は，$f(E, F)=0$ の条件下で，$P_E E + P_F F$ を最大化する最適点．ただし，P_E と P_F はそれぞれ環境保全と食料生産の評価係数を表す．

る．

5.2 食料生産と環境保全

図 8-6 は一定の資源のもとにおけるふたつのアウトプットの生産可能性を，一種のマクロの生産関数として図示したものである．アウトプットとしては，環境保全の度合い（E）を横軸に，食料生産の大きさ（F）を縦軸にとっている．双方の目的が高い水準で達成され，右上に位置するほど望ましい状態を意味する．しかし，むろんそこには技術的な制約が存在する．例えば，内側の実線のカーブがその制約を表している．カーブの外側の点を実現することはできないのである．問題は，いま述べたふたつの目的のあいだに，「あちらを立てれば，こちらが立たず」のトレードオフ関係が働いている点である．カーブが右下がりであることが，このことを表している．環境保全を追求するとき，食料生産はある程度犠牲になる．逆に食料増産を追求すれば，環境保全のほうがお留守になりがちだというわけである．

曲線と直線の接点はこの社会の選択を表している．つまり接点において，環

境保全に対する評価額と食料に対する評価額の合計が最大になるのである．直線の勾配はふたつのアウトプットに関する社会の評価を反映している．食料増産に高い評価が与えられ，環境要素に対する評価が低い場合に，直線の勾配は緩やかになる．このときの最適点（E^*, F^*）は食料生産の側に偏っている．これに対して環境保全に対する評価が高く，勾配が急である場合には，最適点は右下の（E^{**}, F^{**}）に移る．この場合には，食料生産をある程度犠牲にしながら，環境保全を重視する選択が行われている．

極度に単純化されてはいるが，環境の問題と食料の問題がトレードオフ関係のもとにあるとの認識は重要である．EUのように農産物の過剰に苦しんでいる状況のなかからは，このようなトレードオフという理解は生まれにくい．生産を減らす必要があり，それが同時に環境保全にも貢献するという問題の構図があるからである．環境保全一本槍の主張も受け入れられやすい．裏返せば，食料生産に懸念のある日本だからこそ，トレードオフという認識が生まれ，トレードオフの克服に向けた取り組みが現実味を持つのである．しかも，こうした日本の農業と環境をめぐる問題の構図は途上国の農業にも共通している．問題が共通しているのであるから，問題の克服に向かう道が存在するとすれば，そこにも共通点があると考えるのは自然であろう．

図8-6に即して言うならば，農業環境政策とは，従来は不当に低く評価されていた環境保全という要素の再評価を行い，新たに適切な評価に基づいて経済的なインセンティブやディスインセンティブを与える政策にほかならない．すでに述べたとおり，その効果は図8-6では最適点の右下へのシフトとして表されている．けれども，実線で表された曲線上で移動するだけでは，もうひとつのアウトプットである食料が犠牲になるトレードオフの制約に服するほかはない．そこで知恵を絞らなければならないのが，制約を表す曲線を広げることである．例えば，外側にある点線で表された曲線に移る．これを可能にするのが研究開発の役割である．農業と環境をめぐる今日の研究開発の役割は，トレードオフ関係を明確に認識し，その制約条件をできるだけ緩和することを通じて，限られた資源のもとで，食料生産の効率と環境保全のバランスを高いレベルで実現することにある．

5.3 農業環境政策と構造政策

　日本の農業政策の柱のひとつは，効率的で安定的な農業経営を育成することにある（食料・農業・農村基本法第21条）．ここではなじみの深い表現を用いて，これを農業の構造政策と呼んでおこう．問題は農業構造政策と農業環境政策の関係である．

　まずわきまえておく必要があるのは，いま述べた構造政策の目的と農業環境政策の目的が異なっている点である．そのうえで政策論の原則に沿うならば，それぞれの目的に対して，それぞれにふさわしい政策手段を配置する必要がある[20]．したがって，農業環境政策は農業環境政策として，農業構造政策は農業構造政策として，別個に政策を設計することが基本となる．しかしながら，それぞれの政策が互いに独立にその目的を達成することができるとは限らない．例えば，ある政策がそれ以外の政策目的の達成に妨げとなることがあるかもしれない．逆に，追い風として好影響を与えることも考えられる．こうした交差効果の可能性について吟味しておくことも大切である．

　農業環境政策が新しく導入されるとして，それは農業構造政策にネガティブな副作用を及ぼすであろうか．もちろん，どのようなタイプの政策が採用されるかによって，この問いに対する回答は異なるかもしれない．ここでは環境保全に貢献する積極的な取り組みに対して，環境支払いといったかたちの助成を行う政策を念頭におくことにしよう．問題は，これが農業構造政策に逆行する要素を有しているか否かである．結論をさきに述べるならば，ふたつの政策の対象はかなりの程度重なり合うと考えられ，マイナスの影響は小さいと判断される．むしろ，相乗作用を期待することができるように思われる．

　そのひとつの根拠として，稲作農家について，経営耕地面積の大小と環境保全型農業への取り組みの割合が明瞭な順相関を示していることをあげておく[21]．露地野菜作の経営にも，同様の傾向を確認することができる[22]．構造政策上問

---

20) この考え方は，オランダの経済学者ティンバーゲンによって提唱された．その原型は，複数の政策目的がある場合，少なくともそれと同じ数の政策手段が用意されなければならないというかたちで表現されている．生源寺（1998a）の第10章（「EC農政改革の構造」）を参照されたい．

21) 納口（2002）による．本書第3章の図3-2も参照していただきたい．

題視されることの多い土地利用型農業において，環境保全型農業への取り組みは，規模の大きい農家層を中心に進んでいるのである．大規模農家が環境保全に消極的で，小規模層が積極的であるといった漠然とした通念があるとすれば，その通念は誤っている．環境保全型農業のような新しい取り組みには高い技術力が必要とされる．この点でも，担い手層にいっそうの期待がかかるのである．

もともと環境保全に対する高い意識は，農業者が長い時間的視野を保持していることとも関係している．農業経営として長期の展望を持つことが環境保全の取り組みにもつながるのである．しっかりした基盤に支えられた農業者が環境保全型農業をリードしていることには，それなりに理由がある．逆に，まもなく農業を中止する，あるいは，その地域から離れることがはっきりしているケースにあっては，長期の視野に立った土づくりや景観形成へのインセンティブは働きにくい．

5.4 農業環境政策と情報

環境政策には大別して，規制的な手法と経済的な手法がある．環境基準を設定してその遵守を義務づけるアプローチが前者であり，課税や補助金によって負荷の削減を促すアプローチが後者である．基準の設定と助成の交付をセットにするなど，ふたつのアプローチを組み合わせた手法もある．けれども，いずれも国や地方自治体が生産点に直接に働きかける手法である点では共通している．いわば上から働きかける政策手法である．これに対して，こうした環境政策を補完する意味においても，産業の連鎖の川下の側から環境保全に対する取り組みを促すことが考えられてよい．いわば消費者の選択行動を起点として，川下から誘因を与えるタイプの環境政策である．農業の環境政策であれば，フードチェーンの最下流における消費者の食品選択行動が起点となる．

このタイプの政策の要諦は，農業生産のプロセスの健全性を製品の情報として付加し，これを消費者に伝達することにある．すでに触れたとおり，農業の環境問題の多くは生産プロセスの問題である．しかも，プロセスの健全性が必

---

22) 『平成14年度食料・農業・農村の動向に関する年次報告（食料・農業・農村白書）』の第III章第1節．

ずしも製品の品質に反映されないところに問題のむずかしさの一面があった．ここを変えようというわけである．考えられるひとつの方法が表示の充実である．

　例えば，畜産の経営や産地について，その循環度を指標化し，これを表示することが考えられないか．自給飼料利用の比率，堆肥が土地に適切に還元されている割合，食品産業廃棄物の有効利用のレベルなどを，循環型社会の形成に貢献している度合いとして得点化する．そのスコアが高い地域や経営については，そうした健全なプロセスに支えられた畜産物であることを製品情報として付加する．いささか荒唐無稽の感を与えるかもしれない．けれども，人々の農業観の推移次第では，これがごく当たり前の情報だとされる時代の到来もさほど遠くはないかもしれない．環境保全型農業のすそ野を広げる意味では，むしろ意識的に時代の流れを加速する必要がある．

　もうひとつは，顔の見える関係のもとでの農産物の流通である．生協の産直事業や，各地で取り組まれている地産地消運動のなかにも，顔の見える関係を生み出している取り組みが少なくない．むろん，この場合には製品に添えられた表示情報を介してではなく，生産者との交流を通じて，生産のプロセスの内容が伝達されることになる．今日の農産物の市場は，大量集荷と大量流通をベースとするマスマーケットと，小さいながらも多くの個性的なルートが機能する産直型やニッチ型のマーケットが併存する時代を迎えている．このうち産直型やニッチ型のマーケットには，消費者・農業者間の直接の情報伝達を通じて，川下から環境保全型農業をサポートする役割が期待される．

　このように的確な情報の提供を通じて消費者の購買行動に訴えかけるアプローチは，国や地方公共団体による農業環境政策を補完し，ときには相乗的な効果を生むことであろう．ここで忘れてならないのは，こうしたアプローチが有効であるためには，農業生産に関する情報を正確に受け止めて，これを咀嚼できるだけの基礎的な知識が必要だということである．教育の重要性が強調されなければならない．もちろん，ここで言う教育は学校教育に限られるわけではない．

5.5 農業環境政策の評価

これまで述べてきたところからも明らかなように，農業環境政策はさまざまな政策のアンサンブルとして構築されるであろう．その全体の構成はいまなお明瞭な像を結ぶに至っていない．おそらくは，一定の試行錯誤を含みながら，政策の体系を作りあげていくことになる．いずれにせよ，農政にとっては新しいジャンルへの挑戦である．しっかりした評価，とりわけ初期の段階における政策評価が重要である．

とくに事前に見通しを立てることが難しいのは，経済的なインセンティブもしくはディスインセンティブを用いる政策の効果である．農業環境政策に限ったことではないが，人々が経済的なメリットやデメリットにどれほど反応するかについて事前に正確に予測することは容易でない．ましてや，過去に経験のないタイプの政策であれば，暗中模索のなかで歩みを進める覚悟が必要である．この点は環境政策の理論もよく認識している．例えば，ボウモル＝オーツ税は，政策の結果を観察しながら逐次税率を調整していく過程にセールスポイントがある．つまり，試行錯誤のプロセスが制度にビルトインされている．

今日の日本の農業環境政策にも経済的な手段を用いたアプローチがないわけではない．第2章でも紹介したように，酪農の分野では1頭当たりの飼料作面積に応じた支払いが1999年度からスタートしている．自給飼料生産の拡大によって，循環型の酪農の定着をはかることに目的がある．すでにスタート以来，一定の年月を経た制度であり，いまここで述べた観点を含めて，効果に関する客観的な評価が必要であろう．

経済的な手段による環境政策の効果を左右する要素のひとつは，経済的なシグナルに敏感に反応する農業経営がどれほどの厚みでもって存在するかである．農業所得に直接に結びつく政策全般にあてはまることであるが，経済的な得失を度外視して農業を営んでいる農家に経済的なインセンティブを供与しても，行動の転換を期待することはできない．けれども，地域のリーダーが経営感覚に富んでいるとすれば，インセンティブがまずはそのリーダーの農業経営の場で効果的に働くことも考えられる．そうしたリーダーの先駆的な行動がモデルとなって，政策の効果が周囲の農業者に波及していくという経路も想定してお

く必要がある．

第 9 章　現代農業の非市場的要素
　　　　　：食料安保と多面的機能

1. WTO 農業交渉

　農業の分野では，新しい WTO 交渉が一足早く開始された．新ラウンド全体の立ち上げを待つことなく，2000 年の 3 月には WTO 農業委員会の第 1 回会合が開かれ，実質的な交渉がスタートした．前回ウルグアイラウンド農業合意のもとで，合意の実施期間（1995 年から 2000 年）の終了 1 年前に交渉を開始することが決定されていたためである．7 回目の農業委員会が開かれた 2001 年 3 月までには，119 カ国からあわせて 44 の交渉提案が提出された[1]．各国の主張もほぼ出揃ったというわけである．

　WTO 農業協定の第 20 条には，「助成及び保護を実質的かつ漸進的に削減するという長期目標が進行中の過程であることを認識し」，「その過程を継続するための交渉を開始することを合意する」とある．すなわち，新たな交渉は農産物貿易に対する非関税措置の関税化とその削減を柱とするウルグアイラウンド農業合意の延長線上に位置づけられている．そこで，本章ではまずウルグアイラウンドの背景と合意のポイントを振り返る．ウルグアイラウンド農業合意では，GATT（関税と貿易に関する一般協定）の本来の守備範囲であった国境措置の領域を超えて，国内の農業政策のあり方に大きく踏み込んだ規律が設けられた．この点を中心に，農業合意の持つ意味合いを確認すること，これが本章の第 1 の課題である．

　ところでいま引用した農業協定第 20 条は，農業交渉にさいして考慮すべき

---

[1]　日本の提案（「WTO 農業交渉日本提案」）は 2000 年 12 月に提出された．

事項をあわせてうたっている．ここに含まれているのが，非貿易的関心事項 non-trade concerns である．このフレーズは，環境保全，食料保障，農村地域の経済的な自立と発展，食品の安全などの事項をカバーしている[2]．そして，農産物貿易のいっそうの自由化に慎重な姿勢をとる国々は，この第20条にうたわれた非貿易的関心事項への配慮を交渉のよりどころとすることをねらっている．周知のとおり，日本は自由化に慎重な陣営の先頭に立っている．

　非貿易的関心事項とも密接に関連して，日本の主張のベースにおかれているのは，食料の安全保障であり，農業の持つ多面的機能である．経済学的なタームを用いるならば，食料の安全保障は市場の機能の有効域に関わる問題であり，多面的機能は外部経済に起因する市場の失敗の問題である．そこで，自由貿易のロジックに対置された食料安保と多面的機能の議論について，主としてミクロ経済学のフレームワークによりながら，その意義を考えてみたい．これが本章の第2の課題である．

2. 農業交渉の背景

　7年半のマラソン交渉となったウルグアイラウンドは，米に明け，米に暮れたとの印象をわれわれに残した．けれども実際には，米の問題が交渉の最大の焦点だったわけではない．日本が主役だったわけでもない．交渉を終始リードしたのはアメリカであった．そして，やや出遅れながらもアメリカと四つに組んだのが EU である．最終的に交渉の着地点を準備したのも，実質合意1年前の秋にアメリカと EU のあいだで交わされたブレアハウス合意であった[3]．

　アメリカ対 EU という交渉の基本的な構図は，ウルグアイラウンドの背景に

---

　2) 非貿易的関心事項になにが含まれるかは，それ自体が交渉の重要な争点である．本文中に示した4つの領域は，新ラウンドの立ち上げに失敗したシアトル閣僚会議において，農業分科会のヨウ議長によって提案された合意案に盛り込まれていたものである．なお，原文では the need to protect the environment, food security, the economic viability and development of rural areas, and food safety と表現されている．このうち food security に食料保障の訳をあてた理由は第4節で述べられる．

　3) ウルグアイラウンド交渉の経緯については，交渉に深く関与した行政官の手になる篠原（2000）と山下（2000）を参照されたい．なお，米をめぐる日米間の交渉の経緯については，アメリカの外交資料に依拠した軽部（1997）の記述が興味深い．

表 9-1　地域別の穀物純輸出(入)量の推移

単位：100万トン

	1966-68 年	76-78	86-88	96-98
北米	55	101	105	99
南米	4	6	2	2
EU	▲25	▲25	17	15
旧ソ連	1	▲16	▲30	▲3
オセアニア	7	12	18	20
アフリカ	▲4	▲12	▲24	▲33
日本	▲12	▲22	▲27	▲27
アジア	▲21	▲26	▲45	▲55
その他	▲5	▲15	▲13	▲17

資料：『食料・農業・農村白書参考統計表(2000年度)』農林統計協会による．原資料はFAO「FAOSTAT」．
注：旧ソ連の1996-98年は，ロシアその他旧ソ連地域であった国の数値である．

あった農産物貿易摩擦の構図を反映している．過去30年間の穀物貿易構造の推移を示した表9-1をみていただきたい．まず近年の穀物の流れに着目すると，先進国が純輸出国，途上国が純輸入国という関係を確認できる．すなわち，北米・オセアニア・EUが主たる輸出地域であり，アジアとアフリカが主たる輸入地域なのである．ただし日本については，先進国でありながら大量に穀物を輸入している点で，やや特異な存在であることもわかる．

先進国イコール輸出国，途上国イコール輸入国という構造は，この表9-1にも示されているとおり，すでに1960年代には形成されていた．その後の30年間の穀物貿易は，この構造を強める方向に推移してきたと言ってよい．こうした傾向のなかにあって，明らかにポジションを変えたのがEUである．すなわち，表示した期間の前半には純輸入地域であったEUが，後半に入ると純輸出地域に変身するのである．かつてはアメリカ産穀物の最大の輸入地域であったEUは，穀物の域内自給を達成し，さらに今度は純輸出国として，アメリカ穀物の得意先である東欧や旧ソ連などに輸出を開始する．アメリカにしてみれば，顧客が転じてライバルとして立ち現れたというわけである．

EUの生産増から生じた穀物貿易構造の変化は，フェアな競争によってもたらされたものではない．これがアメリカの見解である．すなわち，EU域内で講じられてきた農業保護政策が，自給水準を上回る穀物生産に，さらには過剰

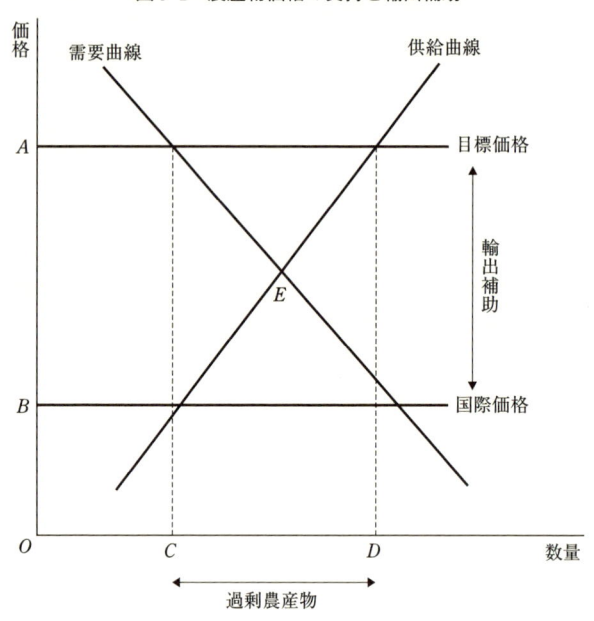

194　第Ⅱ部　新たな農政と経済理論

図9-1　農産物価格の支持と輸出補助

農産物の補助金付きの輸出に結びついたとみる．アメリカ自身の農政の抱える問題に触れていない点で，この見解はむろん一面的である．けれども，EUの農業保護政策が補助金付きの輸出につながったとの指摘は，それ自体としては正しい．図9-1には，穀物を皮切りに牛肉や乳製品などに及んだEUの農産物市場政策のメカニズムが，ごく単純化して描かれている[4]．

　EUの市場政策は，次の3つの要素から構成されていた．まず第1に，輸入農産物に対して課徴金を課すことにより，域外からの農産物の流入が事実上シャットアウトされる．第2に，農産物の価格をあらかじめ定めた目標価格以上の水準に維持するための買入介入制度である．目標価格は一貫して域内の市場均衡価格を上回る水準にセットされてきた．このとき図9-1で言うならば，目

---
[4]　EUの共通農業政策の原則は，ECを設立したローマ条約（1957年）によって樹立された．この共通農業政策の具体化の第一歩が，1962年に合意をみた穀物に関する市場政策であった．EUの市場政策の展開については，Fennel（1997）を参照されたい．また，平易な解説としては荏開津・生源寺（1995）がある．後者は，鈴木宣弘氏によるアメリカの農産物市場政策の概説を含んでいる．

標価格 OA 以上に価格を維持するために，CD だけの農産物を市場から隔離する必要が生じる．具体的には，準政府機関を通じた買入介入の対象とするか，直接に国際市場で販売するかたちをとる．このうち買入介入によって形成される在庫についても，結局のところかなりの割合で国際市場に売却されることになる．そこで第3の要素が機能する．すなわち，国際価格と域内価格の差である AB が事実上の輸出補助金によって埋め合わされるのである．

以上の保護政策のメカニズムが，表9-1 に示されたような穀物貿易における EU のポジションの変化をもたらした．しかも，こうした構造は穀物だけにあてはまるわけではない．過剰農産物の問題は乳製品や牛肉の部門でも深刻化した．もっとも，EU の農産物輸出の増加に対して，アメリカはただ手をこまねいていたわけではない．1985年農業法によって，EU の補助金付き輸出と競合する市場については，一種の対抗的な輸出補助が認められ，1990年農業法によってこれがいちだんと強化される．そもそもアメリカ自身がさまざまなかたちで，国内農業を保護する手段を講じてきたことを忘れてはならない[5]．要するに，双方の農業保護政策が農産物貿易摩擦を引き起こしているのである．しかも，この関係は双方が自分で自分の首を絞める側面を含んでいる．なぜならば，補助金付きのダンピング輸出は農産物の国際市場の軟化につながり，これが輸出補助金に必要な財政負担の増嵩を招くことにもなるからである．

こうして農産物の貿易摩擦は，過剰農産物の増加とその処理に要する財政支出の膨張というかたちで，関係諸国に多大な負担をもたらした．加えて，農業の保護は農業生産の集約化を促し，このことが環境に対する負荷の増大に結びついた．例えば，大量に投入される肥料による水質汚染であり，植生の再生力を超えた過放牧であり，野生動物の生息地を破壊する農地の開発である．こうした現象を背景として，農業保護政策批判と環境保護団体の農業批判がオーバーラップしはじめる[6]．こうしたなかで，農業の保護政策を見直すことは，EU とアメリカ双方の政府にとって有益な試みであったと考えてよい．そして，

---

[5] 穀物の不足払い制度，乳製品や牛肉の輸入制限措置，米や綿花・油糧種子を対象とする融資制度による輸出助成などをあげることができる．アメリカの農業保護政策の展開については，服部 (1998) に詳しい．

[6] 農業保護政策と環境問題の関係については，本書第8章や生源寺 (1998a) の第8章（「農業環境政策と貿易問題」）を参照されたい．

この点の共通認識こそがウルグアイラウンド交渉のバックグラウンドだったのであり，かつまた，交渉をねばり強く支えるエネルギーを生み出した．

　農産物貿易の自由化をめぐる交渉であったから，農産物の輸出余力を有する国々からは市場開放要求が強く打ち出された．アメリカも当初は，自国の保護政策の転換を視野に含めながら，農業保護の全廃という極端な主張を提起した．けれども，農産物の輸出国陣営の利害をより強く主張したのは，いわゆるケアンズ・グループであった．初会合（1986年）の開かれたオーストラリアの都市の名称を冠したこのグループは，オーストラリア・ニュージーランド・カナダの3つの先進国と，アルゼンチン・ブラジル・インドネシア・マレーシア・タイなどの中進国・途上国からなっており，今回のWTO農業交渉においても強硬な保護削減案を提示した[7]．

　農産物の輸出国と輸入国の対立軸に加えて，農産物貿易をめぐる南北問題の構図にも注目しておく必要がある．すでに触れたとおり，多くの先進国は農産物の輸出国でもある．問題は，先進国の農業保護政策が途上国にもたらす影響をどのように評価するかである．ひとつの見方は，先進国における食料増産が世界全体として食料のパイの拡大につながることを強調する．先進国の食料増産は途上国の食料問題にもよい影響を与えるはずだというわけである．したがって，国内の食料自給率をできるだけ高めることが望ましいということにもなる．これは日本国内でしばしば耳にする議論にほかならない．けれども他方で，先進国が過剰農産物を世界の市場に流し込むならば，それは農産物価格の低迷に結びつき，途上国の農業の成長に対してマイナスの作用を及ぼすであろう．あるいは先進国の農業保護政策は，途上国の農業にとってみれば，農産物輸出の販路の閉鎖という意味を持つ[8]．ここで1992年の「環境と開発に関する国

---

7) ケアンズ・グループの18カ国による共同提案には，実施期間の初年度における大幅な関税引き下げや大幅な保護削減という条項が含まれている．つまり，交渉の遅延が輸入国に有利に働くことを阻止しようというわけである．提案の内容は，農林水産省国際経済課資料「各国の提案概要」（2000年12月）による．

8) 今回のWTO農業交渉においては，途上国の発言力が急速に高まった点でウルグアイラウンドとは異なった対立の構図が形成されている．とくに2003年9月にメキシコで開催されたWTO閣僚会議の直前に結成されたG20は，大国ブラジル・インド・中国を含むグループであり，関税の削減や輸出補助金の撤廃といった点で強硬な主張を展開している．ケアンズ・グループを構成している途上国の多くがG20に参加したこともあって，目下

連会議」で採択されたアジェンダ21を思い起こしてみたい．なかでも，つぎのステイトメントが重要である．すなわち，「輸出補助金を含む農業への援助・保護の実質的・漸進的な削減が要求されている．これは，特に開発途上国のより効率的な生産者に多大な損失を負わせることを避けるためである」とうたわれているのである[9]．

3. 農業合意と「緑の政策」

ウルグアイラウンド農業合意は3つの柱からなる．第1の柱は，農産物に関する市場アクセスの改善であり，関税以外のさまざまな国境措置の関税化とその削減が合意され，さらには最小限の輸入機会の提供を義務づけるミニマムアクセスの設定が行われた．ただしウルグアイラウンド合意の時点で，日本の米は関税化を実施しない特例措置の対象とされた（その後1999年4月をもって関税化）．また，いざ蓋を開けてみると，農業合意によって設定された関税率は，どの国についても，どの農産物についても，これをクリアして一般貿易が生じるとは考えにくいレベルの水準であった．この意味で，ウルグアイラウンド合意に基づく関税化はしばしば dirty tariffication と表現された．第2の柱は，輸出補助金の削減である．第1の柱がいわば守る側に課せられたルールであるのに対して，こちらは攻める側に対する規律である．日本に削減の対象となる輸出補助金は存在しない．そして第3の柱が，農業に対する国内保護措置の削減である．ウルグアイラウンドがそれ以前のGATTの交渉と著しく異なる点は，この第3の柱にあると言ってよい．

各国の国境措置だけでなく，国内の政策にも規律を課した点にウルグアイラ

のところG20の交渉上のプレゼンスはケアンズ・グループのそれを凌駕していると言ってよい．ただし，G20には食料輸入国の途上国も含まれている．なお，今回のWTO交渉はドーハ開発アジェンダと命名されている（過去のGATTの多角的交渉はラウンドと呼ばれた）．これも旧来型の交渉のプロセスに反発する途上国陣営に配慮した結果である．
9) この点では日本の農業保護も同罪ということかもしれない．ただし，日本が世界で最大の食料純輸入国であることも事実である．過去から現在に至る日本の食料輸入が，相手国の経済と食料・農業問題にいかなる影響を与えてきたか．このような波及効果の実態を，相手国が途上国である場合と先進国である場合のそれぞれについて評価しておくことも重要である．

ウンド農業合意の特徴がある．このことは，前節でEUを例に論じたように，農産物貿易摩擦の真の原因が各国の国内政策にあるとの認識からきている．原因にさかのぼって処方箋を講じようというわけである．そして，農業合意のもとで国内政策に課せられた規律を理解するさいのポイントは，助成合計量 aggregate measurement of support という概念にある．助成合計量とは各国の農業保護の水準を表す値であり，価格政策から生じている農産物の内外価格差と各種の農業補助金の合計額として算出される．ウルグアイラウンド農業合意は，合意の実施期間中にこの助成合計量を2割削減することを各国に求めた．ただし，次の要件を満たす政策については削減の対象から除くこととされた．削減対象外となった政策は「緑の政策」と呼ばれている（削減対象の政策は「黄色の政策」）．

「緑の政策」の要件はWTO農業協定の附属書2に述べられている[10]．まず，「貿易を歪めるような影響又は生産に対する影響が全くないか又はあるとしても最小限」でなければならない．さらに，「公的な資金を用いて実施される政府の施策を通じて行われる」こともうたわれた．そして，これらの共通の要件を受けるかたちで，附属書2は「緑の政策」の具体的な内容を列挙している．筆者の分類にしたがって整理すれば，以下のようになる[11]．

A）生産力の増強に関わる公共財の供給
・研究　・有害動植物及び病気の防除　・訓練　・普及及び助言　・基盤整備
B）構造調整の促進
・生産者の廃業に係る施策による構造調整援助　・資源の使用の中止に係る施策による構造調整援助　・投資援助による構造調整援助
C）市場の失敗の是正

---

10) 以下，WTO協定の和文訳は農林水産物貿易問題研究会（1995）による．
11) ここでは農業生産に直接関係する政策だけを整理した．WTO農業協定附属書2による「緑の政策」には，農業生産に直接関係しない政策として，「市場活動及び販売促進」，「食糧安全保障のための公的備蓄」，「国内における食糧の援助」，「検査」があげられている．なお，「緑の政策」の分類の詳細については，生源寺（1998a）の第3章（「農地の整備と緑の政策」）を参照されたい．

図9-2 農業政策と農産物の生産量

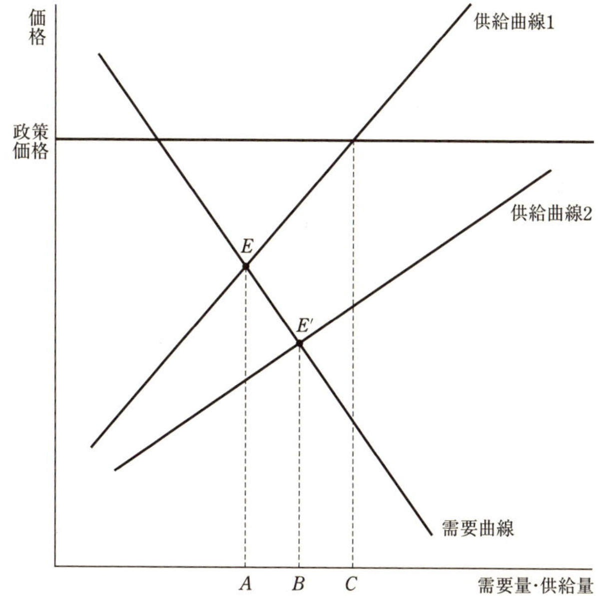

（図：縦軸「価格」、横軸「需要量・供給量」。供給曲線1、供給曲線2、需要曲線、政策価格の水平線、均衡点 E, E'、横軸上の点 A, B, C）

・収入保険及び収入保証　・自然災害に係る救済　・環境に係る施策
・地域の援助に係る施策

　グループAの政策は，公共財ないしは準公共財の供給という点に共通項を持つ．その典型は研究であって，研究開発の成果の多くは，公共財の定義的な特質である利用に関する共同性と排除不能性を伴っている．問題は，グループAの政策がいずれも農業の生産力の増強を目指している点と，「生産に対する影響が全くないか又はあるとしても最小限」というさきほど述べた共通要件の関係である．文字どおりに解するならば，効果のない研究や基盤整備だけが「緑の政策」のテストにパスするといった奇妙なことになりかねない．
　この問題については，次のように理解することが妥当である．すなわち，生産者の受け取る農産物の価格に直接にゆがみが生じるものでないかぎり，その政策は生産に対して中立性を保っているとみなすのである[12]．図9-2を用いて述べるならば，政策には人為的に価格を支持するタイプのもの（政策価格の設

定)と，供給曲線のシフトをもたらすタイプのもの(供給曲線1から供給曲線2へのシフト)がある．「緑の政策」は，このうち後者に対して寛容なのである．もちろん，供給曲線の変化は生産量の変化を引き起こす．しかしながら，この場合には市場の均衡点が E から E' にシフトするのであって，需要量と供給量はバランスを保っている．したがって，過剰生産に対処する必要もない．これに対して価格支持の場合には，増加した生産と縮小した需要のギャップに直面して，なんらかの追加的な政策が求められることになる．

　グループ B の政策も，いま述べた意味においてグループ A と同様の性質を備えている．なぜならば，「構造調整の促進」とは生産構造，すなわち生産者の規模分布を変えることであり，この効果も経済学的には供給曲線のシフトとして把握することができるからである．小規模で非効率な生産者が退出し，その生産資源が効率的な生産者のもとに集約されるならば，産業としての供給曲線は下方にシフトすることであろう．これは，日本であれば農業構造政策と呼び慣わされてきた政策シナリオにほかならない．

　グループ C については，「市場の失敗の是正」と名付けた．もちろん，公共財の存在も市場の失敗をもたらす要因のひとつである．したがって，正確に表現するならば，グループ A 以外の分野で市場の失敗を是正するための政策ということになる．このグループには，環境保全型農業への転換を促すための助成(環境に係る施策)や，直接支払いを軸とする EU の条件不利地域政策(地域の援助に係る施策)が含まれている．これからの日本の農政のデザインという見地からも，重要な意味を持つジャンルであると言ってよい．そして，このジャンルをめぐる論点も，「緑の政策」の共通要件が施策のあり方を制約している点にある．すなわち，「生産に対する影響が全くないか又はあるとしても最小限」という要件のもとで，いかなる施策が「緑の政策」と認定されるであろうか．あるいは，このような要件はそもそも妥当な要件と言えるであろうか．この点については，第5節で多少の吟味を試みる．

---

12) 附属書2の別の場所では，生産中立性の要件はより限定的に，「生産者に対して価格支持の効果を有しないこと」と表現されている．

4. 食料安全保障

　ウルグアイラウンド合意後の日本政府の対応は，大きく次の3つにくくることができる．第1は，農産物価格政策の改革である．価格形成を基本的には市場に委ね，必要に応じて直接支払いによる補塡措置を講じるタイプの政策へのシフトが進んだ．かたちこそ異なるものの，価格支持政策の後退は，EUやアメリカの農業政策にも共通して生じている変化である．WTO交渉との関わりにおいて，こうした農政の改革には次のようなねらいがある．ひとつは，価格支持政策を廃止することによって，その農産物に関する助成合計量を削減することである．もうひとつは，価格の引き下げをはかることで，将来の交渉の成り行き次第で生じうる国境措置のさらなるカットに備えて，国内農産物の競争力をできるだけ確保することである[13]．

　さて，ウルグアイラウンド合意後の対応の第2は，前節で述べた「緑の政策」の具体化である．ただし，これまでのところ施策として実施に移されているのは，中山間地域の農業に対する直接支払いや酪農家の自給飼料生産を促す助成（土地利用型酪農推進事業）などに限られている．今後に少なからぬ課題が残されているとみるべきであろう．そしてこの第2の対応にも関連して，国内農業を支援する根拠について合理的で説得力のある論理を構築すること，これが政府に課せられた第3の取り組みにほかならない．むろん，このような仕事はWTO交渉へ向けたいわば対外的な理論武装としての意味を持つが，同時にこうした仕事を通じて，当の日本の国民からも政府の主張に対する理解を得ることが大切である．この点で政府がとくに力を入れているのは，食料の安全保障と農業の多面的機能の確保の観点である．このことは「WTO農業交渉日本提案」にも明瞭である．そこで以下では，このふたつのジャンルについて若干の検討を加えることにする．最初に食料の安全保障についてである．

　食料の安全保障にあたる英語はフードセキュリティである．ここで注意しなければならないのは，英語のフードセキュリティが日本語の食料安全保障より

---

13) 日本の価格政策の改革には，品質の違いを素直に反映した価格形成の促進というねらいもある．このような改革は，国内農産物の品質競争力を高め，食料自給率の向上にもつながるというのが改革を進める政府の判断である．本書第2章を参照していただきたい．

も広い意味を持つ点である.すなわち,広義のフードセキュリティとは,すべての人々が必要とする基礎的な食料をつねに入手できる状態を表現する概念である.言うまでもなく,この意味で重要なのは貧困層なかでも途上国の貧困層の食料問題である.フードセキュリティという概念は,国際的にはむしろこの文脈のもとで使用されることが多い.したがって,フードセキュリティは食料の購買力の問題,言い換えれば所得分配の問題であるという理解も成り立つわけである.

これに対して,食料安全保障は国の安全保障の問題と不可分のテーマである.つまり,典型的には他国の敵対的な行動に起因する食料供給の危機に備えるのが,食料の安全保障なのである.ところが日本においては,広義のフードセキュリティと,いま述べた特別な意味でのフードセキュリティを区別することなく,食料安全保障の語をあてる場合が多い.はなはだミスリーディングである.筆者は,広義のフードセキュリティを食料保障と表現し,いま述べたスペシャルケースについてのみ,食料安全保障という言葉を使用することを提唱している[14].

日本の食料政策の主要な関心事は,不測の事態に対する備えである.したがって,食料安全保障という表現を使用することに問題はない.けれども,貧困問題に起因する食料問題にまで食料安保の表現を用いることは避けるべきである.概念をきちんと峻別することによって,日本の懸念にも正確な理解を得ることができると考えるからである.日本の食料自給率が先進国において例外的な低水準にあることを考慮するならば,この点はなおさら強調されなければならない.例外的であることは,日本がよその先進国にはない固有の問題を抱えていることを意味するからである.

本章の冒頭にも述べたように,経済学的にみるならば,食料の安全保障は市場の機能の有効域に関わる問題である.この点については,消費の無差別マップに関して辻村江太郎氏の提唱した α ゾーンと β ゾーンの区別が示唆深い.辻村氏は,食料のような財には絶対的な必需ライン(必要最低量)が存在すること,そしてこの必需ラインを下回る領域では無差別曲線が存在しないことを

---

[14] Sturgess (1992) の邦訳に付された筆者の解題(生源寺 2000e)を参照していただきたい.

指摘し，その経済政策上の含意を論じている[15]．絶対的な必需品である食料の供給量が必需ラインに接近し，これを下回りかねない事態になれば，市場による財の分配機構は正常に作動しなくなるとみなければならない．おそらくは割当による強制配分体制が発動されることになる．

　食料の安全保障とは，市場が機能不全に陥る不測の事態を想定したセーフティネットにほかならない．問題が市場の機能の有効域に関わっていると述べたゆえんである．当然のことながら，市場の機能不全に対する処方箋の提供を市場に期待することはできない．もちろん，市場経済の国際版である自由貿易に対しても，貿易が正常に作動しない状況を想定しているのであるから，多くを期待するわけにはいかない．そこで政府としては，なんらかのセーフティネットを用意すべきであり，セーフティネットの確保のためには，国内の農業生産を維持する必要があるとの主張が展開されることになる．農産物の自由貿易の拡大に対して食料安全保障の観点から疑問符を投げかける議論は，おおむねこのように組み立てられている．しかしながら，問題はセーフティネットの具体的なあり方である．漠然としたセーフティネットのイメージだけならば，そもそもセーフティネットとしては役に立たない．残念ながら，この点で過去の日本の政府が充分な施策を準備してきたとは言い難い．

　食料の安全保障は，一面では人々の安心の問題として，一面ではセーフティネットの実効性が客観的に問われる安全の問題として検討されなければならない．このうち，後者の観点に立ったリアルな吟味が弱かったことを指摘したいのである．例えば，食料自給率の引き上げは，国民の安心のレベルを引き上げることになるかもしれない．けれども，不測の事態が発生したとして，本当に

---

15) 辻村(1977)による．コンパクトな解説としては辻村(1981)がある．ミクロ経済学の消費者行動の理論では，所与の予算制約と価格条件のもとで，消費者は効用を最大化するように財の購入量を決定するとされている．こうした分析において重要な役割を果たすのが，効用の水準をあたかも等高線のように表す無差別曲線である．けれども，ある種の必需品には，それなしには生命を維持することが困難になる最小限の必要量が存在する．そして，この必要量を割った領域に無差別曲線は存在しない（βゾーン）．効用最大化などと，のんきなことは言っておられないのである．ところが，普通のミクロ経済学はこうした事態を視野に入れていない．あくまでも選択が可能な豊かな世界，これがミクロ経済学の対象領域なのである（αゾーン）．けれども，国民の生命を守る国の政策の観点に立つならば，βゾーンの存在を無視することは許されない．

その自給率のもとで食料の必要量が確保されることになるのか否か．問題は率の水準ではなく，絶対的かつ潜在的な供給力の水準である．あるいは，国内供給力の一環として，なにをどれほど備蓄しておくべきか．逆に，国内供給力に依存しすぎることで，かえって不測の事態に適切に対処できない危険性がありはしないか．リスクの分散も考慮しなければならないのである．そもそも，不測の事態と言っても，さまざまなタイプとさまざまな深刻度があるはずである．だとすれば，想定されるタイプと深刻度に応じてプログラムを緻密に準備しておく必要がある．安全の問題としての食料安保は，このように優れて具体的な課題として吟味されなければならない．専門家が英知を結集すべきテクニカルな問題なのである[16]．

　安心レベルの食料安保問題が重要でないと言うわけではない．食料安全保障は社会にとって一種の保険である．保険の理論でよく知られているのは，モラル・ハザードの弊害である．けれども筆者は，食料の安全保障は社会にモラル・スタビリティをもたらすとみる．社会の安寧の確保という点で，食料のセーフティネットはある種の公共財としての役割を担うはずである．しかしながら，人々の安心が不確かな安全神話に基づいたものであるとすれば，それはあやうい錯覚以外のなにものでもない．安全神話の崩壊とともに，安心はいとも簡単にその対極にある恐慌状態へと転じてしまう．加えて，安全レベルの技術的な吟味を欠いた食料安全保障論は，しばしば現実離れした食料自給率の要求にもつながりがちである．客観的な裏付けを欠いた安心レベルの議論は，食料のセーフティネットの確保に必要な水準をはるかに超えたコストを投じる失政を誘発しかねない．

5. 農業の多面的機能

　食料・農業・農村基本法の第3条は，農業の多面的機能を「国土の保全，水

---

[16] 食料・農業・農村基本法に基づく食料・農業・農村基本計画（2000年3月）には，「不測の事態に対処するため」「さまざまなレベルに応じて食料供給の確保を図るための対策を講ずることとし，対策を機動的に発動するためのマニュアルの策定等を行う」とうたわれた．その後2002年3月には「不測時における食料安全保障マニュアル」が策定された．一歩前進と評価したい．

源のかん養，自然環境の保全，良好な景観の形成，文化の伝承等農村で農業生産活動が行われることにより生ずる食料その他の農産物の供給の機能以外の多面にわたる機能」と定義した．さらに第35条では，「国は，中山間地域等においては，適切な農業生産活動が継続的に行われるよう農業の生産条件にかんする不利を補正するための支援を行うこと等により，多面的機能の確保を特に図るための施策を講ずるものとする」とうたわれた．周知のとおり，この第35条の理念は中山間地域の農業を対象とする直接支払制度として具体化された[17]．こうして政府は，多面的機能を維持する観点から政策体系の再編に取りかかるとともに，多面的機能の確保を重視する農政の理念について，各国の理解を得るための活動を展開しつつある．なかでもEUに対しては，EUの条件不利地域政策が日本の多面的機能論に近い理念に支えられていることから[18]，また，引き続きWTO農業交渉の主要なプレーヤーになると見込まれたことから，早くから積極的な働きかけと対話を心がけてきた．このこともあって現在，EUと日本はいわゆる多面的機能フレンズ国の中核となっている[19]．

経済学の観点からは，次の3つの性質を有する場合に，その機能を政府の関与が許容される多面的機能と理解することで，ほぼコンセンサスが得られつつある．すなわち，第1にその多面的機能が農産物の生産と不可分な結合生産物として生み出されること，第2にその多面的機能の供給を断念することで市場の失敗が引き起こされること，そして第3に，その多面的機能が公共財としての特質を有していることの3つである[20]．

---

17) 中山間地域の直接支払制度については，本書第4章を参照されたい．
18) 1975年に制定され，1999年の「農村振興に関する理事会規則」に引き継がれたEUの「条件不利地域政策に関する指令」には，「条件不利地域において農業の存続を確保し，それによって最低限の人口水準の維持と自然空間の保持をはかる目的で，加盟国はこれら地域の農業の奨励と農業者所得の増大のための特別援助を導入することができる」とうたわれている．なお，条文中の「自然空間」は英語バージョンではcountrysideと表現されている．
19) 農林水産省「WTO農業交渉の課題と論点」(2000年) によれば，多面的機能フレンズ国のメンバーは，EUと日本のほかにスイス・ノルウェー・韓国である．ただし，今次のWTO農業交渉において，EUと日本が全面的に共同歩調を取っているわけではない．とくにいわゆる上限関税の設定については温度差が存在する．
20) このような概念上の整理に関しては，近年のOECDによる検討作業の貢献が大きい．OECD (2001) が参照されるべきである．

農業の多面的機能については，ただたんにその存在を声高に主張していればよいというものではない．むしろ，その機能の具体的な発現形態を充分に吟味し，外部性を内部化する方策の可能性についても多角的な検討を行ったうえで，政策手段の設計に取り組む姿勢が求められている[21]．とくに注意したいのは，多面的機能と農業生産の結合性の度合いであり，開放経済下の政策判断の問題としてはこの点が決定的に重要である．多面的機能は閉鎖経済のもとと開放経済のもととでは異なった政策的含意を有している．とくに開放経済のもとでは，多面的機能が存在するだけでは政府による助成的介入は必ずしも正当化されない．正当化されるまさにその分岐点を規定するのが結合生産の度合いなのである．この点をごく簡略化して説明するならば，以下のとおりである[22]．

まず閉鎖経済のもとであれば，農業の私的便益が私的費用を下回り，なおかつ，その社会的な便益が私的費用を上回る場合に，政府の助成的介入は正当化される．ここで言う私的便益と社会的便益の差にあたるのが，多面的機能の評価額にほかならない．その部分を政策的に補填することによって，社会的に最適な資源配分が達成されるというわけである．ここまでは通常のテキストブックの経済学の教えるとおりである．しかしながら，オープンエコノミーのもとにおいては，こうした助成的介入による国内農業のサポートがただちに正当化されることにはならない．なぜならば，食料については海外から輸入し，国内では多面的機能のみを分離供給すること，例えば水田の洪水防止機能をダムのかたちで別途供給することが，純技術的には実行可能な代替案として存在するからである．

問題のポイントは，この代替案に要する費用と国内農業の費用の比較である．農産物を輸入し，多面的機能を分離供給するほうが低コストであるならば，国

---

21) 外部効果の内部化の手段としては，政府による補助金や課税がオーソドックスな手段であると考えられているが，例えば良好な景観形成のようなタイプの外部経済については，グリーンツーリズムといった活動を通じて，ある程度まで市場経済に内部化することが可能であろう．

22) 上述のとおり，政府の関与の許容される多面的機能の識別条件は OECD (2001) と OECD (2003) によって提案された．このうち結合生産条件に関しては，筆者も相前後して範囲の経済の概念を用いた定式化を行っている．生源寺 (2000b) を参照されたい．なお，多面的機能に関する識別条件の厳密な定式化に関しては本章の補論を参照していただきたい．

内農業への助成的介入というオプションは，少なくとも費用と便益の比較という基準のもとでは棄却されることになる．こうした比較の結果としてどちらに軍配が上がるかは，次のふたつの要素に依存するであろう．すなわち，第1に農産物の内外価格差であり，第2に多面的機能を農業から切り離したかたちで分離供給するさいに必要なコストである．そして，多面的機能の結合生産の度合いとは，この第2の要素の別表現にほかならない．言うまでもなく，農業と分離することが困難な多面的機能であれば，分離供給のコストは大きい．例えば伝統文化といった要素を念頭におくとき，分離供給の費用は禁止的に高い水準に達すると考えることもできる．いずれにせよ，多面的機能が農業生産と分かち難く結びついた機能であるか否か，この点に多面的機能をめぐる政策論のポイントがある．

　最後に，これまでの議論のなかで残されていた問題に解答を与えることで，本章の検討を閉じることにしたい．残された問題とは，「生産に対する影響が全くないか又はあるとしても最小限」という「緑の政策」の要件の意味をどう考えるかである．多面的機能の確保を根拠とする政策のあり方は，この要件によって大きく制約されると言ってよい．それだけ重要な論点なのであるが，結論をさきに述べるならば，経済学の理論に従って判断するかぎり，政策に生産中立性を求める要件は合理的な根拠を欠いている．

　この点はミクロ経済学の基本的なロジックによって明らかにすることができる．まず，食料と多面的機能というふたつの財ないしはサービスを供給する生産者を想定する．そのうえで特定の土地について，2財（食料と多面的機能）に関する生産可能性曲線が図9-3のように描かれるとしよう．$T_0 T_0$，$T_1 T_1$，$T_2 T_2$ はそれぞれ異なるレベルの生産要素投入量に対応する生産可能性曲線を表す．固定要素としての農地以外に生産要素は一種類であるとし，これを L で表す．このとき生産関数は，陰関数表現で $f(F, M, L) = 0$ と書ける．ただし，F と M はそれぞれ食料の生産量と多面的機能の発現量を表す．さらに，食料と多面的機能を別個の財として扱うことに照応して，多面的機能についても一定の評価が与えられ，これに応じて対価の支払いが行われるものとする．多面的機能は一種の外部経済であり，定義的に外部経済を取引する市場は存在しないから，価値の評価と対価の支払いはもっぱら政府の役割ということにな

図9-3 食料生産と多面的機能

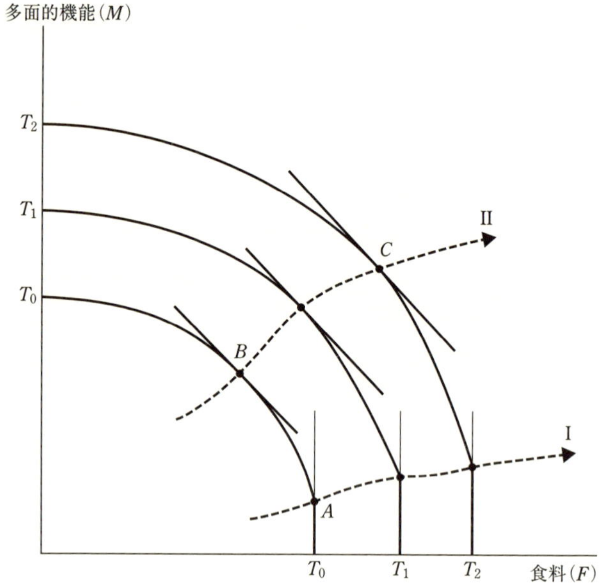

る．

まず，多面的機能に対する評価がゼロのケースを考える．言い換えれば，多面的機能に着目した政策は講じられていない．この場合の投入・産出の均衡点，すなわち生産者の利潤を最大化する点が，生産可能性曲線 $T_0 T_0$ 上の点 A であるとする．つまり点 A は，上の陰関数を制約条件として，$P_f F - P_l L$ を最大化する問題の解に対応している．ただし，P_f と P_l はそれぞれ食料 F と生産要素 L の価格である．また，点 A より下の部分で生産可能性曲線，したがってこれに接する等利潤線は垂直であると仮定している．同じ形状は $T_1 T_1$ や $T_2 T_2$ にも想定されている．この想定は，およそ食料を生産するとすれば，ミニマムの多面的機能が必ず随伴する生産構造を意味している．

さて，ここで多面的機能 M に対する単位当たり評価額が P_m で与えられ，これに基づく補助金が生産者にオファーされるとしよう．多面的機能に助成が行われることから，今回の最大化問題は $P_f F + P_m M - P_l L$ となる．このとき生産者の利潤を最大化する点もシフトする．ここでは新しい均衡点が点 C に

なるとの作図が行われている．周知のとおり，点 A から点 C への移動はふたつのパーツに分解される．すなわち第1に，食料と多面的機能の相対価格の変化に伴う代替効果が作用することで，同一生産可能性曲線上で点 A から点 B へのシフトが生じ，第2に多面的機能にプラスの補助金が支払われ，全体として農業生産の収益性が改善されたことによる拡張効果が作用して，点 B から点 C へのシフトが生じる．拡張効果が充分大きいならば，食料の生産量も増加することであろう[23]．以上の議論から明らかなように，多面的機能による市場の失敗が補正されるとき，一般的には多面的機能の供給量とともに食料の生産量にもなにがしかの変化が発生する．

　例えば，農業生産による景観形成に対してプラスの価格が支払われるならば，農業のあり方は景観を重視する方向にいくぶんシフトし（代替効果），同時に，以前であれば経営として成り立たなかった地域条件のもとでも，景観支払いによって農業を継続することが可能な生産者が現れる状況（拡張効果）を想起すればよい．いずれにせよ，社会的に最適な資源配分が達成された状態において，食料の生産水準にも変化が生じているのである．しかるに，「緑の政策」は生産中立性に強いこだわりをみせる．なぜか．ひとつの解釈はこうである．たしかに，社会的に最適な状態を達成するためには多面的機能に対して適切なインセンティブを与える必要があり，そうしたインセンティブのもとで食料と多面的機能はベストの供給量に移行する．けれども，それはあくまでも経済理論の枠組みのなかのことであって，現実には最適な状態を正確に特定することは不可能であろう．したがって，適切なインセンティブの水準を知ることもできない．そうなると限られた情報のもとにおいて，多面的機能を理由とする政府の介入が適切な水準を超えることも大いにありうるとしなければなるまい．正確な情報がないならば，こういった政府の失敗に対する抑止力も働きにくい．極論すれば，多面的機能の存在は国内の農業保護を正当化するためのたんなる隠れ蓑だということにもなりかねない．

　この意味において，生産中立性を求める「緑の政策」の要件は，セカンド・ベストの基準にほかならない．ファースト・ベストを偽装した過剰な助成が行

---

[23] 市場の需給均衡を視野に入れて厳密に述べるならば，食料の供給増加によって食料の市場価格が低下する効果をあわせて考慮する必要がある．

われる事態を回避するための措置であると考えてよい．言い換えれば，市場の失敗をできるかぎり補正するとともに，市場の失敗を根拠とする政府の失敗をチェックすることもあわせて重視されているのである．だとすれば問題のポイントは，WTO農業協定の次善の基準に代わって，政策の妥当性をあわせて担保する別の基準を示すことができるか否かである．かりにセカンド・ベストの基準が最適状態の達成を妨げているとすれば，ファースト・ベストに接近するためによりましな次善の基準の工夫に知恵を絞る必要がある．農業の多面的機能を重視する日本の農業関係者にとって，取り組み甲斐のあるチャレンジであると言ってよい．

補論　政府の関与をめぐる多面的機能の識別条件

　ここでは多面的機能を根拠とする政府の助成的関与が許容されるための条件のうち，多面的機能発現と農産物生産の結合性と，多面的機能の供給停止に伴う市場の失敗の発生のふたつについて，厳密な定式化を行っておく．これらの条件は，政府の関与が正当化されるためのテストとしてOECD（2003）の提示した3つの質問のうちの最初のふたつの質問に対応する．すなわち，質問1は「農産物生産と非農産物の生産の間に強い結合性があるか」であり，質問2は「もしそうであるなら，その非農産物に関わる市場の失敗が存在するか」である[24]．この補論は，ふたつの質問が実質的に意味するところを吟味する．ただし以下では，農産物を食料，非農産物を多面的機能と書く．

　食料を F，多面的機能を M，それぞれの便益を $B(F)$，$B(M)$ と表し，多面的機能を伴う国内の食料生産のコストを $C(F, M)$ と書く．多面的機能は外部経済であって，市場経済の外側で人々に受け渡されているものとする．また，それぞれの便益は人々の支払意思額と一致しているとする．コストは2財をアウトプットとする費用関数として示されている．また，厳密な議論は限界ター

---

[24]　OECD（2003）の実質的な著者である荘林幹太郎氏は荘林（2003）において，質問2を「輸入により農産物国内生産が低下し，それにともない失われる非農産物が輸入による便益を上回るか？（市場の失敗）」と表現している．

ムで行われなければならないが，以下では簡単化のため総便益と総費用の比較のかたちで検討を進める．さて，閉鎖経済における政府の助成介入の要件は，次の不等式 (1) (2) がともに成立することである．

$$B(F) < C(F, M) \qquad (1)$$
$$B(F) + B(M) > C(F, M) \qquad (2)$$

すなわち，国内における食料生産は人々の支払意思額を上回るコストを要するから，私的なビジネスとしては成立しがたい．しかしながら，多面的機能の便益をカウントするならば，食料生産を行うことが社会的には望ましい．すなわち，多面的機能の便益を考慮したネットの便益 $[B(F) + B(M) - C(F, M)]$ は，不等式 (2) によってプラスである．

しかしながら，食料輸入の可能な開放経済のもとでは，さらに追加的な要件が満たされる必要がある．それが質問 1 と質問 2 のかたちで提出されている要件にほかならない．以下ではこの要件を吟味するわけであるが，そのまえに確認しておきたいのは，開放経済のもとにおける選択肢が 3 つ存在することである．すなわち，第 1 に国内で食料生産を行い，したがって多面的機能も結合供給される状態である．これを選択 I としておく．第 2 は，海外から食料を輸入し，多面的機能は国内で別途供給することである．これを選択 II とする．さらに第 3 のオプションがある．それは海外から食料を輸入し，多面的機能については別途の供給を行わない状態である．これを選択 III としておく．多面的機能をめぐる議論であるにもかかわらず，多面的機能が供給されない事態という選択はいささか奇異に映るかもしれないが，すぐあとに示すとおり，費用と便益の比較の結果に忠実であるならば，こうしたオプションがベストである可能性を排除できない．

さて，上記の不等式 (2) の左辺の $B(F)$ を $C(F, 0)$ で置き換えて得られる不等式が，質問 2 に対応する条件式にほかならない．ただし，$C(F, 0)$ は食料のみの単独供給の費用であり，具体的には海外からの輸入農産物のコストを意味している．置き換えによって得られる不等式は，

$$C(F, 0) + B(M) > C(F, M) \qquad (3)$$

もしくは

$$C(F, 0) > C(F, M) - B(M) \qquad (3)'$$

である．(3)′式の左辺は食料輸入の費用であり，右辺は国内農業の社会的費用である．この不等式は選択Ｉと選択Ⅲのあいだの優劣を決定する．すなわち，(3)式（したがって(3)′式）が成立しているとき，選択Ｉのネットの便益 $[B(F)+B(M)-C(F,M)]$ は，選択Ⅲのネットの便益 $[B(F)-C(F,0)]$ を上回る．なぜならば，

$$\{B(F)+B(M)-C(F,M)\}-\{B(F)-C(F,0)\} \quad (4)$$
$$= B(M)-C(F,M)+C(F,0)$$
$$> 0$$

だからである．逆に(3)式が成立しない場合には，選択Ⅲが選択Ⅰよりも望ましいことになる．ただし，このことは選択Ⅲがベストの選択であることを保証するわけではない．選択Ⅱとの比較を行うことによって最終的な結論を得ることができる．なお，(2)式の $B(M)$ を $C(0,M)$ で置き換えて得られる不等式(5)の成否を議論することも，形式的には可能である．もっとも，これは多面的機能だけを国内で単独供給するケース（これを選択Ⅳとしてもよい）と，選択Ⅰの比較であるから，政策論としては現実味に乏しいと思われる．

$$B(F)+C(0,M) > C(F,M) \quad (5)$$

次に不等式(2)の $B(F)$ と $B(M)$ をそれぞれ $C(F,0)$ と $C(0,M)$ に置き換えることで，不等式(6)が得られる．この不等式は質問１に対応しており，選択Ⅰと選択Ⅱのあいだの優劣を決定する．

$$C(F,0)+C(0,M) > C(F,M) \quad (6)$$

すなわち，この不等式が成立しているとき，選択Ⅰのネットの便益 $[B(F)+B(M)-C(F,M)]$ は，選択Ⅱのネットの便益 $[B(F)+B(M)-C(F,0)-C(0,M)]$ を上回る．なぜならば，

$$\{B(F)+B(M)-C(F,M)\}$$
$$-\{B(F)+B(M)-C(F,0)-C(0,M)\} \quad (7)$$
$$= C(F,0)+C(0,M)-C(F,M)$$
$$> 0$$

だからである．逆に(6)式が成立しない場合には，選択Ⅱが選択Ⅰよりも望ましいことになる．ただし先ほどと同様に，このことは選択Ⅱがベストの選択であることを保証するわけではない．

最後に，選択IIと選択IIIの比較を行っておく．これは（3）式が成立せず，したがって選択IIIとの比較によって選択Iは排除されるが，（6）式も成立しておらず，選択IIの可能性が排除されていない場合の判断に対応する．これまでと同じように選択IIと選択IIIのネットの便益の差を求めると，次の（8）式が得られる．多面的機能の単独供給のコストが便益を上回るのであれば（$C(0, M) > B(M)$），当然のことながら，多面的機能を断念することが望ましい．これが（8）式の意味である．

$$\{B(F) + B(M) - C(F, 0) - C(0, M)\}$$
$$- \{B(F) - C(F, 0)\} \quad (8)$$
$$= B(M) - C(0, M)$$

なお，ここで検討した選択Iから選択IIIの優劣の序列に関しては，推移律が成立していることを容易に確かめることができる．例えば，（3）式が満たされず（選択IIIが選択Iよりベター），（6）式が満たされている（選択Iが選択IIよりベター）ならば，不等式

$$C(F, 0) + B(M) < C(F, M)$$

と不等式

$$C(F, 0) + C(0, M) > C(F, M)$$

により，不等式

$$B(M) < C(F, M)$$

が導かれる（選択IIIが選択IIよりベター）．

第 III 部
農政を超えて：フードシステムの政策理論

第 10 章　フードシステムの政策体系

1. はじめに

　フードシステムは食の流れを，川上の農林水産業，川中の食品製造業，食品卸売業，川下の食品小売業，外食産業を経て，最下流の消費者の食生活に至る総合的なシステムとして把握する概念である．たんに産業の連鎖をフードシステムと捉えるだけではない．フードシステムという表現には，このシステムが制度や政策のさまざまな影響下にあるとの問題意識も含まれている．むしろ，制度や政策もシステムの構成要素であると言うべきかもしれない．こうしたフードシステムをめぐる政策が，この章で取り上げるテーマである．

　日本のフードシステムをめぐる政策研究は，掘り下げる余地を広く残したこれからの課題である．示唆に富んだ先駆的な仕事が皆無ではないものの，本格的な研究は今後の取り組みに待つところが大きい．もっとも，このような研究状況について，必ずしも否定的に受け止める必要はない．第1に，後発的な研究分野として，他の領域における政策研究の成果から多くを学びとることができるはずである．これはレイトカマーならではの有利性である．第2に，政策に関する先行研究が手本になるものばかりであるとは限らない．反面教師として教えられる面も少なくないように思われる[1]．

　新参者の有利性があるとはいうものの，悠長に構えているわけにはいかない．

---

1)　農業政策に関する研究については，率直に言って，特定の政策を支持し，あるいは批判する作業に割かれてきたエネルギーに比べて，基準を明示したうえでの政策の客観的な評価や，政策形成のプロセス，そこに作用した政治力学の分析といった研究に注がれたエネルギーがあまりにも小さくはなかったか．

フードシステムをめぐる具体的な政策は，時々刻々と変化しているからである．例えば，2000年3月には「食生活指針」（農林水産省・厚生省・文部省）が公表され，同年5月には「食品循環資源再生利用促進法」（食品リサイクル法）が成立した．さらに第1章でも触れたように，2003年には食品の安全に関わる制度と行政組織の改革が行われた．けれども，現実の流れを追うに急であるあまり，羅針盤を欠いたまま複雑な実態の迷路にさまよい込んではならない．その意味でいま急がれているのは，政策研究の枠組みに関する見取り図を手に入れることではなかろうか．

筆者は，こうした問題意識に立って，第1に産業に関する制度・政策研究について，第2に制度・政策に関わりの深いフードシステム研究について，邦文文献を中心に若干のレビュー作業を進めた[2]．本章はその報告であり，レビューの過程で得られたフードシステムをめぐる政策のカテゴリー区分の考え方を示す．この分野の今後の研究展開に対して，なにがしかの手がかりを提供できればと願うものである．とは言え，カテゴリー区分はなお検討を要する点を少なからず含んでおり，暫定的な提案の域を出ていない．読者諸賢の忌憚のないご批判を待ちたい．

あらかじめ筆者によるカテゴリー区分を示しておくならば，以下のとおりである．すなわち，大きく産業政策・競争政策・社会的規制の3つのジャンルのもとに，フードシステムをめぐる政策を整理することが筆者の提案である．本章では，このジャンル区分にしたがって，順にその概念の吟味と具体的な政策の例示を試みることにする．

Ⅰ　産業政策
　　　産業基盤政策　産業構造政策　産業組織政策
Ⅱ　競争政策
　　　水平面の競争政策　垂直面の競争政策　消費者保護政策

---

[2] 当然，レビューは外国の文献にも及ばなければならない．とくに食品の安全性や表示をめぐる政策問題については，欧米における研究の動向を把握し，咀嚼する必要があるように思われる．ただし，本章が主として扱う産業政策については，日本に独特の政策体系であるとの評価もある．注3を参照していただきたい．

Ⅲ　社会的規制
　　　食品環境政策　食品安全政策　栄養政策

2. 産業政策の概念と範囲

2.1　産業政策の定義と分類

　産業政策をどう定義するか．この論点については，過去20年ほどのあいだに蓄積された主として理論面の検討を通じて，おおむねコンセンサスが得られている．もっとも，それなりのコンセンサスが形成される以前には，「産業政策という名目で行われた数多くの政策手段」が「国民の各層や異なる産業・企業にさまざまな利害を与えてきた」にもかかわらず，「「産業政策」という概念に対して」「一度も標準的な理解が確立されなかった」状況が存在した（伊藤ほか1988)[3]．例えば貝塚啓明氏は，産業政策に明確な定義が与えられていないことを指摘したうえで，そのもとで「強いて筆者に産業政策の定義を求められたとするならば」，「産業政策とは通産省が行う政策である」と答えざるをえないと述べている（貝塚1973)．もちろん，これは皮肉を込めた表現である．ただし，こうしたステイトメントが生まれる背景には，産業政策とは通産省の所管する政策であると受け止める通念が存在したと考えてよい．この点は，のちに紹介する戦後日本の食品産業に関する評価，端的に言って食品産業に産業政策は存在しなかったとする評価とも，無関係ではないように思われる．
　さて，伊藤元重氏らは経済学の概念に基づいて，産業政策を「一国の産業（部門）間の資源配分，または特定産業（部門）内の産業組織に介入することにより，その国の経済厚生に影響を与えようとする政策である」と定義した（伊藤ほか1988)．産業間の資源配分と個々の産業の組織に介入する点に着目している点で，この規定はそれ以前に小宮隆太郎氏によって提案された産業政策の定義をおおむね踏襲している．すなわち，小宮氏によれば，産業政策は次

---

[3]　「不必要な政策的介入を回避し，市場メカニズムを極力利用すべきであるという経済観」のもとで，「「アングロサクソンの経済学」と言われる新古典派経済学には，産業政策についての研究蓄積はきわめて少ない」とも指摘されている（伊藤ほか1988)．

の4つのカテゴリーからなる（小宮 1984）．

　(1)　産業への資源配分に関するもの
　　(A) 産業一般の infrastructure にかかわる政策
　　(B) 産業間の資源配分にかかわる政策
　(2)　個々の産業の組織に関するもの
　　(C) 各分野ごとの内部組織に関連する政策[4]
　　(D) 横断的な産業組織政策としての中小企業政策

　この分類は，フードシステムの政策理論の見地からみても示唆に富んでいる．もっとも，小宮氏自身は「産業政策というときの「産業」とは，大体において工業すなわち製造業を指し，農業・建設業・サービス・交通は含まれない」としている（小宮 1984）．定義を与えるに際して念頭に置かれた産業が，主として通産省の所管のそれであったことに照応していると言ってよい．ともあれ小宮氏に従うならば，フードシステムの構成要素のうち農業や流通業や外食産業は，ここでいう産業政策の対象ではないことになる．しかしながら，インフラストラクチュアの整備，産業間の資源配分，産業の市場構造の編成替えを目的とする政策は，およそいかなる産業についても，少なくとも理論上はその存在を想定することができる．フードシステムを構成する産業についてもしかりであり，小宮氏の分類は小宮氏自身の限定を離れて，フードシステムの政策理論のフレームワークとしても充分に有効性を持つはずである．もちろん政策の実態を吟味した結果，ある特定の産業については，あるカテゴリーに属する政策が存在しなかったということはありうる．いささか理屈走った言い方をするならば，そのように政策の存否を確認するためのフレームワークという意味でも，上記のような分類は有効であり，必要なのである．
　そのうえで筆者は，小宮氏の分類に次のふたつの修正を加えてみてはどうか

---

[4] (C) の政策の内容としては，「産業再編成・集約化・操短・生産および投資の調整」があげられている．また，このカテゴリーの産業政策に関する戦後の日本の「指導理念は「過当競争」の防止あるいは排除（それが何を意味するかはしばらくおき）であった」とされている（小宮 1984）．

と考える．第1に，産業の基盤に関わる政策（A）に関しては，産業一般を横断的に対象とする政策に限定する必要はないように思われる．極端なケースとしては，特定の産業にのみ利用可能なインフラに関する政策であっても差し支えない．もちろん，産業インフラとして政策の対象となる以上，そのようなインフラは関係する産業のメンバーにとって公共財ないしはクラブ財であったり，その供給に規模の経済が強く働いているなどの理由から，政府の関与が正当化されるものでなければならない．言い換えれば，公共財やクラブ財，あるいは費用逓減の性質を伴っていて，政府の政策的な関与のもとにおかれているものであるならば，その受益者が産業横断的であるとないとにかかわらず，産業基盤政策の対象として共通の分析フレームのもとにおくことが可能なのである．

第2に，フードシステムに関連する産業といったかたちで，具体的な産業を政策研究の対象とするわれわれの立場からみると，中小企業政策（D）を（C）のカテゴリーからあえて区別する必要はないように思われる．たしかに日本において，いわゆる経済の二重構造に起因する国際競争上の劣位や労働力の確保難といった諸問題が，産業横断的な中小企業政策を生んだことは事実である．しかしながら中小企業政策と言えども，「中小企業近代化促進法」（1963年）による業種指定に典型的なように，政策の具体的な展開をみるならば，個々の産業を選び出したうえで，その産業を対象とする施策が講じられている．しかも，政策の主眼は産業の市場構造の編成替えにあると言ってよい[5]．

これらの点について修正を施すならば，フードシステムをめぐる産業政策を整序するフレームワークとしては，次の3つのカテゴリーを考えることが適切であると考えられる．すなわち，

　　（イ）産業基盤政策
　　（ロ）産業構造政策
　　（ハ）産業組織政策

---

[5] しょうゆ製造業を事例として中小企業近代化促進法に基づく政策展開を研究した大矢（1997）は，中小企業政策の意義と方法を知るうえでも有益な文献である．大矢祐治氏の研究については次の第3節でも触れる．

の3つである．ただし，(イ)は小宮氏の(A)に，(ロ)は同じく(B)に，そして(ハ)は，(D)を含めたうえで，(C)にほぼ対応している．一方，さきに紹介した伊藤ほか(1988)の定義は，これよりはやや狭く，(ロ)と(ハ)のふたつのカテゴリーを産業政策と称しているわけである．また，(ロ)の産業構造政策は，さまざまな産業のあいだの資源配分のあり方に関わる政策という意味で，産業間構造政策ないしは間産業構造政策と表現することのできるカテゴリーである[6]．

　政府による資源配分上の介入という共通項を持つとは言うものの，これまでの検討からも知られるように，産業政策のなかには相当に異なった内容の政策分野が同居している．つまり，それぞれの分野はそれぞれに異なった分析フレームを必要としているのである．概念規定の問題から一歩進んで具体的な政策問題の研究に分け入ろうとするとき，産業政策というコンセプトはいささか広過ぎて，充分にオペレーショナルであるとは言いがたい．したがって以下の検討においても，産業政策という言葉は，ここで整理した3つのカテゴリーを包含する表現としてのみ用いる．

2.2 産業組織政策と競争政策

　ところで，3つのカテゴリーのうち(ハ)の産業組織政策という表現は，相当に広い範囲の政策をカバーするとの印象をあるいは与えるかもしれない．とくに，伝統的な産業組織論がアメリカの反トラスト政策の展開を背景として形成されていることから，産業組織政策というネーミングは，ここでいう産業組織政策が競争政策を包含するという理解を生むのではないかと思われる[7]．事実，例えば谷口洋志氏は，産業政策を産業組織政策と産業構造政策からなるとし，前者は「産業内の資源配分に介入する政策であり，競争促進を中心とする独占禁止政策(ないし競争促進政策)と，競争規制・料金規制を中心とする直接規制政策から構成される」(谷口1998)としている．競争促進政策あるいは

---

[6] 産業構造政策と産業組織政策の関係については，宮沢(1987)が参照されるべきである．
[7] 伝統的な産業組織論ないしは産業組織論のハーバード学派の学説史的なポジションについては，Clarke (1985)の序章や中嶋(1994)を参照されたい．

競争抑制政策をもって，産業組織政策の中身だとするわけである．

しかしながら筆者には，産業組織政策と競争政策を別個のカテゴリーとしておくことが，研究を組織していく際のガイドとしては，より有益であるように思われる．もっとも，筆者が前節で定義した産業組織政策も，のちに検討する競争政策も，何らかの市場の失敗に対処することを政策の根拠とし，産業ひいては一国の経済のパフォーマンスを改善することを目的としている点では，共通項を有している[8]．けれども，産業の市場構造の編成替えを目的として，政府が能動的に産業の活動に介入するタイプの政策と，個々の企業に対する行動規制のかたちをとる政策とでは，採用される政策手段は大きく異なっている．例えば，技術開発のための企業間の協同組織への助成や，すでに触れた中小企業政策は，筆者の意味での産業組織政策の代表例であるが，能動的にターゲットが設定され，計画的に政策資源が投入される点に政策手段の特徴があると言ってよい．他方で競争政策は，規制がセットされたのちの段階においては，規制に抵触する行動について，必要に応じて対処するという意味において，受動的かつ散発的に発動される．言うまでもなく所管する省庁も，一方は経済産業省であり，他方は公正取引委員会である[9]．この点の違いも，政策研究としては無視するわけにはいかない．

3. フードシステムと産業政策

3.1 産業基盤政策

この節では，産業政策の3つのカテゴリーのそれぞれについて，順にフードシステムに関わりの深い政策問題をスケッチすることにしたい．ただし，スケッチと述べたとおり，政策問題を網羅的に列挙することを意図したものではな

---

[8] 産業組織政策のカテゴリーに，能動的な資源配分調整政策と競争政策の両面を含めるという考え方もある．例えば正村（1997）は，経済政策の包括的なテキストブックであるが，産業政策の内容を，産業構造，産業組織，社会資本の3つの観点から解説している．このうち産業組織の章には，有効競争の問題や中小零細企業の問題がテーマの一部として含まれている．ただし，同書では産業政策という表現は用いられていない．

[9] 「競争政策は独禁法の行政的な執行行為である」（後藤・鈴村1999）．

い．それぞれのカテゴリーの意味を浮き彫りにすることをねらいとした政策問題の点描であると理解していただきたい．

　最初に産業基盤政策であるが，大きく分けてハードの産業基盤の整備をめぐる政策と，ソフトの公共財供給をめぐる政策のふたつからなる．前者に関しては，まず多くの産業に共通するハード基盤に関する政策として，道路や工業用水あるいは電力の供給などに関わる政策をあげることに異論はないであろう．すでに触れたとおり，いま例示したサービスには，市場の失敗を招く公共財や費用逓減の性質が伴うため，サービスの供給自体に政府が何らかのかたちで関与している．フードシステムを形成する産業が，これらの産業インフラの利用者に含まれていることは言うまでもない[10]．それでは，もっぱらフードシステム関連産業を対象とするハードの産業基盤政策を考えることができるであろうか．この問いについては，青果物や水産物の卸売市場といった流通施設に関する政策がこのカテゴリーに含まれるであろう．

　一方，ソフトの公共財供給の典型として，度量衡の整備をあげることができる．日本の場合には，計量法（1951年）がその法的根拠である．共通の量的尺度の存在によって節約されている取引費用を貨幣評価するならば，日本経済全体としてその額は莫大なものに達するに違いない．ただ，日頃はほとんど意識する必要もないほど社会に浸透しており，政策問題として取り上げられることもない[11]．いったん確立された度量衡は，空間のみならず，時間を超えて公共財として機能し続けると言ってよい．

　ところで，度量衡の問題と食品の品質表示の問題は，財の属性に関する情報の問題である点で共通項を有している．そして，この共通項の周辺の領域に，製品の規格の問題や，契約の書式やバーコードのルールといった取引コードの問題が存在する[12]．だとすれば，いったいどこまでを産業基盤政策の問題とし

---

10) フードシステムの課題を整理した時子山（1999）の終章（「フードシステムの課題」）は，フードシステムの政策理論を考えるうえでも示唆に富んでいる．例えば産業インフラとフードシステムの関わりについても，「多頻度小口配送による」「道路交通システム全体の効率低下」という興味深い指摘を行っている（時子山 1999）．時子山・荏開津（1998）の第7章（「食品流通業の役割」）も参照されたい．

11) かつて尺貫法の使用に規制が加えられることに対する反対運動が話題を呼んだことがある．度量衡の問題が社会的にクローズアップされた数少ない場面であったと言えよう．

て捉え，どこからさきを品質表示の問題として捉えるべきであろうか．あるいは，そもそもそうした境界線を引くこと自体に意味があるのだろうか．

この問いに対しては，いちおう次のように答えることができる．すなわち，同じように財の属性に関する情報の問題を扱うのではあるが，情報伝達の効率化をもたらす共通言語ないしは文法の設定の問題は産業基盤政策の領域に属し，なにをどれほど伝達するかという内容の選択の問題は品質表示に関する政策領域に属するという整理である．もちろん，この整理ですべてを割り切ることができるとは考えられないし，また，無理に割り切るべきでもなかろう．限られた特定の商品グループの表示の問題になると，表示すべき内容の選択の問題と表示のための言語の設定の問題を切り離すことが困難なケースも少なくないと考えられるからである．また，共通言語とは言っても，度量衡のように汎用性がきわめて高い場合と，その通用域が特定の財にとどまる場合とでは，政府の関与のスタイルも当然異なってくる．

3.2 産業構造政策と産業組織政策

食品産業にはこれといった産業政策は存在しなかったとする有力な説がある．農業政策を別にすれば，フードシステムに関わる産業政策はなかったというのである．例えば，石田朗氏は「食品については，通商産業省の産業政策と農林水産省の農業政策のいわば谷間にあって，産業政策がむしろ欠如していた」（石田 1987）と述べている．あるいは，小倉武一氏も「食品産業政策というものがありうるとしても，現に体系的なものがあるかどうかは疑問である」（小倉 1987）としている．

いま引用したステイトメントはいずれも農林省の行政官 OB によるものである．実は，体系的な産業政策の欠如という理解は，政府自身がなかば公式に認めた理解であるとみることもできる．例えば，1968 年に農林省農林経済局の

---

12) 矢作敏行氏は，通産省の推進した流通機能強化のための標準化・企画化・共通化の例として，文具・織物・食品などの業界における統一伝票の作成，物流業界における統一企画パレットの作成などをあげるとともに，流通機能の効率化をはかる政策の観点で共通する取り組みとして，青果物の企画の簡素化や，食品・雑貨を対象とした共通商品バーコードの登録制度を紹介している（矢作 1996）．

もとに設けられた食品工業対策懇談会の報告書（食品工業対策懇談会 1969）のはしがきには，次のような評価が率直に述べられている．すなわち，「このような食品工業をめぐる情勢に対し，農林省の行政は従来ややもすれば第 1 次産業としての農林水産業に対する施策に重点が置かれる反面，農林水産物の流通や加工部門に対しては，農林水産業の副次的なものとして取り扱い，食品工業が当面する諸問題に対し，適切な行政組織のもとで十分に取り組むという姿勢にかける面があった」とされているのである[13]．

以上のような理解について，ふたつの問題を提起することができるように思われる．ひとつは，産業政策は存在しなかったという場合の産業政策が，前節の整理に照らして，どのカテゴリーの政策を指すかという問題である．もうひとつは，産業政策の不在という状況が，戦後から現在に至るまで一貫して続いていると言ってよいかという問題である．第 1 の問題への解答次第では，第 2 の問題については産業政策のカテゴリーごとに解答を用意する必要があるかもしれない．

まず第 1 の問題について，食品産業に産業政策は存在しなかったというときの産業政策は，主として産業間の資源配分に政府が介入する産業構造政策を意味するとみることが妥当であろう．言い換えれば，食品産業は，産業に資源の補正的な配分を促す政策の対象として取り上げられることがなかったのである．例えば，前出の石田朗氏は同じ論文のなかで，「通商産業省はなにをしたかというと，これは世界的に有名なように，保護的な措置，あるいは保護的でなくても，いわゆる行政指導といわれる行政運営によって，産業の中で重点的に育成すべきであると考えられる部門についての育成策を講じてきた」とし，その典型として「昭和 30 年に，機械工業振興臨時措置法ができる．それからその翌年には電子工業振興臨時措置法というのができるが，これは各々の機械工業の部門を指定して，それについていわばビジョンを描いて，そこで融資上の優遇措置，あるいは税制上の優遇措置を講じるというようなやり方である」と述

---

13) 1968 年に農林経済局に企業流通部が設置された．この懇談会は，企業流通部の発足を機会に，「農林省所管の農林水産関連産業のうち，その中核である食品工業に対する新しい行政展開の方向を見定めるという趣旨のもとに」（食品工業対策懇談会 1969）開催された．

べている．石田氏が食品産業に欠けていたと評価するとき，念頭におかれている産業政策は産業構造政策なのである．もちろん，別の分野を対象とした産業構造政策の展開から食品産業が直接・間接に影響を受けなかったわけではない[14]．けれども，「しばしば日本の産業政策の全盛期と言われる」（伊藤ほか 1988）1960年代においても，食品産業が国のリーディング・インダストリーとして産業構造政策の舞台に主役として登場することはなかった．これが関係者に共有されている理解であると言ってよい．

一方，産業組織政策についてはどうか．このカテゴリーに関しても，国際競争力の強化を目指した産業構造政策に随伴するタイプの政策が，食品産業を対象として体系的に展開されたとは言い難い．競争力強化という目的と密接に結びついた産業組織政策の典型は，化学・石油・金属・機械といった製造業に展開された企業合併推進策であったが，同様の政策が同じ時期に食品産業に講じられた形跡はない．しかしながら，リーディング・インダストリーとしての位置づけの問題を離れるならば，すでに触れたように，食品産業にも産業組織政策は存在した．少なくとも中小企業政策を見落としてはならない．「中小企業近代化促進法」に裏付けられた中小企業政策は，「経済の二重構造にかかわる諸問題を，「過小過多」で「過当競争」を繰り返している中小企業をグループ化し，それを大型化，適正規模化してゆくことによって解決しようとするもの」（大矢 1997）であり，そのための手段として金融と税制を通じた助成措置がとられている．このような政策は，前節で筆者が提唱した産業組織政策の定義，つまり産業の市場構造の編成替えを目的として政府が能動的に産業の活動に介入する政策という定義にもマッチしている．大矢（1997）によれば，とくに重点的に施策の対象とされる特定業種は1990年の時点で48を数え，このうち食品関連業種として，清酒製造業，米油製造業，凍り豆腐製造業，しょうゆ製造業，小麦粉製造業，米穀卸売業が指定を受けていた[15]．

---

14) すぐあとで論じる農業政策と食品産業の関係は，ここで述べた直接的な影響のひとつである．農業政策も，比較優位を失った産業から生じる資源の移転に対する調整的介入という意味において，いわば逆の向きではあるものの，産業構造政策としての要素を含んでいる．
15) フードシステムの産業組織政策を研究するうえでは，広く中小企業問題を視野におさめておくことが大切である．大矢（1997）は，食品産業の市場構造を中小企業問題という

さて、ここでさきに提起した問いのうち第2の問いに移ることにしよう．すなわち、フードシステム関連産業に関わる産業構造政策と産業組織政策の時代的な変遷の問題である．筆者はいま、産業構造政策が存在したとは言いがたい反面、少なくとも中小企業政策としてであるならば、食品産業にも産業組織政策は存在したと述べた．けれども、少し考えてみれば分かるように、この種の問題にオールオアナッシングの答えを求めることに、そもそも無理があると言わなければならない．例えば、特定の地域についてであれば、食品コンビナート構想は、産業基盤政策であると同時に、一面では競争力の強化をねらった産業構造政策と産業組織政策の要素を備えていた[16]．あるいは逆に、存在するとした食品産業の中小企業政策についても、他の業種との比較を視野に含めて、そのインパクトの度合いを評価する必要がある．いずれにせよ、それぞれの分野に深く立ち入ったきめの細かい点検作業が待たれるのである．

けれども、戦後の産業の歴史と政策の流れを通観するとき、フードシステムをめぐる産業政策には次のふたつの画期が認められると言ってよい．第1の画期は1960年代の後半である．すなわち、原料農産物をめぐる貿易の自由化が徐々に進む状況と、資本の自由化がスタートしたことを受けて、食品製造業を対象とする産業基盤政策や産業組織政策の必要性が認識されるに至ったのである[17]．本章でも引用している食品工業改善合理化研究会（1967）や食品工業対

観点から整理した数少ない研究のひとつである．食品産業に中小企業比率が高い点について芝崎希美夫氏は、食品産業問題研究会（1987）を踏まえながら、1）多様な消費者ニーズのもとで画一的な大量生産では対応できないこと、2）時間とともに変質しやすい食品にあっては市場の範囲が限定されること、3）地域の農水産物との結びつきが強いことの3点をあげている（芝崎1998）．なお、芝崎（1998）の第5章以下の通史的記述には、政策展開の整理にも有益な情報が数多く含まれている．

16) 食品コンビナート構想は、1964年に食糧庁に設置された食品工業改善合理化研究会の検討を通じて提起された．この構想について、食品工業改善合理化研究会（1967）は、「必要とする用地の確保ならびに鉄道（営業線）、道路、工業用水施設等について、国鉄その他関係機関は十分な協力を行うよう努めることが必要である」と述べるとともに、コンビナート構想が「企業の体質改善、規模の拡大、企業体制の整備に資するとともに、コストの逓減を通じて国際競争力の強化と、食品価格の安定に役立つ」としている．なお、食品工業対策懇談会（1969）には、「このような団地化を推進する場合には、関係業種の構造改善や流通合理化に寄与しうるよう企業合同、共同投資、輪番投資等について必要な指導を行うことも肝要である」との指摘がある．産業組織政策の観点からの問題意識が色濃くにじみ出ていると言ってよい．

策懇談会（1969）は，こうした認識のもとで編まれた政策文書としての性格を有している．

第2の画期は，農政審議会答申「80年代の農政の基本方向」（1980年）の公表である．この答申を契機とする政策の展開を整理し評価することも，フードシステムに関わる産業政策研究の重要な仕事であるように思われる．例えば大矢祐治氏は，さきに引用した石田朗氏や小倉武一氏の評価を紹介したうえで，1980年前後の時期から「農林水産省は本格的な食品産業政策の展開に向けて第一歩を踏み出しはじめた」としている（大矢1997）．加えて，政策がカバーすべき範囲を食品製造業から食品産業へと意識的に拡大している点も，この時期に練られた政策構想の特徴であると言ってよい．流通問題などに無関心であったわけではないものの，食品工業改善合理化研究会（1967）や食品工業対策懇談会（1969）の検討の主眼が食品工業にあったのに対して，「80年代の農政の基本方向」に関連する検討のなかでは，「加工，外食，流通等の各部門を総体とした「食品産業」を政策の対象としてとらえる」ことの重要性が強く意識されているのである（農林水産省食品流通局監修1980）[18]．「個々の企業活動の多様化・多角化，加工，外食，流通等の部門領域の交錯・重層化，業際的産業の発生，生鮮食料品と加工食品の境界の不明確化等の事情を考慮すると，各部門の個別対策とは別に，これら各部門を通じた総体を対象として捉える見方，考え方がどうしても必要になってくる」というのである（同上書）．フードシステム研究の問題意識にも相通じるスタンスである．

3.3　農業政策とフードシステム

「80年代の農政の基本方向」は，食品産業と農業を車の両輪にたとえたこと

---

[17] 原料農産物としては，1960年にはコーヒー豆・ココア豆・牛脂等，61年に大豆，68年に粗糖の輸入が自由化された．また，1967年の6月をもって第1次の資本の自由化が行われた．このときには第2類（外資の100%自由化）の業種としてグルタミン酸ソーダ・ビール・製氷が，第1類（外資比率50%までの自由化）の業種として水産缶詰・スープが指定されている．

[18] 農林水産省食品流通局監修（1980）は，農政審議会の論議と平行して事務局で行われた検証と検討の結果を収録した文書である．

でよく知られている．国民に対する食料の安定供給を果たすうえで，あたかも車の両輪のごとく，バランスを保持しながら機能することが期待されているというわけである．もっとも，現実の農業と食品産業の関係，と言うよりも農業政策と食品産業の関係は，必ずしも両者が協力しあう良好な状態にあったわけではない．だからこそ，「車の両輪」論が打ち出されたとみることもできる．

例えば，小倉武一氏は先に引用した食品産業をめぐる産業政策に関する評価に続けて，「日本で食品産業政策があるとすれば，農業保護政策の余波としてのものであり，その余波の影響を受けている食品製造業からの是正に多少の要望が眼に付く」(小倉1987) との印象を披瀝している．「フードシステムにおけるミスマッチを助長している旧時代の農業政策の影響について詳細に解明する必要がある」とする高橋正郎氏の発言（高橋1998）も，ほぼ同様の文脈のもとにある[19]．

農業の保護政策が，原料市場のコントロールを通じて，食品製造業や外食産業の成長にネガティブに作用しているとの指摘は少なくない．関連する産業をトータルに対象とするフードシステムの政策研究が，正面から向き合うべきテーマのひとつであると言わなければならない．むしろ，フードシステム研究の真価が十全に発揮されるのは，こうした間産業的な問題の解明においてであるとも言えるのである．

ただし，農業政策がネガティブな影響の発信源であって，食品産業がつねにその迷惑の被害者であるとの図式は，政策研究のパースペクティブとしてはいささか狭すぎるように思われる[20]．フードシステムの構成要素間に異なったルートと方向性をもって発生する政策効果の伝達・波及をめぐる問題は，フードシステムの政策研究に豊富なテーマを提供している．本書の第11章は，この

---

[19] 高橋 (1998) はミスマッチの例として，画一的な価格政策のもとで，実需者である製粉メーカーのニーズに生産が適切に応えることのできなかった国産麦のケースをあげている．

[20] 農業政策が発信源となる影響関係であっても，異なる視点に立った研究が必要なケースは少なくない．例えば，農産物価格の引き下げが川下の産業を介して小売り段階にどれほど伝達されるかという問題を考えていただきたい．農業政策が価格支持から後退し，消費者負担型農政からの脱却を図ったとしても，それがただちに消費者負担の軽減につながるわけではない．原料価格の引き下げが，農業と消費者のあいだに介在する食品産業に吸収されてしまう事態もありうるからである．

テーマに対する筆者なりのトライアルである．もちろん，こうした意味における政策研究の対象は，産業政策のカテゴリーに限られるわけではない．のちに検討する食品の安全政策や栄養政策といったジャンルの政策のインパクトも，しばしば inter-industry に伝達し，波及すると考えなければならない．

4. 競争政策とフードシステム

4.1 水平面の競争政策とフードシステム

　競争政策は大別して，カルテルや企業合同に代表される水平的な競争制限行為に対する規制と，不公正な取引方法に対する規制のふたつに分けることができる．前者を水平面の競争政策，後者を垂直面の競争政策と呼んでおく．この項ではまず水平面の競争政策とフードシステムの関係について，若干の検討を加えておくことにしたい．

　ところで高橋正郎氏は，「食品産業の経済分析において，とくにアメリカの食品経済学の主流となっている産業組織論的研究では，どちらかといえば，同一産業のなかにおける企業の競争関係，市場構造問題の解析に重点をおいている．それは，要するに，産業内の「ヨコ」の主体間関係の解明である」としたうえで，これに対して「「タテ」の垂直的な主体間関係を，（中略）フードシステム研究においてとくに重視しようとしている」と述べている（高橋1997）．このステイトメントは，競争政策の視点から日本のフードシステムを観察するにさいしても示唆深いものであると言わなければならない．

　提示された論点には，ふたつの問題が伏在しているように思われる．ひとつは分析のツールの選択の問題であり，もうひとつは分析の対象とする産業の市場構造の特質という問題である．アメリカの研究動向の特色は，分析のツールとして伝統的な産業組織論が一般化していることに起因するのか，食品産業の市場構造にそもそも水平的な視点からの接近を要請する問題が濃厚に含まれていることからきているのか．あるいは，そのミックスであるのか．これ自体が興味深い empirical question なのであるが，少なくとも確かなことは，日本のフードシステムには水平面の視点からのアプローチが有効な問題と，垂直面の

視点に立ったアプローチが適切な問題とが，その比重はともかくとして混在しているはずだという点である[21]．日本の食品産業のなかにも，化学調味料やマヨネーズやビールの製造のように，高度に寡占化した産業が存在するから，水平面に着目した分析をないがしろにすることはできない．他方で，例えば量販店のバイイングパワーの問題は，そこに垂直面からのアプローチの有効な研究領域のあることを物語っている．もちろん，水平面からの接近と垂直面からの接近は相互に排他的であるわけではない．

さて，水平面の競争政策の観点に立つとき，見逃すことのできない政策問題は規制緩和である．規制については，経済的規制と社会的規制に区分する扱いが，この分野の関係者のあいだではほぼ定着している[22]．経済的規制はさらに，参入規制，退出規制，兼業制限からなる事業規制と，供給義務や料金認可などの業務規制とに区分される[23]．以上のうち水平面の競争政策の観点からのアプローチが有効なのは，経済的な規制とりわけ参入規制を中心とする事業規制である．この点の規制の緩和は，政府自身によって過去に設定された規制について，それが価格や品質をめぐる健全な競争（能率競争）を阻害していることに着目して，政策を変更する行動にほかならない．競争上のルールを競争促進的な方向に変更するのであるから，まさに水平面の競争政策の問題なのである．

フードシステムに関連の深い規制緩和の例は少なくない．とくに流通業においてしかりである．例えば，流通業における参入規制緩和の動向を紹介した井本（1997）は，フードシステムにも関連の深い大規模小売店舗法の推移，酒類

---

21) 新山陽子氏は，「分析にあたっては，流通経路が多段階で競争構造が原子的状態のもとでは，流通構造論的分析が有効であり，集中度の高い特定の産業については産業組織論的分析が有効であろう」と論じている（新山 1994）．妥当な指摘であろう．なお，アメリカにおける産業組織論的フードシステム研究については，斎藤（1997）をあわせて参照されたい．

22) 「経済的規制と社会的規制の区分が，政策的に重要なものとして認識されたのは，「経済的規制は原則自由に，社会的規制は必要最小限に」という第2次行革審で，規制緩和に関する「段階論」が明示されたことを契機としている」（八代 2000）．

23) 橋本（2000）による．なお橋本寿朗氏は，社会的規制は環境，安全の観点からの規制であるが，「実態をみると経済的と社会的に規制を二分するのは必ずしも容易ではない」としている．また，第5節であらためて指摘するが，社会的規制の概念についても定説が確立されているとは言いがたい．加藤（1994）や八代（2000）なども参照していただきたい．

販売免許の緩和，新食糧法の施行の3つを取り上げている．

　政府による規制が競争阻害的に作用しているケースとしては，堀口健治氏による「制度的寡占」仮説がいまなお興味深い研究問題を提起しているように思われる．すなわち，堀口氏は製糖・製粉・ビールなどの産業を例にあげながら，日本の食品産業における寡占構造が，国産原料農産物の利用をめぐる許認可にともなって生成した制度的寡占としての側面を有していると指摘する（堀口1987）．この論点は直接には当該産業の水平面の競争に関わるものであるが，前節で指摘した農業から食品産業に及ぶ政策の間産業的な影響という要素も含んでいる．つまり，原料部門である農業の生産物に関わる価格形成や流通ルートに対する政府の強い関与が，川下の食品産業の展開に対する規制的な介入に結びついたと考えられるのである．

4.2 垂直面の競争政策とフードシステム

　水平面の競争政策の理論的バックボーンが伝統的な産業組織論であるとすれば，垂直面の競争政策の問題領域に対しては，近年めざましい充実ぶりをみせている新しい産業組織論が多くの示唆を与えてくれる．すなわち，企業の行動，なかでも相手の対応行動を織り込んだ戦略的な企業行動にフォーカスをあてる新しい産業組織論は，企業対企業の垂直的な関係を読み解くうえで，また，垂直面の競争政策の持つ意義を解明するうえで，いくつかの有用な分析概念を提供している[24]．

　そうした分析概念を応用した研究としては，例えば後藤・鈴村編（1999）がある．同書は日本の競争政策を経済学の観点から分析した本格的な研究書であり，垂直面の競争政策には3つの章があてられている．このうち企業対企業関係の問題である不公正な取引方法に焦点を当てたふたつの章では，継続的取引に伴うホールドアップ問題や二重限界均衡の達成など，新しい産業組織論でお

---

24) 新しい産業組織論の学説史的系譜と特徴については中嶋（1994）や鈴木（2003）を参照されたい．なお新しい産業組織論は，経済主体の戦略的行動に着目した応用ミクロ経済学という性格を有しており，その抽象度の高い理論構成は，企業対企業の関係にとどまらず，さまざまな経済主体の行動分析に対する応用可能性を持つ．この分野で定評のあるテキストとして，Tirole（1988）とMilgrom and Roberts（1992）をあげておく．

なじみの概念が用いられており，問題の本質を浮き彫りにするのに役立っている[25]．

ひるがえって，日本のフードシステムに垂直面の競争政策に関わる研究問題は存在するであろうか．むろん，答えはイエスである．さきにも触れたとおり，量販店のバイイングパワーの肥大化を問題視する指摘は少なくない[26]．そして，この領域の研究問題に取り組むに際して大切なことは，第1に，競争阻害的な関係に意識的に着目する問題摘出型の姿勢であり，第2に，フードシステムの構成要素間の関係をいたずらに敵対的に捉えがちであった従来の研究，とりわけ農業経済学的研究にありがちであった先入観への反省である．たしかにいま，高橋正郎氏が指摘するように（高橋1997），「搾取者としての「資本」と被搾取者としての「零細耕作農民」という設定で」，「いかにその搾取のメカニズムを暴くか」というスタンスに対して，「たんに弱者と強者との力関係としてだけ捉えるのではなく，主体間関係の内容とその構造的変化を客観的にとらえ」る姿勢を，自覚的に保持することが求められている．搾取対被搾取といったドグマは，しばしばわれわれを思考停止に導くことになる．

もっとも，こうしたドグマから自由であろうとするあまり，フードシステムの構成要素のあいだに互酬的で調和的な関係を期待する気持ちが勝ちすぎるならば，これはこれで問題なしとしない．とくに，企業と企業のあいだに生じる不公正な取引方法には，「正当な競争活動と不当な排他的あるいは競争阻害的行為との区別がきわめて困難である」（若杉1999）という特徴がある．注意深い観察なくして，事態の本質をつかむことはむずかしいのである．あるいは，そもそも「取引が成立している以上は，両当事者はその取引に基本的に同意しているわけであり，第三者がその取引について公正か不公正かを議論する余地があるのかどうかはなはだ疑わしい」という根本的な問題もある（同上書）．さらに加えて，不公正な取引方法は，現にそれが行使されていることが問題であるだけでなく，その行使が予見される状況のもとにおいて，そうでなければ

---

25) 不当廉売と優越的地位の濫用を取り上げた若杉（1999）と，垂直的取引制限を取り上げた有賀（1999）．ホールドアップ問題は優越的地位の濫用の分析に，二重限界均衡は再販売価格維持の分析に援用されている．

26) この論点については，時子山・荏開津（1998）の第7章（「食品流通業の役割」）と第10章（「食生活と政府の役割」）を参照されたい．

実現されたはずの望ましい取引が断念されるがゆえに，社会的に問題だという面もある．問題の構図は微妙であり，かつ，複雑に入り組んでいる．垂直面の競争政策の研究問題には，並々ならぬ分析力が要求されると言わなければならない．

4.3 垂直面の競争政策と消費者保護

ところで，企業対企業の不公正な取引方法と並んで，垂直面の競争政策の対象とされる分野に，企業と消費者のあいだで行使される不当な競争手段の問題がある．ただしこの分野では，もっぱら企業側が不当な手段を行使する状況が想定されている．独禁政策の体系のなかでは，独禁法の特別法である不当景品類及び不当表示防止法（景表法，1962年）が制度・政策の主たる法的根拠である．つまり，景品と表示による不当な顧客誘引に対する規制が，企業と消費者の関係を対象とする競争政策の代表である．いずれも，フードシステムに関係の深い問題であると言わなければならない．景表法の制定を促した要因として，ニセ牛缶事件（1960年）があったことはよく知られている．

企業・企業間の不公正な取引方法の規制も，企業と消費者のあいだの不当な競争手段の規制も，経済理論のうえでは，広い意味で情報の非対称性に起因する問題への対処であると理解される．けれども，企業・消費者間の政策問題については，情報の非対称の度合いが顕著であり，情報の咀嚼能力すなわち経済主体の合理的判断力の度合いにも大きな違いが認められる．加えて，一方の主体である消費者が不特定多数である点にも，企業対企業関係とは異なる要素がある．こういった面から，政策の実施主体である政府には，第三者というよりも，直接に消費者の代理人としての振る舞いが求められていると言ってよい．これらの特質を考慮するならば，消費者を対象とする表示や景品の問題については，企業対企業関係の問題とは区別して把握するほうが，フードシステムをめぐる研究問題の整序にはより有益であろう．「従来の景品・表示規制に対する評価は，経済効率性よりもむしろ消費者保護，すなわち不当な景品付販売や表示から消費者を守るという観点に立ったものが多かった」（堀江 1999）のも，これらの事情に根ざしていると考えられる[27]．政策のカテゴリー体系を構築す

る作業に際しては，問題の経済学的な構造の類似性だけでなく，政策の及ぶ経済主体の社会的なポジションや，政策手法の違いといった点をあわせて考慮すべきであろう．

なお，この項で取り上げている不当表示は，景表法第4条に指定された3つのタイプの不当表示に限定されている．すなわち，優良誤認を引き起こす品質等内容に関する不当表示，有利誤認を引き起こす価格その他の取引条件に関する不当表示，そして消費者の誤認を引き起こす可能性があるとして公正取引委員会の指定するもの，の3つである．つまり，「食品衛生法」(1947年)や「農林物資の規格化及び品質表示の適正化に関する法律」(JAS法，1970年)などに基づく義務的な表示以外の表示が法規制の対象とされている．

もちろん，義務的な表示と景表法の対象となる表示のあいだにはしばしば密接な関係があり[28]，また，問題の重要な側面が情報の非対称性や経済主体の限定合理性に起因しているという意味では，経済理論の見地からみても共通性がある．けれども，食品の品質や安全性に関する義務的な表示については，品質や安全性に関わる政策ジャンルの一部として位置づけることとしたい．義務的な表示と自発的な表示のいずれについても，妥当性を欠いたものはしばしば社会的にみて望ましくない帰結をもたらす．だからこそ，不適切な表示として規制の対象になるわけである．しかしながら，ひとくちに望ましくない帰結とは言っても，それが量的に過剰あるいは過小な購買行動という問題にとどまる場合と，摂取行動による健康障害に至る場合とでは，明らかに問題の相を異にしている．

---

27) 堀江 (1999) の貢献は，問題を一貫して経済効率性の見地から分析している点にある．とくに景品について，「本体である財・サービスの市場で本来十分な競争が行われる素地のある状況では，景品付販売は製品差別化を通じて能率競争を損なう可能性があるが，逆に情報の不足その他何らかの理由で能率競争が行われにくい状況では，これを促進する場合もありうる」としている点は興味深い．

28) 例えば牛乳の品質表示についてみると，「食品衛生法」による義務表示の基準と，公正競争規約によって許容されている表示の基準のあいだには，1999年の公正競争規約の改正ののちにも，依然として齟齬が存在した．なお，公正競争規約に関しては，規制当局と業界のあいだに情報の非対称性が存在することや，消費者に規約の内容に関する不服の申し立てを行う資格がないことから，業界の利益に沿ったものにならざるを得ないとの指摘がある (堀江 1999)．

5. フードシステムをめぐる社会的規制

5.1 社会的規制の概念

　前節では，政府による規制は経済的規制と社会的規制とに大別されると述べた．ところが，このうち社会的規制に関しては，過不足のない定義が確立しているとは言い難い．社会的規制のメニューを列挙することで，社会的規制のなんたるかを示そうとした試みはある．例えば，第1次臨時行政改革推進審議会による「消費者や労働者の安全，健康の確保，環境保全，災害防止，文化財の保護，等の社会的目的から行われる規制」という規定は，比較的広く受け入れられていると言ってよいであろう（引用は八代2000による）．けれども，経済学のコンセプトとの対応の明確な定義は，残念ながら見出すことができない[29]．

　そもそも社会的規制の具体例のなかには，経済学の観点からは概念的に通約不可能な異質な要素が含まれている．したがって，政策問題のカテゴリー区分に社会的規制という用語を用いること自体が適切ではないとも考えられる．しかしながら，通約不可能な要素が含まれている点に留意する必要はあるものの，社会的規制には何らかの価値判断に基づく規制という共通項が認められることも事実である．ただしここで言う価値判断のなかには，国民の生命の安全の確保といったほとんど争う余地のない判断から，ポルノや喫煙の規制のように，表現の自由や消費者の選択権の尊重といった別の価値とのかねあいもあって，

---

29) 例えば，八代（2000）には「「社会的規制」とは何か」と題された節が含まれているが，社会的規制の明瞭な定義を読みとることはできない．すなわち，八代尚宏氏は市場の失敗の要因とその対応策として，(1) マクロ経済の不安定性と，その自律的な回復を促進するための財政金融政策や，失業保険等のセーフティネット，(2) 所得格差の拡大と，これに対処する方策という意味で，最低生活水準の保障や累進的な所得税，あるいは，福祉の価格設定のように所得再配分を個々の分野について行うこと，(3) 伝統文化など「価値財」の保存や，逆に麻薬・ポルノ等「非価値財」の禁止の3つをあげているが，これらの対応策のどこまでを社会的な規制としているかについては判然としない．もし，すべてを社会的規制と考えているとすれば，財政金融政策までもが含まれてしまい，いささか広すぎると言わなければならない．なお，価値財の「過小」供給や非価値財の「過剰」供給に関しては，これらを市場の失敗の概念で捉えることにも問題がある．すぐあとの本文を参照されたい．

簡単には合意の得られない微妙な判断に至るまで，さまざまなレベルの価値判断が含まれている．

ところで，社会的規制の特質を浮き彫りにするためには，前節で論じた競争政策との違いを考えてみることも有益であろう．経済的規制の緩和を含めて，競争政策のベースには，市場の失敗の防止ないしは補正という目的がある．ただし，この場合の市場の失敗の概念は，パレート最適性という比較的弱い基準に照らして効率的な資源配分が達成されていない状態に限定して用いられる．そして，この点に競争政策と社会的規制の違いを指摘することができる．なぜならば前述のように，社会的な規制は，何らかの価値判断に照らして企業や消費者の行動に規制を加える点に，その共通項が見出されるからである．市場の失敗のない状況のもとでも，社会的な規制は存在しうる．

概念の理解にいっそうの正確を期するとすれば，市場の失敗の補正のための政策でありながら，さきに引用した第1次臨時行政改革推進審議会の社会的規制のメニューにも含まれている政策について，補足的な説明を加えておくべきであろう．すなわち環境保全は，市場の失敗の一種である外部不経済への対処でありながら，社会的規制の一分野でもあるとされているのである．もっとも，同じように市場の失敗という概念が用いられてはいるものの，競争政策に関わる市場の失敗と外部不経済による市場の失敗とでは，その発生のメカニズムは著しく異なっている．すなわち，前者は当該産業の市場構造や情報の不完全性によって，社会的に望ましい水準の取引が実現しない点を本質とするのに対して，後者は経済主体の生産活動や消費行動に随伴する副作用に問題の本質がある．いわば取引の場においてではなく，取引の前または後に生じる現象なのである．

経済学には，外部不経済についても，一般の財やサービスの評価と同様の評価が可能であって，パレート基準に依拠した効率性の判断が可能だと考える傾向がある．けれども，この意味での評価が現実に可能であるか否かとなると，議論は分かれるところであろう．経済学上の概念は，政策のバックグラウンドとして磐石ではないのである．だとすれば，環境保全政策のカテゴリー区分にさいして，効率性の阻害という基準によるのではなく，社会的に望ましくないとの価値判断に立脚して規制が講じられる面に着目するとしても，それはそれ

で一貫性を持った政策体系のなかに位置づいているとみることもできる．むしろ，外部不経済をめぐる経済理論が環境政策に有効であるのは，政策の手法の選択の場面においてであるように思われる．

　以上，いくぶんのスペースをとって環境保全を目的とする規制の意味合いについて触れたのであるが，これはフードシステムに関して環境政策の重要性が増しているからでもある．ただし，この分野の政策問題については，他の産業の政策問題とのあいだに共通点も多いと考えられることから，具体的な内容に立ち入ることは控えたい[30]．ここでは，フードシステムの環境政策が社会的規制の一分野として位置づけられることを確認するにとどめたい[31]．

　ところで，社会的規制を何らかの価値判断に依拠した政府の規制であると理解するとき，その延長線上には，啓発や説得あるいは情報の提供といったタイプの政策手法を考えることができる．こうした活動も何らかの価値判断に依拠した政府活動であり，そこに政策的な資源が投入される点に変わりはないからである．規制的な手法と啓発・説得的な手法が併用されることも珍しくない．だとすれば，政策のジャンル区分にさいしてベースとなる共通項は，何らかの価値判断に基づく政府の介入ないしは干渉という点であって，介入が規制というかたちをとるか，説得というかたちをとるかは，ケース・バイ・ケースの選択問題だとみるべきであろう．この節のタイトルには規制という言葉を用いているが，ここでの検討のカバーする政策ジャンルは，いま述べた意味において，通常の社会的規制の定義よりもいくぶん広い範囲に及んでいると考えていただきたい．

---

30)　フードシステムの環境問題には，有価物として利用可能なグッズがやっかいなバッズに転じるという点で，他の分野における副産物としてのバッズの排出に伴う環境問題とは異なる面がある．この特質がリサイクルの重要性にも結びついている．なお，フードシステムの環境政策については，食品産業廃棄物問題の現状と課題をコンパクトに整理している小山（2000）が参照されるべきである．

31)　あえて指摘すべき点があるとすれば，ここでもやはりシステムとして問題を捉えることの重要性であろう．「しばしば，コンビニの売れ残り処分量の大きさが問題にされるが，個食にあった分量の食品を供給している点では，家庭での廃棄量を抑えている面のあることにも注意が必要なのである．ありそうもないことであるが，仮にコンビニの弁当を禁止したとしても，それだけでは食品廃棄物の問題に対する根本的な解決にはならない」（生源寺 2000a の第 9 章「農業環境政策の基本問題」）のである．

5.2 食品安全政策

フードシステムに固有の社会的規制のひとつに食品の安全政策がある．もっとも，経済学の観点からは，食品の安全性，あるいはより広く食品の品質の問題も，情報の不完全性に起因する問題群のひとつとして捉えられることが多い．すなわち，売り手・買い手間の情報の非対称性や，食品の品質自体の性格に起因する情報の不確実性があるために，買い手が真に求めている品質の財を入手できない点に，問題の本質を見出そうというわけである[32]．ここで言う売り手と買い手については，フードシステムの各段階でさまざまな異なったペアを考えることができるが，以下では，製造に携わる事業者と消費者を念頭におくことにする．多くの場合，情報の非対称性がもっとも顕著なのは，製造者と消費者のあいだであるとみてよいからである．さらに加えて，情報の咀嚼能力に，メーカーと消費者のあいだに著しい差がある点も指摘しておかなければならない．

問題は，食品の安全性をめぐる政策の意義を，情報の不完全性の観点のみで充分に捉えることができるか否かである．筆者自身の考え方は，安全政策を社会的規制の一分野としたことによって，すでに表明されている．すなわち，食品安全政策については，情報の非対称性に起因する非効率に関する問題意識だけでなく，国民の健康の保持を望ましいとする価値判断がその基礎にあるとみるのである．事実，政府は表示の義務づけやその内容に関する規制によって情報の不完全性の問題を緩和する政策を講じるとともに，食品の品質そのものについても詳細な基準や規格を定めている．そして，基準や規格に合わない食品の製造や販売を禁じている[33]．つまり，情報の不完全性への対処の域を超えた規制がしかれているのである．もちろん，情報の不完全性をパーフェクトに克

---

[32] このようなオーソドックスな経済理論からの論点の整理として，中嶋（1999）をあげておく．中嶋康博氏は食の外部化が情報の不完全性を増幅している面があるとも指摘する．

[33] 「基準または規格が定められたときは，その基準に合わない方法により食品若しくは添加物を製造し，加工し，使用し，調理し，若しくは保存し，その基準に合わない方法による食品若しくは添加物を販売し，若しくは輸入し，またはその規格に合わない食品若しくは添加物を製造し，輸入し，加工し，使用し，調理し，保存し，若しくは販売してはならな

服できないがゆえに，品質規制をあわせて実施しているという議論も，いちおうは成り立つであろう．けれども，かりに情報の問題が完全に克服されたとしても，政府が食品の品質について中立的であって，これにいっさい関与しないとは考えにくい[34]．ここは，「食品衛生法」第1条に掲げられた目的，「飲食に起因する衛生上の危害の発生を防止し，もつて国民の健康の保護を図る」に政策の基本思想があると素直に受け止めたい[35]．

　政策のベースを価値判断に求めるべきか．あるいは，情報の不完全性に求めるべきか．筆者はその両面の要素があるとみるのであるが，この論点には政策論の基本問題として見過ごすことのできない重いテーマが含まれている．まず，情報の不完全性に政策のバックボーンを見出す考え方が，消費者の選択権を重視する立場と結びついている点に留意する必要がある．新古典派経済学の公準とも言うべき消費者主権の前提にも通じている．これに対して，何らかの価値基準による政策は，その基準の及ぶ限りにおいて，消費者の選択領域に制約を課したり，消費者の行動を誘導することを意味する．ピュアな消費者主権の見地とは明らかに異なっている．ここまで述べるならば，いま論じている問題が，個人の選択の自由という人間社会のあり方をめぐるもっとも基本的なテーマに関わっていることを理解していただけるであろう．ただ，食品の安全性の問題は，国民の健康の確保というほとんど自明の価値判断に依拠しているだけに，この論点の本質的な意味合いが後景に退いているのである．

　食品の安全性については，経済学のコンセプトによって安全と安心のさまざまな側面を整理した中嶋（1999）が，政策問題を考えるうえでも有益である．また，嘉田良平氏によるアメリカやEUの食品安全基準の紹介も，規制のハーモナイゼイションの問題とも関わって，興味深い情報に富んでいる（嘉田1997）[36]．筆者として，ここで新たな論点をつけ加える必要性をあまり感じない．けれども，フードシステムのシステムにアクセントをおいて政策問題を捉

　　い」（「食品衛生法」）．
34）　いささか極端な想定ではあるが，だれにでもわかる表示がなされているからと言って，毒性のはっきりした食品の流通が許容されるとは考えにくい．
35）　2003年の改正前の条文では，「もつて」以下は「公衆衛生の向上及び増進に寄与すること」とされていた．
36）　一般に，安全規制のハーモナイゼイションの問題は基準や規格の問題にとどまらない．

えるならば，検討を深めるべき具体的なテーマは，中嶋康博氏も指摘するトレーサビリティの問題であり，いまも触れた安全基準の国際的なハーモナイゼイションの問題であるように思われる．後者は，フードシステムが国境を越えて形成されることに起因する政策問題にほかならない．

5.3 栄養政策

　食品の安全性にはいくつかのディメンションがある．すなわち，問題の発生確率のディメンション，問題の深刻さのディメンション，さらには問題を生じる摂取パターンのディメンションを区別することができる[37]．このうち摂取パターンのディメンションとは，例えば1回の摂取で発生する健康障害と，長期間にわたって反復的に摂取することによって発生する健康障害の区別を意味している．

　食品起源の健康障害の問題について，この意味での摂取パターンの次元を導入するならば，食品の栄養問題と食品の安全問題は連続性を持ったテーマであると考えることができる．つまり食品栄養の問題は，1回の摂取行動で生じる健康障害ではなく，反復的な摂取行動，ときには数十年に及ぶ反復的な過剰摂取や過小摂取に起因する健康障害の問題なのである．栄養政策とは，一面ではこうした健康障害をめぐる政策にほかならない．このように栄養政策を位置づけるならば，前項で考察した政策の根拠をめぐる基本問題は，栄養政策にもからんでくる．と言うよりも，ほとんど自明な価値判断に依拠した食品の安全政策の場合に比べて，問題が微妙であるだけに，消費者主権に関して先ほど述べ

　　例えば八代・伊藤（2000）は，「欧州の制度では，検査の主体は，民間の株式会社や公益法人であるのに対して，日本ではそれが政府の代行機関の独占になって」おり，「前者の検査結果は政府を拘束しないのに対して，後者においては政府はそれに拘束される」という制度の違いが，「日本がこの分野で，国際的に孤立しかねない状況を作り出している」と指摘する．ただし，農産物については，「欧米諸国でも政府主体の検査となっている場合が多いため，日本だけが民間に検査業務を移管することは，むしろ相互承認の原則に反する」ことになる．

37）　問題の発生確率をリスクのディメンション，問題の深刻さの度合いをハザードのディメンションと呼ぶこともある．例えばGodden（1997）の第8章（'Marketing issues : value adding and food safety'）を参照されたい．

た基本問題がむしろはっきりと像を結ぶのである．

　国民の栄養状態を健全に保つことを望ましいとみる価値判断は，その実現に用いられる手段次第では，毎日の食事の選択の自由とのあいだにデリケートな問題を引き起こす．このような選択の自由に対する政策的な干渉については，しばしばメリット財の概念を用いて説明がなされてきた．けれども筆者の印象を述べるならば，メリット財の概念は，それ自体としては政策的干渉を正当化するためのトートロジー以上のものではないように思われる[38]．メリット財に関して求められているのは，メリット財であることを振り回すことではなく，メリット財であるとする価値判断の中身の妥当性についての真摯な検討であり，社会的な合意を形成していくそのプロセスの吟味であろう．栄養政策についてもしかりである．近年の日本の栄養政策の分野には，「食生活指針」（2000年）や「食事バランスガイド」（2005年）の策定のような新しい動きもみられる．だとすれば，なおさら政策の根拠に関する原理的な吟味を欠かすことができない．

　栄養政策を考える際には，政策の費用と便益という観点も欠くことができない．もちろん，およそ政策である以上，何らかの意味でコストとベネフィットの比較考量がなされることは当然であるが，栄養政策の場合，費用と便益の発生の構図がそれほど単純ではない．この点については，海外の栄養政策に関する貴重な情報を提供している並木（1999）からの引用をもって，論点の提示に代えさせていただきたい．すなわち並木正吉氏は，「「食はすぐれて個人的な事柄である．好きなときに好きなものを食べるのは自分の勝手だ．それで病気になっても本望だ．食事指針などというお節介はやめてほしい」という意見がある．筆者は心情としては理解するが，この自分勝手な食事が自分の尻ぬぐいで完結すればよいが，そうはいかなくなっている社会保険制度を考えなければならない」と指摘し，「栄養政策を積極的に評価するようになった」ゆえんだとしている（並木1999）．

　食品の安全政策から食品の栄養政策へと連続的にフォーカスを移してきたわけであるが，このラインの延長線上には，食文化政策といったジャンルも見え

---

[38]　「財政学では，個人の自由選択への政府干渉を正当化するために（デ）メリット財概念が用いられる」（谷口1999）とする冷ややかな見方にも，一理あると言うべきであろう．

隠れしている．本書で多くを述べることはできないが，食文化と称される領域には，食品の安全や栄養の問題にもまして微妙な論点が含まれているように思われる[39]．例えば「流通革命の進展は，規格化された食品の供給と価格を安定させたが，規格化に向かない食品やローカルな食品はかえって高価になり手に入りにくくなった面がある」（時子山 1999）といった指摘がある．この指摘は，「消費者は売っていないものを買うわけにはいかず，売っているものの中から，場合によっては好みに合わなくても選択するしかない」という意味で，消費者主権の文脈からいくぶんの疑問を投げかけている．

ローカルな食品だけが食文化を標榜しうるなどと主張するつもりはない．しかしながら，競争と合理化のなかでフードシステムから消え去りつつある食品の代表が，ローカルな食品であり，伝統的な食品であることも間違いない．こうした現象を，消費者から選択の自由を奪う制約の強まりとみるべきか．それとも，消費者の自由な選択の結果だと考えるべきか．簡単に答えられる問題ではない．いずれにせよ，「伝統的な料理や食習慣を文化としてとらえ，何らかの意識的な伝承措置を講ずる必要も出てくる」（時子山 1999）との指摘は，フードシステムの政策研究としても，正面から受け止めるべき課題を提起している．

6. むすび

以上をもって，フードシステムをめぐる政策の類型区分に関する考察をひとまず終えることとする．この章の冒頭にも述べたとおり，政策のカテゴリー区分の内容はなお暫定的な提案の域を出ていない．したがって，再考を要する点も少なくないと思われる．他日を期することとしたい．ただ，本章を結ぶにあたって，ひとつだけ補足的に述べておきたいことがある．それは，食料安全保障政策について論じていない点である．これだけ話題性の高まっている分野で

---

[39] 中島正道氏の「食文化論は，食および食生活にかんする価値評価の体系であり，評価主体によって価値表現の概念・術語が異なりうるところから，本質的には人文科学の領域に属する学問であると考えられる」という指摘は，食文化政策の本質を考えるうえでも示唆に富んでいる（中島 1997）．

あるから，本章を執筆しているあいだにも，この問題が筆者の脳裏から離れることはなかった．

　食料安全保障政策を適切に位置づけるためには，そもそも食料安全保障のコンセプトがしっかりしていなければならない．第9章でも論じたところであるが，世界の食料保障と国家の食料安全保障を混同するような粗雑な議論では，政策論のベースとしては失格である．なによりも，食料安全保障の意味内容が明瞭に確定される必要があるが，残念ながら現在の日本では，この点についても充分な議論がなされているとは言いがたい．

　おそらく食料安全保障政策は，危機管理体制の実際の発動に関わる政策と，その効果的な発動を準備するための平時の政策とに区別することができる．そして，いずれのフェイズの政策問題も，フードシステムの全領域に関係することであろう．ただし，危機管理体制の発動は，そもそも社会の正常な運行に重大な障害が発生した事態にほかならないから，フードシステムの意味合いも，平時とは根本的に異なったものになるはずである．また，不測の事態に備えることと，平時にフードシステムのパフォーマンスの改善をはかることのあいだには，あるいは矛盾する面があるかもしれない．

　政策の根拠という点に着目するならば，食料安全保障政策は社会的規制のジャンルに含まれることになるであろう．けれども同時に，食料安全保障政策は，フードシステムをめぐる産業政策，競争政策，あるいは社会的規制のさまざまなジャンルに対して，危機管理モードへの切り替え，あるいはそのための準備を要請する．こうした文脈において，食料の安全保障のための政策は，超政策的な政策であると表現することもできる．

第 11 章　食品産業政策と農業政策
　　　　　：共助・共存の可能性

1. はじめに

　2002年度の『食料・農業・農村白書』には食料産業という表現が登場した[1]．この白書は用語解説のなかで，食料産業を「農業，林業，漁業，食品工業，資材供給産業，関連投資，飲食店，これらに関連する流通業を包括した産業」と定義している．一方，ほぼ1年前の2002年4月に公表された農林水産省「「食」と「農」の再生プラン」は，「「食農一環」政策を展開します」と結ばれている．政策立案の中枢において，食をめぐる産業の全体を捉えて施策の対象とするアプローチが急速に力を得ている．

　言うまでもない．こうした政策展開の背景には，雪印乳業の食中毒事故やBSE患畜の発生があり，これらをきっかけとして文字どおり続出した食の安全と安心に関わる深刻な問題がある．視座の大胆な転換が要請されていると言ってよい．とりわけ，農業と食品産業と食料消費の問題を切り離して把握し，それぞれに別個に対処する伝統的な政策アプローチの限界が露呈している[2]．

　しかしながら，農業政策と食品産業政策と消費者政策を相互に結びつける仕事がそれほど容易であるとは思われない．安直に予定調和の姿を描くことは禁

---

1) 『平成14年度食料・農業・農村の動向に関する年次報告』第1部第I章「食料の安定供給システムの構築」に「食料産業の動向」というタイトルの項が起こされた．なお，以下では年次報告のシリーズを『農業白書』と呼ぶ．
2) 同様の問題意識が研究陣営の組織化の面に現れた結果が，日本フードシステム学会の誕生である．「これまで「農」の問題は農業経済学者，「食品産業」の問題は食品工学者や商学系の食品流通学者，「食」の問題は栄養学者や食生態学者が，個々ばらばらに研究して相互の交流はほとんどなかった」（高橋 2001）．

物である．もちろん，たんに農業政策の看板を下ろし，食料政策の看板に取って代えたところで，事態が変わるわけではない．内実を伴わない用語の入れ替えは，真の問題の隠蔽につながりかねない点でむしろ危険である．ここは問題の本質をじっくり吟味してみる必要がある．

　食と農をめぐる政策のフレームワークについて考察すること，これが本章の目的である．そのための作業として，まずはこれまでの政策の展開を概観する．レビューの対象は食品産業政策である．そのうえで，農業と食品産業の境界領域の問題や，農業と食品産業を貫いて存在する問題をいくつか例示し，農業政策と食品産業の関係や食品産業政策と農業の関係を吟味する．食品産業政策と農業政策の関係を考えるためには，やや迂回的ではあるが，政策と産業のあいだに生じている交差効果に着目することが有益である．

2. 食品産業政策のカテゴリー

　食品産業政策の展開に関しては，少なくともある時期までは，そもそも政策など存在しなかったとする評価がある[3]．この点については前章において，次のふたつの問題を提示した．すなわち第1に，政策が存在しないという命題を検証するためには，なによりも政策の明瞭な定義が必要であり，さらに政策にさまざまなジャンルが含まれているならば，それぞれのジャンルごとに検証を要すると述べた．そして第2に，かりに政策の不在という状況があったとしても，それは特定の時期に限られたことかもしれない，つまり，時期別の検証作業も必要であるとした．この節と続く第3節では，きわめて限定的ではあるが，これらの課題に取り組むことにする．

　まず政策の定義とジャンルについては，基本的に前章のカテゴリー区分を踏襲する．ただし前章の区分は，フードシステムをめぐる政策の区分として提案されているため，消費に関連する政策カテゴリーを含んでいる．つまり，食品製造・食品流通・外食の3つからなる通常の食品産業の範囲を超える面がある．もっとも，食と農の全体像を視野におさめて検討を進めるためには，このほう

---

[3] 前章で引用した石田（1987）や小倉（1987）の指摘を参照していただきたい．

が好都合であるとも言える．以下では食品産業政策について，食品の消費に関連する政策を含む広義のものと理解しておく[4]．

Ⅰ．産業政策
　　　産業基盤政策　産業構造政策　産業組織政策
Ⅱ．競争政策
　　　水平面の競争政策　垂直面の競争政策　消費者保護政策
Ⅲ．社会的規制
　　　食品環境政策　食品安全政策　栄養政策

　前章の復習をかねて，このジャンル区分の考え方を簡単に整理しておく．まず，Ⅰの（狭義の）産業政策であるが，伊藤ほか（1988）の「一国の産業（部門）間の資源配分，または特定産業（部門）内の産業組織に介入することにより，その国の経済厚生に影響を与えようとする政策」という定義を踏まえながら，産業間の資源配分に介入する政策を産業構造政策，個々の産業の組織に働きかける政策を産業組織政策としている．さらにハードとソフトの産業インフラの形成を産業基盤政策として別個のジャンルとした．食品産業に関わるハードの産業インフラには青果物や水産物の卸売市場といった流通施設が含まれ，ソフトのインフラ政策としては，製品規格や取引コードの整備をあげることができる．
　Ⅱの競争政策は大別して，カルテルや企業合同に典型的な水平的競争制限行為に対する規制と，不公正な取引方法に対する規制のふたつからなる．前者を水平面の競争政策，後者を垂直面の競争政策と呼んでおく．この二分法は食品産業にも適用可能である．また，企業が消費者に行使する不当な競争手段の規制については，消費者保護政策として別のカテゴリーを立てた．垂直面の競争政策と同じ問題の構造を有するものの，問題の源泉である情報の非対称性や情報の咀嚼力のギャップが，企業と消費者のあいだでは格段に大きいことを考慮

---

4) 逆に前章は，フードシステムの政策理論を標榜していながら，農業政策にはあまり触れていない．この意味において，食品産業との関わりで農業政策を検討する本章は前章と相互に補完的である．

している．

　IIIの社会的規制については，食品環境政策，食品安全政策，栄養政策の3つのカテゴリーを提案している．筆者のみるところ，社会的規制に対して過不足のない定義を与えることは案外難しい．ここでは，なんらかの価値判断に基づく規制という要素を基準に，（狭義の）産業政策や競争政策とは区別されるカテゴリーとして社会的規制を扱った．例えば，消費者保護政策が情報の非対称性に起因する非効率に着目したカテゴリー区分であるのに対して，食品安全政策や栄養政策の根底には，人々の健康の保持を望ましいとする社会の価値判断がある．やや微妙なのは食品環境政策である．経済学的には，外部不経済に起因する市場の失敗の補正を意味しており，競争政策に相通じる面のあることも否定できない．けれども，ここはバッズの放出が社会的に望ましくないとの価値判断に立脚した政策のカテゴリーとして整理している．

3. 食品産業政策の展開

3.1 資料

　いま述べたカテゴリー区分を念頭におきながら，1960年を起点に各年度の『農業白書』に収録された「農業に関して講じた施策」（1999年以降は「平成某年度において講じた食料・農業・農村施策」）を素材として，食品産業政策の動向をトレースする．1960年を起点とする理由の第1は，このころからいわゆる基本法農政の体系が整えられたことである．加えて，1968年に農林経済局に企業流通部が設置されたことがある．企業流通部の発足は，食品産業政策のための行政組織がある程度整備されたことを意味している．したがって逆にそれ以前の時期について，政策の内容を確認しておくことは，先に紹介した政策の不在という評価との関連からも重要だと考えられる[5]．

　ところで，素材を「農業に関して講じた施策」（以下，「講じた施策」）に求めたことから，本章の整理はいくつかの強い制約を受ける．ひとつには，農林

---

[5] この点については，前章で引用した食品工業対策懇談会（1969）の食品産業政策の現状に対する指摘を参照されたい．

水産省の政策に限定されることであり，公正取引委員会の守備範囲のもとにある競争政策をカバーすることができない．このほか，食品安全政策や栄養政策については厚生労働省との関わりが，食品環境政策については環境省との関わりが深い．ただし，すぐあとでみるとおり，これらのジャンルについても農林水産省の所管する施策がなかったわけではない．とは言え，農林水産省以外の府省の政策がトレースから漏れている点に変わりはない．

　ここで確認しておきたいのは，（狭義の）産業政策をめぐる農林水産省と経済産業省の分担関係である．この点については，1941 年の省間分野調整の結果が基本的に今日まで引き継がれている．すなわち，当時の農林省と商工省のあいだで，農産物の加工と流通に関する行政は農林省が所掌することとされたのである（農林水産省百年史編纂委員会編 1981 の下巻）．したがって，農産物の加工・流通に関する政策があるとすれば，それは農林水産省によって担当されているとしてよい．ただし，のちにみるように，中小企業政策は農林水産省の担当する食品産業政策のひとつであるが，施策の法制度上のフレームワークは経済産業省（通商産業省）によって整備されている[6]．

　「講じた施策」を材料とすることに起因するもうひとつの限界は，政策に対する資源の投入と政策によって生じた効果のいずれについても，量的な評価を加えることができない点である．かりに名ばかりの政策であったとしても，これを排除することは難しい．この意味において，今回のトレースは本格的な政策研究の予備的な作業の域を超えるものではない．

3.2　政策の展開

　今日の農林水産省の食品産業政策は，総合食料局による業種横断的な政策をベースに，他方で生産局や総合食料局などに属する多数のセクションが，それぞれに所掌する農産物の加工品を品目ごとにカバーするかたちをとって構成されている[7]．そこでまず時期区分のひとつのメルクマールという見地から，現

---

[6]　中嶋・森田（2003）はこの点を指して，農林水産省が「いわば政策仲介的な役割を果たしている」と表現している．

[7]　この点の具体的な中身については，中嶋・森田（2003）を参照していただきたい．

在の総合食料局に至る組織の沿革をごく簡単に整理しておく[8]．

　業種横断的な食品産業政策の母体は，1952年8月に設置された農林経済局である．この局のもとに1955年12月に企業市場課が設けられる．企業市場課は1963年1月に企業課と消費経済課に分かれ，1968年6月の企業流通部設置の柱となる．すなわち，企業振興課（企業課を改組した課）と消費経済課に市場課・商業課・食品油脂課が加わって，農林経済局のなかに企業流通部が発足する．さらに企業流通部は1972年12月に廃止され，代わりに食品流通局が独立の局としてスタートする．その際，企業流通部の5課に他局からの振替などで5課が加わった．以後，内部の多少の再編や他局への一部移管はあったが，骨格は変わることなく2001年1月の総合食料局への再編を迎える．食品産業政策を担当するセクションはほぼ一体のものとして総合食料局に引き継がれた．

　一方，政策展開の面からみた時期区分のメルクマールとしては，まず米過剰の顕在化と総合農政への移行があり，時期的には企業流通部のスタートとほぼ重なっている．また1969年3月に第2次資本自由化が実施され，飲食業への外資の参入が100％自由化された点も重要である．次に訪れるエポックは，農政審議会の「80年代の農政の基本方向」（1980年10月）である．食品産業と農業を車の両輪にたとえたことでよく知られている．その後は，ウルグアイ・ラウンド農業合意前後の農政の転換（農林水産省「新しい食料・農業・農村政策の方向」［1992年6月］と農政審議会「新たな国際環境に対応した農政の展開方向」［1994年8月］など）があり，さらに1999年7月の食料・農業・農村基本法の施行へと続く．

①食品産業政策の助走期（1960年代末頃まで）

　先に指摘したように，ボリュームの評価は留保しておかなければならないが，政策のメニューに関する限り，食品産業政策は1960年代初頭の時点でも，相当に広い範囲にわたって着手されている．例えば1960年度に講じられた食品産業関連施策を「講じた施策」からピックアップしてみよう[9]．いずれも「価

---

8) 農林水産省百年史編纂委員会編（1981）の別巻資料編と総合食料局資料（2003年）による．
9) 当時の「講じた施策」は，『農業白書』の発行年度とその前年度の施策をカバーしてお

格流通対策」と題された章に含まれており，順に，「畜産物の価格安定と流通改善」の項には食肉の貯蔵・出荷施設の整備，畜産物の取引規格の設定・普及が，「市場対策」の項には卸売市場施設の整備，取引機構・方法の改善が，「食糧農産物の需要増進」の項にはモデル食の普及，牛乳・乳製品の消費普及，ぶどう糖の消費促進が，「食糧品工業の振興」の項には14業種に対する技術・経営・税制措置・金融措置と「中小企業団体の組織に関する法律」に基づく措置がうたわれている．

さらに1960年代後半にかけて，いくつかのジャンルの施策が加わる．まず，1962年度に小売段階における流通改善が施策のメニューに登場する．1965年度には低温流通体系（コールドチェーン）の推進がうたわれ，その後，調査事業から実験事業へと展開する．また，1966年度には「日本農林規格の整備等」が新しい項として起こされた．政策はこのように次第に充実していくのであるが，企業流通部が設置された時期に当たる1967年度から68年度にかけて講じられた施策をピックアップするならば，次のとおりである．いずれも「農産物および農業資材の価格安定，流通合理化ならびに農業所得の確保」と題された章に含まれている．

「畜産物および青果物の流通の合理化」の項には，集送乳施設の設置，需給調整のための乳製品工場設置に対する出資，飲用牛乳小売改善モデル事業，家畜市場の再編整備への助成，食肉センターの設置への助成，食鶏出荷合理化施設の設置への助成が，「青果物の流通の合理化」の項には，出荷近代化施設の設置への助成，コールドチェーンの実験事業，果実流通消費改善事業（コンテナーによるバラ詰輸送），市場施設の整備への助成，卸売市場近代化資金（農林漁業金融公庫）の新設・融資，卸売市場整備計画と中央卸売市場整備目標の策定，生鮮食料品集配センター施設整備への助成，生鮮食料品等小売業近代化資金（国民金融公庫）の新設・融資，流通情報提供事業への助成，通信網（テレックス等）の整備，消費者向け情報サービス事業の対象都市の拡大（名古屋市），日本農林規格制定品目の拡大，日本農林規格の整備・普及・運用改善，

り，ここでの記述は1961年度「講じた施策」によっている．2年度をカバーする方式は1973年度の『農業白書』まで続き，1974年度以降は当該年度の施策についての記述となる．

食料品に関する商品テストや消費改善講習会への助成，商品取引所における取引の公正の確保と委託者保護の強化のための措置が，「加工の合理化」の項には，「中小企業近代化促進法」に基づく経営・技術指導と融資の斡旋，食品工業の統計資料の整備，農産物加工等の企業合理化推進のための措置（民間の試験研究への助成，機械・設備に関する特別償却制度や税額控除制度の適用），中小企業設備近代化資金の融資がうたわれている．

　当時の食品産業政策のイメージを得るためにやや詳しく紹介したわけであるが，ハードとソフトの産業基盤政策，中小企業政策を中心とする産業組織政策を確認することができる．ただし，ハードとソフトのインフラ政策とは言っても，大半は生鮮食品の流通に関するものであり，むしろ農業政策と食品産業政策の境界領域に位置する政策とみるべきであろう．言い換えれば，高度な加工を伴わない財について，需給の円滑なマッチングをはかることにねらいがあった．なお，当時の政策には物価の上昇と変動に対する強い警戒感が滲み出ている点も注意されてよい．また，逐一トレースすることはしないが，流通と市場取引に関する施設とルールの整備はその後も政策のひとつの柱として継続する．中小企業政策についても，法制度の多様化を伴いつつ，また，対象業種の変遷はあるものの，金融・税制上の支援措置と研究開発の支援措置を主要な政策手段として，今日まで途切れることなく続いている．

②食品産業政策の確立期（1980年頃まで）

　さて，「加工食品の需要の増大，貿易・資本の自由化の進展，物価問題の重要性等にかんがみ，食品工業の近代化を進める必要」（1968年度「講じた施策」）から，1968年に企業流通部が新設される．このころから農政審議会の「80年代の農政の基本方向」までの時期を，かりに食品産業政策の確立期と呼ぶことにしよう．こうした性格づけの根拠のひとつは，1972年の食品流通局の新設というかたちで，行政組織機構の整備がさらに進められた点である．また，企業流通部の新設を機に食品工業に関する懇談会が設けられ，産業と政策のあり方について，さまざまな角度から検討が行われている．食品工業対策懇談会（1969）は検討の結果を取りまとめたものである．組織の変遷はあるものの，懇談会方式による検討はその後も継続する[10]．

この時期に加わった政策や目立って強化された政策をあげるならば，第1に「消費者保護対策の充実」がある．これは1969年度の「講じた施策」において新しい節として起こされた．この節のもとに「農林物資の規格及び表示制度の拡充」「苦情処理機構の確立」「消費者向け流通情報の提供」の3つの項が配置されている．第2に，1970年度に「農林関連企業公害対策」のタイトルのもとに，食品製造業の環境問題に関する調査と規制についての記述が加わった[11]．食品製造業の環境問題をめぐる施策は，記述される場所に数次の変更があるものの，今日まで一貫して継続している．ちなみに2001年度の「講じた施策」では，「食品産業の健全な発展に関する施策」の「環境問題への積極的対応」の項のもとに「食品産業における循環型社会経済システムの構築」と「容器包装リサイクル促進対策」のふたつの事項が配置されている．

　第3に，食品製造業をめぐる施策が徐々に拡充された点をあげることができる．すなわち，前期から引き継がれた中小企業政策にいま述べた環境政策が加わり，1972年度からは研究開発への支援が施策のメニューとして定着する．また，1969年度に登場する「食品工業の団地形成」をめぐる政策も，表現は変化するものの，今日に至るまで継続的に記述されている．研究開発やコンビナート形成に対するバックアップは，産業への資源配分に働きかける点から言えば，産業構造政策のカテゴリーに含めてよい．

③食品産業政策の体系化期（1980年代末頃まで）

　1970年度の「講じた施策」において，食品産業政策はひとつの章として独立する．それまでは農産物の価格政策や農業所得政策と同居していた食品産業政策の記述が，「流通加工の合理化および消費者対策」の章のもとにまとめられるのである[12]．このことも，各種の施策メニューの充実とあわせて，1960

---

10) 「講じた施策」では食品産業に関する懇談会の開催を1976年度まで確認できる．また，1977年度から1979年度までは，「食品産業をめぐる情勢の変化に対処するため，食品産業対策の拡充強化等につき検討」といった記述がある．

11) 食品産業の公害問題に関する記述は1968年度の「講じた施策」にもある．「公害対策」の節のなかに，「食品関係工場の排水の水質，処理施設等の現状をは握するため」の「実態調査を実施した」とされている．

12) 1969年度の「講じた施策」においては，「農産物等の価格の安定および農業所得の確

年代末に始まる時期を食品産業政策の確立期と性格づけた理由である．ただし，メニューの充実は流通・加工・消費のそれぞれの分野ごとに並行して進んだとみることができる．とくに食品加工の領域で懇談会方式による検討が重ねられた点は，すでに触れたとおりである．そして，これらの政策ジャンル相互のつながりを意識した食品産業政策全体の体系化の展望は，「80年代の農政の基本方向」によって打ち出されることになる．

1980年度の「講じた施策」では，「流通加工の合理化，消費者対策の充実と農産物の消費拡大」と題された章の冒頭に，「食生活の多様化等に対応して食料品消費に占める加工食品，外食等のウェイトが高まっている状況を踏まえて加工，外食及び流通を一体的に捉えた食品産業につきその効率化を図る」とうたわれた．同時に政策の配列も，食品の加工，流通，消費の順になる．また，それまでは食品工業と同じ意味で使われることが多かった食品産業という表現についても，加工・外食・流通を一体的に捉えるための概念として整理され，1982年度の「講じた施策」では章のタイトルにも食品産業という言葉が用いられた（「食品産業対策，消費者対策の充実と農産物の消費拡大」）．

この時期に観察される政策の変化としては，第1に前の時期から引き続き，全体に占める食品工業関連の記述のウェイトが高まっている点を指摘できる．逆に流通のウェイトが小さくなっているわけであるが，流通の領域のなかでは生鮮食料品以外の食品に関する記述が目につくようになる．第2に，外食産業を対象とする政策がスタートする．外食産業への言及は過去にもあったが[13]，1983年度の「講じた施策」では「食品産業近代化の総合的推進」の項のもとに「外食産業対策の推進」という事項が配置される．ただし，内容は情報の収集と調査研究が中心である．なお，食品流通局に外食産業対策室が設置されたのは1981年4月のことである．

新しい政策展開としては，第3に日本型食生活の定着に向けた政策の登場を

　保ならびに流通の近代化等」というタイトルの章のなかに食品産業政策に関する記述が含まれていた．
13) 1973年度の「講じた施策」には「外食産業の位置づけとその近代化の方向について検討した」とある．日本で外食産業という言葉が使われはじめたのが1970年代に入ってからであった点を考えると，この記述は比較的早いものだと言えよう．外食産業の発達については，例えば茂木（1996）を参照されたい．

あげておく必要がある．「80年代の農政の基本方向」の提言を受けたもので，1981年度の「講じた施策」には日本型食生活というフレーズが登場し，1982年度には「日本型食生活の定着促進と農産物の消費拡大等」という節が起こされる．さらに1983年度の「講じた施策」では，この節が食品産業の章から分離され，「豊かな食生活の保証と農産物価格の安定」という独立の章となる．この日本型食生活の定着促進は，政策のカテゴリーとしては栄養政策に分類することができる．と同時に，農産物の消費拡大という政策目標とセットになっている点で，農業政策の観点に立った問題意識の濃厚な政策という一面を有していたと言ってよい．なお，食生活の改善をめぐる政策の系譜は1960年代から確認できるが，1980年代の半ば以降，地域の特色ある食品を重視する姿勢が目立ちはじめる．例えば1986年度の「講じた施策」には「優れた郷土料理，食生活技術の継承，発展を図った」とある．一方，1985年度の「講じた施策」では，供給側に関する政策の充実の観点から，食品産業対策のひとつの柱として「地域食品対策」の項が新たに設けられた．

④食品産業政策の動揺期（1980年代末頃から現在まで）

「車の両輪」論を受けた1980年代の「講じた施策」では，随所に食品産業政策の重要性がうたわれている．「食品産業政策を農業政策と並ぶ重要な柱として位置付け，その積極的展開を図った」（1982年度「講じた施策」）などといった表現がそれである．また，「消費者と生産者，食品企業等との相互理解を深める」（1985年度「講じた施策」）といった記述もある．

しかしながら，今日の食品産業と農業の関係を考えるうえで決定的に重要な問題のひとつは，いわゆる原料問題である．ところが，この点に関してはじめて記述が行われるのは，1980年代も押し詰まった1988年度のことであった．すなわち，同年度の「講じた施策」には「食品産業原料対策等」と題された項が設けられ，総合的な政策推進を実施したと記されている．具体的な施策としてあげられているのは，原料農産物の生産対策，国産原料農産物に関する情報交流，原料農産物の品質改善と取引の安定化，地域農産物の加工利用の促進，地場産業の育成を図るための新食品の開発・施設整備・技術向上の推進，海外原料農産物の安定供給を確保するための備蓄推進などであった．

これらが的確で充分な施策であったか否かは別として，この時期に原料問題がクローズアップされた背景には，経済界からの要求が急速に強まったことがある．すなわち，1986年に経済団体連合会から食品工業をめぐる大部の報告書が公表されるのである[14]．ひとことで言うならば，円高が昂進するなかで，食品工業が原料の高価格と安価な輸入製品の板挟みの状態にあるという分析が提示される．小倉（1987）には，「日本で食品産業政策があるとすれば，農業保護政策の余波としてのものであり，その余波の影響を受けている食品製造業からの是正に多少の要望が眼に付く」との記述があるが，ほぼ同じ時期に表明された所感であるだけに興味深い．

　原料問題が農産物とその加工品をめぐる国際化の進展とともにクローズアップされたことは，見方を変えるならば，食品産業政策が海外との競争環境のもとで新たな課題に直面したことを意味する．これを反映するかのように，1980年代末以降の「講じた施策」の記述には，国際化対応のための施策が目立ちはじめる．例えば1989年度には，自由化品目に関わる加工業者に対して金融・税制上の支援措置を講じる特定農産加工業経営改善対策がスタートし，1990年度には輸入加工食品の分析能力の強化がうたわれている．

　農産物と食品の国際化に対する食品産業政策の観点からの危機感は，1995年度の記述に率直に表明される．すなわち，「最近の円高等により原料の海外依存や製品の海外生産の優位性が高まっている中で，ウルグアイラウンド農業合意を契機として今後，国内食品製造部門の空洞化が進展し，地域の雇用と国内農業生産に悪影響を及ぼす懸念がある」とされた．この年度の「講じた施策」は「食品の供給を農業生産のみならず加工・流通・消費を含めた一連の流れ，つまりフードシステムとして捉える必要」を指摘した点でもエポックメイキングであった．

　食品産業政策の困難な局面は国際化によって生じただけではない．本章の冒

---

14) 経済団体連合会（1986）．この報告書は食品工業をほぼ網羅する23の業種について，原料問題と産業を取り巻く環境を整理したもので，経団連ではこれを民間版『食品工業白書』と称した．同じ系列の提言が1988年，1991年，1996年にも公表されているが，これらは正式に『食品工業白書』と名付けられている．なお，経団連では経済団体連合会（1986）以前にも食品工業の原料問題に関連した提言を公表している．もっとも早いものが経済団体連合会（1980）である．

頭にも述べた食の安全と安心をめぐる近年の事故と事件の続発によって，食品安全政策のみならず食品産業政策全般の見直しが行われる事態となった．この点について，ここであらためて解説を加える必要はあるまい．ただ，食品産業政策の展開史のなかでは，表示をめぐる政策と安全の確保に関する政策について，農林水産省によるものに限定したとしても，事故と事件の続発以前にも一定の拡充が図られていた点は指摘しておくべきであろう．表示に関しては1988年度の「講じた施策」に「食品表示総合対策」の項が起こされ，安全の確保に関しては，1993年度の「講じた施策」において「食品の安全性の確保対策」というタイトルの節が新たに設けられている．

4. 政策の交差効果

　食品産業政策と農業政策の関係を考えるさいには，それぞれの政策が他方の産業にもたらすインパクトに着目する必要がある．農業政策が食品産業に及ぼす交差効果と，食品産業政策が農業に与える交差効果である．さらに図11-1に模式化したように，いったん受け止められた交差効果が2次的な効果を生みだし，他方の産業に反射的に投げ返されることもある．そして，こうした効果の伝達や反射の構造を把握するためには，そもそも農業と食品産業のあいだに成立している経済的な影響関係の機序が知られていなければならない．本章ではこの領域に深入りすることを控えるが，ここに研究上の広範な課題が存在することは言うまでもない．

4.1 農業政策と食品産業

　農業政策が食品産業にもたらしている交差効果のひとつに，原料問題があることは前節で触れた．すなわち，割高な原料価格と安価な輸入製品の板挟みにある食品産業の問題である．原料問題に関連して，食品産業政策や農業政策の観点から国内産業の空洞化に強い危機感が表明されていることも，すでに指摘したとおりである．

　斎藤（2003）の推計によれば，1995年の時点で食品産業の有効保護率はマ

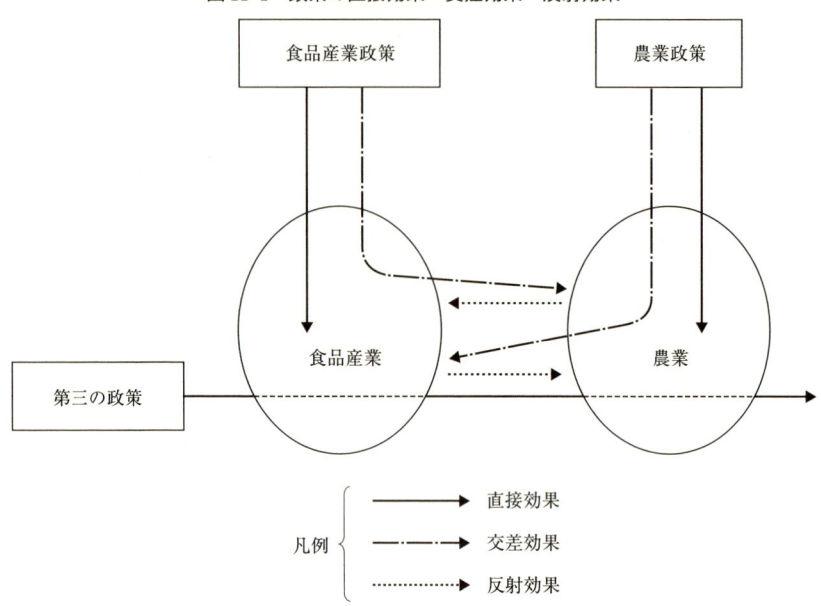

図11-1　政策の直接効果・交差効果・反射効果

凡例
- ──→　直接効果
- ─・─→　交差効果
- ……→　反射効果

イナス34％であった．食品産業はいわば課税されているのである[15]．こうした状態をもたらした要因として，製品価格に比して相対的に高い原料価格がある．けれども，このような相対価格の構造が形成された要因となると，それほど簡単に説明できるわけではない．日本農業の価格競争力を規定している要因自体が単純ではないからである．

もっとも，政策的な因子に議論を限定するならば，問題の焦点は明瞭である．第1に関税の構造に着目すべきであり，第2に農産物の価格政策についての評価が必要である[16]．第1の問題は，農産物の国境措置に比べて，その加工品の国境措置が概して弱いことである．タリフ・エスカレーションと呼ばれる現象

---

[15]　同じ推計によれば，耕種農業の有効保護率は273％，同じく非耕種農業のそれは294％であった．

[16]　もちろん，実際の政策の構造はこれほどシンプルに割り切ることができるわけではない．例えば，でんぷんや原料糖については国産原料と輸入原料の抱き合わせ使用の制度のもとにある．あるいは小麦については，輸入差益と国内麦の保護費用をバランスさせるコストプール方式が，少なくとも建て前のうえでは維持されている．

とちょうど逆の構造が形成されているのである．過去の政策選択が果たしてベストのものであったか否か．ここは振り返って検証の余地があろう．むろん，時計の針を元に戻すことはできない．大切なのは検証の視野を広くとって，今後の政策設計への教訓を得ることである．この場合の広い視野の確保とは，ここで論じているように，政策選択の直接効果のみならず，交差効果や反射効果を明示的に考慮することを意味する．

同じことは価格政策についてもあてはまる．ただし，価格政策は基本的には国内問題であり，国境措置に比べれば，代替的な政策手段を選択する自由度は相対的に高いと言ってよい．現に，価格支持型の農政は次第に後退し，品目横断的な直接支払いへの移行が日程にのぼっている．価格政策やこれに代わる政策の評価にさいしては，直接効果である農業所得形成への寄与と同時に，交差効果である食品産業へのインパクトの観点も考慮しなければならない．かりに食品産業の空洞化が促されるならば，それは反射的に農業の存続を脅かすことになるからである．

ところで，原料問題とは逆の方向からの問題意識によって提起されているのが価格伝達問題である．すなわち，農産物の価格の引き下げが行われた場合に，その効果が川下の食品産業を介して，最終消費者のもとに伝達されるか否かが問われている．この問題はEUの共通農業政策改革とともにクローズアップされた．すなわち，1992年に決定されたCAP改革は，穀物や牛肉の支持価格を大胆に引き下げると同時に，直接支払いのかたちで新しいタイプの所得政策を講じるものであった．消費者負担型農政から財政負担型農政への転換がはかられたと言ってよい．もっとも，財政負担構造の変化については支出と受益の両面ではっきりしているが，消費者負担型農政からの脱却が無条件で約束されるわけではない．食品加工や食品流通や外食といった食品産業の構造と行動が，川下に向かう価格伝達のパフォーマンスを規定するからである[17]．

加えて，この論点は農業経済学の研究のパラダイムにひとつの問題を提起していると言わなければならない．すなわち，厚みを増したフードシステムのもとでは，農産物の供給者と需要者が直接に向き合う古典的な市場分析の有効性

---

17) このような問題意識に立った実証研究として小島 (2001) をあげておく．

は，著しく低下している可能性がある．多段階に重層化したフードシステムは，それにふさわしい分析フレームを要請している．

4.2 食品産業政策と農業

　食品産業政策が農業に与える交差効果もある．卑近な例としては，2001年7月に実施された牛乳の表示制度の変更をあげることができる．この制度改正は，雪印乳業の食中毒事故の影響とも相まって，消費者の購買行動に一定のインパクトを与え，これが生乳の需給パターンの変化につながっている[18]．端的な現象としては，加工乳に仕向けられる脱脂粉乳の過剰問題が顕在化した．生乳を100％使用した牛乳に対する需要が相対的に増加したからである．

　また，第3節でもトレースしたとおり，生鮮食料品の流通インフラの整備は比較的早い時期に着手された食品産業政策であった．とくに卸売市場の整備が広範囲に行われたことや，青果物の製品規格の整備が進んだことで，野菜や果実の産地にとっては，市場に出荷するルートがいちだんと魅力的なチャネルとなったはずである．野菜価格安定制度などの農業政策はこれをさらに後押しした．これらの政策のミックスが産地形成にあずかって力を発揮したことは疑いをいれない[19]．もっとも，生食用の青果物のポジションが引き上げられたことは，加工や外食に仕向けられる青果物に対する低い評価にも結びついた．意図された結果ではないにせよ，食品産業にとってはひとつのネガティブな反射効果が生じたと言ってよい．

　前節の検討は農林水産省による政策に限定されていた．このこともあって，食品産業政策には農業に好ましい交差効果をもたらすことを想定した施策がかなり含まれている．生鮮食品を中心に拡大されている原産国の表示や，米や牛乳などの摂取を奨励する政策は，消費者保護や栄養政策としてのねらいを担うとともに，国内農産物の消費拡大に結びつくことを期待した政策でもあった．

---

18) 生乳100％使用のもの以外に「牛乳」と表示することが全面的に禁止された．なお，牛乳の表示については，1999年12月にも表示制度の改正が行われている．前田（2003）を参照していただきたい．

19) この論点に関しては佐藤（2001）の整理を参照していただきたい．

また，生鮮食品の流通インフラの整備や農産物加工施設に対する投資助成も，農業生産にプラスに作用する交差効果を有している．

ところで，これからの食品産業政策と農業の関係を考えるうえで見逃せない論点のひとつに，食品産業に関わる垂直的な競争政策のあり方がある．食品産業と農業のあいだに形成される垂直的な関係という問題意識に立ちながら，農業と直接接触する食品加工や外食といった企業の行動に注目する必要がある．近年，企業と農業経営やそのグループがさまざまな提携関係を取り結ぶケースが増えている．食品企業による農業生産法人への出資参加や，両者の継続的な取引関係を約束する契約の締結もある[20]．そして，そこには不公正な取引方法が首をもたげる可能性がないわけではない．一般論として，食品産業の企業のバーゲニング・ポジションに比べて，農業経営のそれが劣位にあることは否定できない．優越的な地位の濫用に対する競争政策上の措置いかんが，農業経営の成長にも無視できない影響を与える可能性がある．

4.3　第三の政策と食品産業・農業

第2節のカテゴリー区分のなかで，社会的規制として括られた3つのジャンルは，いわば外的な価値基準に照らして政策の目的がセットされ，それが関係する産業に規制や誘導として及ぶ構造を持つ．狭義の産業政策や競争政策が一義的には当該産業のパフォーマンスを政策判断や政策評価の基準とするのに比べて，やや異質な政策群であると言ってよい．

こうした性質から，例えば食品安全政策を産業の外に立つ独立の政策と考えることができる．外に立ちながら，ターゲットの産業に対して社会的規制として作用するわけである．しかも，食品安全政策が社会的規制として作用する客体はひとつの産業に限定されるわけではない．本章のテーマとの関わりで言うならば，食品安全政策は食品産業と農業の双方に及ぶ第三の政策なのである．食品産業と農業は垂直的にリンクしたフードシステムのサブシステムである．

---

20) 農業への参入規制のあり方は，農業に対する食品産業の関与のスタイルを制約する．この側面に光をあてるならば，問題は農業政策の食品産業への交差効果として把握され，これが農業にいかなる反射効果を有するかが問われるであろう．

食品の安全性は，このフードシステムの各段階で食材の安全という属性が保存され，受け渡されることによって確保される．言い換えれば，第三の政策である食品安全政策は，こうした各段階の機能に対応して川下・川中の食品産業から川上の農業に至る産業の連鎖を垂直的かつ網羅的にカバーしなければならない．

　いま述べた関係を産業の側から捉え直してみるならば，農業と食品産業は食品安全政策の目的の達成に関して相互に補完的である．安全という属性を確保し，これをフードシステムの次のステージに受け渡すためには，その産業に対して一定の資源が投入されなければならない．こうした資源の投入ないしは努力水準にステージ間のばらつきが存在するとすれば，食品の安全性の達成水準は最小の努力水準に規定されることであろう．一種の最小律である．この意味において，農業と食品産業は相互に補完的な関係に立つ．

　食品の生産・加工に関する履歴情報を保存・伝達する点で，トレーサビリティ・システムの仕組みも同じような構造を持つ．それぞれのステージにおいて，必要かつ充分な資源の投入が行われ，情報の保存と正確な伝達が確保されるときに，トレーサビリティ・システムは全体として意味のある制度として機能する．ここでも，農業と食品産業の協働があってはじめて，第三の政策の目的が達成される．

　さらに連想を進めるならば，食料の安全保障政策にも共通の構図を見出すことができるであろう．食料安全保障政策が出動する事態とは，食料の供給経路が著しく限定された状況にほかならない．限られた源泉と限られた容量のパイプによって，必要な量の食料を途切れることなく供給することが求められるのである．ここにも最小律の作用を想定することができる．農業と食品産業は補完的でなければならない．

5. むすび

　食品産業政策と農業政策は，相互に与え合うインパクトを充分に考慮しながら構想される必要がある．それだけ，食品産業と農業のリンケージが深くなっているのである．しかしながら，この課題をオペレーショナルなかたちでセッ

トするためには，やや迂回的な問題の設定が有効である．本章では，農業政策と食品産業の交差効果，食品産業政策と農業の交差効果，さらには第三の政策と食品産業・農業の関係に着目する視角を提示し，それぞれについて若干の考察を試みた．

食品産業政策と農業政策のあり方を構想するさいには，政策を評価する視点そのものが鋭く問われることになる．ここでも結果を追い求めるに急であるべきではない．両者を貫く共通の評価尺度はそれほど簡単に設定できるとは思われない．ただし，本章で言うところの第三の政策のように，食品産業と農業が補完的な役割を果たすケースについては，統一的な評価尺度を設定することは可能であろう．

けれども，そのほかの場合について，ことはそれほど容易ではない．もちろん，消費者主権といった上位の規範による尺度の設定の可能性を否定するものではない．けれども，産業間と政策間に錯綜する利害の構造は，上位規範の導入によってただちに整頓されるほど単純なものではない．まずは食品産業の観点と農業の観点を互いに率直に提示してみる必要がある．そのうえで直接効果にとどまることなく，交差効果や反射効果を含めて，政策の意味合いをそれぞれの観点から吟味すべきであろう．そこから真に有益な対話が始まる．真に有効な共通の尺度を設定する作業は，さらにその先にあるというのが筆者の考えである．

概念的なフレームワークをめぐる検討とともにいま必要なことは，農業が食品産業をよく知り，食品産業が農業をよく知ることであろう．この点を考慮して本章では，農業の関係者にとってはやや距離のある領域として，食品産業政策のレビューに多少の紙幅を割いた．加えて，食品産業政策と農業政策のあいだに実りある対話が成立するためには，あらためて共通の言語が必要とされる場合もある．このことを念頭に，続く補論では農業政策の体系と産業政策のカテゴリーを比較する．

補論　農業政策のジャンル

　農業政策の食品産業に対する交差効果を考えるさいに注意を要するのは，農業政策が産業を対象とする政策としては，やや特殊な政策体系を有しているように見受けられる点である．第2節で提示した政策のカテゴリー区分は，ある程度抽象化された概念の操作によって導かれたものであるから，その意味では食品産業以外の産業にも適用可能な部分が多いはずである．しかるに，われわれに馴染みのある農業政策体系のジャーゴンとは，一見したところほとんど重ならない．もっとも，その内容を吟味してみるならば，ふたつの政策体系に見かけほどの隔たりがあるわけではない．以下，共通点と差異について整理しておく．

　例えば頼（1987）は，農業政策の体系は次の7つからなるとしている．すなわち，農産物価格政策・農業所得政策，農産物流通政策，農産物貿易政策，農業生産政策，農業構造政策，産業構造政策，農業環境・福祉政策の7つのジャンルである．このうち産業構造政策は筆者のそれと同じ意味を持つ．もっとも，農業の分野に独立した産業構造政策を認めうるか否かは微妙である．むしろ，農業政策のさまざまな政策ジャンルが農業への資源投入を促している，その総合をもって産業構造政策と理解すべきであろう．また，農業環境・福祉政策も市場の失敗の除去という点で，筆者のカテゴリー区分に対応する部分を見出すことができる．ただし，頼（1987）の福祉政策は，人々が農業・農村のプラスの外部効果を享受する点にアクセントをおいている．このようなプラスの外部効果の影響力が大きいことは，政策上の配慮を要請する農業の特性であるとしてよいであろう[21]．

　さて，残る5つのジャンルのなかにも，第2節のカテゴリー区分に対応するものがある．ひとつには，表現は異なっていても概念上は似通ったジャンルがある．第3節でも吟味したように，農産物流通政策は産業基盤政策と大きく重なり合う．さらに農業生産政策は産業構造政策と，農業構造政策は産業組織政策とかなりの程度オーバーラップするとみてよい．さらに，筆者のカテゴリー

---

[21]　同じように配慮が求められる点として，本論でも触れた食料安全保障があげられる．絶対的な必需品の供給を担っていることも農業の特性である．

区分がいずれも政策の目的の性質に即しているのに対して，農産物貿易政策というジャンルはむしろ手段による区分であって，そのありようによっては，産業構造政策としての意義を持ちうるはずである[22]．

問題は農産物価格政策・農業所得政策であるが，これも農産物価格政策が手段による分類であることを考えれば，さらに見通しがよくなる．つまり，農業所得政策の目的を達成するために農産物価格政策がある．したがって，目的を基準とする観点を貫くならば，残るのは農業所得政策ということになる．第2節のカテゴリー区分に，この政策目的に照応するジャンルはない．そして，ことがらの是非は別として，農家の所得水準に直接働きかける政策的な目的が存在してきたまさにその点に，一般の産業政策とは通約不可能な農業政策の特異性があると考えてよい．裏返せば，農業の技術的特質や食料の財としての特質を充分にわきまえるならば，農業政策の多くのジャンルは，一般の産業に関する政策カテゴリーに翻訳することが可能なのである．

---

[22] 農業政策のカテゴリー区分には，しばしば政策目的による区分と政策手段による区分が混在している．政策手段による区分としては，佐伯（1989）の分類（価格政策，農地政策，公共投資，金融政策，補助金，技術普及政策，租税政策）が包括的である．手段の列挙であるから，いずれについても，○○制度という表現に置き換えても不自然な印象を与えない．

初出一覧

序　章　「日本農業の課題」(森地茂編『国土の未来』日本経済新聞社, 2005年).
　　　　「これからの農業政策」(同).

第1章　「農政改革と近未来の農業・農村」(『農政改革とこれからの日本農業』日本経済研究センター, 2005年).

第1章補論　書き下ろし.

第2章　「農政手法の新展開：特徴と問題点」(『会計検査研究』第26号, 2002年. Recent Development of Agricultural Policy Instruments: Its Features and Problems, *Government Auditing Review,* Vol. 10, 2003 として再録).

第2章補論　「経営所得安定対策：背景と論点」(『全国畜産経営安定基金協会だより』第72号, 2001年).

第3章　「米経済の変化と米政策改革」(『生協総研レポート』第44号, 2004年).

第4章　「中山間地域等直接支払制度の枠組みと畜産経営」(『畜産に係る直接支払制度調査研究事業報告書』農政調査委員会, 2003年).

第5章　「アジアの水田水利と日本の経験」(援助効果促進調査団『包括SAPS灌漑セクター国際比較』国際協力銀行, 2002年. The Japanese Experiences: What Lessons for Asian Paddy Field Irrigation? *Proceedings* of JBIC-JICA Regional Workshop, 2003 として再録).

第6章 「農業の構造問題と要素市場」(中安定子・荏開津典生編『農業経済研究の動向と展望』富民協会, 1996年).

第7章 「農業環境・資源保全政策の今日的意義」(『畜産分野における農業環境・資源保全政策に関する調査研究報告書』農政調査委員会, 2005年).

第8章 「環境保全型農業の政策フレーム」(大日本農会編『環境保全型農業の課題と展望』大日本農会, 2003年).

第9章 「WTO農業交渉の論点と経済理論」(『林業経済』第55巻第3号, 2002年).

第9章補論 「コメント」(荘林幹太郎『OECD農業の多面的機能レポート:いかなる場合にいかなる政策が必要か?』日本農業土木総合研究所, 2003年).

第10章 「フードシステムをめぐる産業政策」(『フードシステム研究』第8巻第1号, 2001年).
「フードシステムをめぐる競争政策と社会的規制」(同).

第11章 「食品産業政策と農業政策:共助・共存の可能性」(『農業経済研究』第75巻第2号, 2003年).

引用文献

〈邦文〉

明石光一郎（1985）「価格政策と生産構造」逸見謙三・加藤譲編『基本法農政の経済分析』明文書房.

天野哲郎（1988）「畑作経営における農地購入投資の規範分析」『農業経営研究』第26巻第2号.

有賀健（1999）「不公正な取引方法に関する規制（2）：垂直的取引制限に対する規制」後藤晃・鈴村興太郎編『日本の競争政策』東京大学出版会.

石田朗（1987）「食品産業政策序説」小倉武一編『日本の食品産業 III 下：戦略・政策』農山漁村文化協会.

石田正昭（1981）「農家の労働供給モデル」『農業経済研究』第53巻第1号.

石田正昭（1983）「農家女子の就業行動」『農業経済研究』第55巻第1号.

石田正昭・木南章（1987）「稲作をめぐる組織と市場」『農業経済研究』第59巻第3号.

伊藤繁（1982）「明治大正期の都市農村間人口移動」森島賢・秋野正勝編著『農業開発の理論と実証』養賢堂.

伊藤順一（1993）「米の生産調整と稲作所得・借地需要」『農業経済研究』第65巻第3号.

伊藤房雄・天間征（1987）「農地売買と稲作収益性―農家の危険回避行動」『農経論叢』第43号.

伊藤元重・清野一治・奥野正寛・鈴村興太郎（1988）『産業政策の経済分析』東京大学出版会.

稲本志良（1987）『農業の技術進歩と家族経営』大明堂.

今村奈良臣・佐藤俊朗・志村博康・玉城哲・旗手勲（1977）『土地改良百年史』平凡社.

井本省吾（1997）「流通分野の参入規制緩和の動き」矢作敏行・法政大学産業情報センター編『流通規制緩和で変わる日本』東洋経済新報社.

植田和弘・岡敏弘・新澤秀則（1997）『環境政策の経済学』日本評論社.

荏開津典生（1979）「低成長経済と農業生産の可能性」『農業経済研究』第51巻第2号.

荏開津典生・茂野隆一（1983）「稲作生産関数の計測と均衡要素価格」『農業経済研究』第54巻第4号.

荏開津典生（1988）「自立経営の存立構造」『長期金融』第68号.

荏開津典生・生源寺眞一（1995）『こころ豊かなれ日本農業新論』家の光協会.

大塚啓二郎（1986）「分益契約とエイジェンシーの理論：展望」『季刊理論経済学』第37巻第4号.

大矢祐治（1997）『食品産業における中小企業近代化促進政策の展開と意義』筑波書房.

小倉武一（1987）「食料素材産業一般」小倉武一編『日本の食品産業Ⅲ下：戦略・政策』農山漁村文化協会.

長南史男・樋詰伸之（1994）「ゲーム論による農家の作業受委託契約の成立メカニズム」久保嘉治・永木正和編著『地域農業の活性化と展開戦略』明文書房.

小田切徳美（2001）「直接支払制度の特徴と集落協定の実態」小田切徳美編『直接支払制度をどう活かすか』（『自然と人間を結ぶ』第14号）農山漁村文化協会.

貝塚啓明（1973）『経済政策の課題』東京大学出版会.

加賀爪優（1976）「農業労働市場の計量経済分析―戦前戦後時系列資料による数量経済史的接近」『農林業問題研究』第12巻第3号.

加古敏之（1979）「稲作における規模の経済性の計測」『季刊理論経済学』第30巻第2号.

加古敏之（1983）「稲作における規模の経済性と作付規模構造の変化」『愛媛大学総合農学研究彙報』第26号.

加古敏之（1984）「稲作の生産効率と規模の経済性―北海道石狩地域の分析」『農業経済研究』第56巻第3号.

加古敏之（1992）『稲作の発展過程と国際化対応』明文書房.

嘉田良平（1997）『世界の食品安全基準』農山漁村文化協会.

嘉田良平（1998）『世界各国の環境保全型農業』農山漁村文化協会.

桂明宏（2002）『果樹園流動化論』農林統計協会.

加藤雅（1994）「社会的規制についての新しい考え方」加藤雅編『規制緩和の経済学』東洋経済新報社.

軽部謙介（1997）『日米コメ交渉』中央公論社.

川越俊彦・大塚啓二郎（1982）「分益小作制度理論の再検討」『農業総合研究』第36巻第3号.

木村信男（1993）「地域営農集団の経済分析―地域営農集団の経済的効果と組織化コスト」和田照男編著『現代の農業経営と地域農業』養賢堂.

草苅仁（1989）「稲作農家の規模階層からみた減反政策の経済性」『農業経済研究』第61巻第1号.

草苅仁（1994）「生産要素市場と規模の経済」森島賢編『農業構造の計量分析』富民協会.

熊澤喜久雄（2001）「環境保全型農業と施肥」大日本農会編『持続可能な農業への道』大日本農会.

黒岩和夫（1978）「地価上昇と農地の転用」加藤譲・荏開津典生編『インフレーション

と日本農業』東京大学出版会.

黒田誼（1979）「1960年代半ばにおける小規模および大規模農家の生産構造―利潤関数による接近」『農業経済研究』第51巻第1号.

黒田誼（1985）「農産物価格政策と労働の産業間移動」逸見謙三・加藤讓編『基本法農政の経済分析』明文書房.

経済団体連合会（1980）『農政問題中間報告』.

経済団体連合会（1986）『食品工業の実情に関する報告書』.

神門善久（1993）「自立経営農家は政策目標として適切か？」『農業経済研究』第64巻第4号.

小島泰友（2001）「小麦粉卸売価格の下方硬直性と食パン卸売・小売価格下方硬直性に関する実証研究」『2001年度日本農業経済学会論文集』.

後藤晃・鈴村興太郎編（1999）『日本の競争政策』東京大学出版会.

後藤晃・鈴村興太郎（1999）「序論」後藤晃・鈴村興太郎編『日本の競争政策』東京大学出版会.

小林弘明（1984）「農地転用の供給関数分析」『農業総合研究』第38巻第1号.

小林弘明（1989）「稲作における収益構造と規模分布変動」『農業総合研究』第43巻第3号.

小林弘明（1994）「農業労働力の将来推計について」森島賢編『農業構造の計量分析』富民協会.

小宮隆太郎（1984）「序章」小宮隆太郎・奥野正寛・鈴村興太郎編『日本の産業政策』東京大学出版会.

小山周三（2000）「食品産業廃棄物の資源化」『農業と経済』第66巻第9号.

近藤巧（1991）「稲作の機械化技術と大規模借地農成立可能性に関する計量分析」『農業経済研究』第63巻第2号.

近藤巧（1992）「価格支持政策・作付制限政策・技術進歩が稲作農業所得に及ぼす影響」『農業経済研究』第64巻第1号.

斎藤勝宏（2003）「産業保護政策とフードシステム」白石正彦・生源寺眞一編『フードシステムの展開と政策の役割』農林統計協会.

斎藤修（1997）「アメリカにおける産業組織論の新展開とフードシステム」高橋正郎編著『フードシステム学の世界』農林統計協会.

佐伯尚美（1989）『農業経済学講義』東京大学出版会.

佐伯尚美（2001）「食糧法システムの展開と米政策の改革」『農業研究』第18号.

佐竹五六（1978）『土地と水』創造書房.

佐藤和憲（2001）「フードシステムの変化に対応した野菜産地の対応課題」土井時久・

斎藤修編『フードシステムの構造変化と農漁業』農林統計協会.
茂野隆一 (1989)「農家高齢者の就業行動」『農業経済研究』第61巻第2号.
茂野隆一 (1992)「農家労働力の世代構成と就業行動」『農業総合研究』第46巻第4号.
篠原孝 (2000)『EUの農業交渉力』農山漁村文化協会.
芝崎希美夫 (1998)『「食」の構造と政策』農林統計協会.
清水良平 (1976)「60年代における農家階層の構造変動」加藤譲編『現代日本農業の新展開』御茶の水書房.
志村博康編 (1992)『水利の風土性と近代化』東京大学出版会.
生源寺眞一 (1986)「稲作費用と専業経営下限規模」『農業経済研究』第58巻第1号.
生源寺眞一 (1989)「土地の豊度と農業経営の規模—北海道稲作農業に関する実証的研究」『農業経済研究』第60巻第4号.
生源寺眞一 (1990)『農地の経済分析』農林統計協会.
生源寺眞一 (1995)「わが国酪農生産の基本構造」佐伯尚美・生源寺眞一編『酪農生産の基礎構造』農林統計協会.
生源寺眞一・A. マックファーカー・柘植徳雄・C. ソーンダース・中嶋康博・桜田恵 (1996)『イギリスの条件不利地域政策とわが国中山間地域問題に関する研究』総合研究開発機構.
生源寺眞一 (1998a)『現代農業政策の経済分析』東京大学出版会.
生源寺眞一 (1998b)『アンチ急進派の農政改革論』農林統計協会.
生源寺眞一 (2000a)『農政大改革』家の光協会.
生源寺眞一 (2000b)「経済学からみた農業の多面的機能」『次期WTO農業交渉における「日本政府提案」についての見解等（学識経験者）』衆議院調査局農林水産調査室.
生源寺眞一 (2000c)「コメ政策の基本方向」生源寺眞一編『地殻変動下のコメ政策』農林統計協会.
生源寺眞一 (2000d)「わが国乳業21世紀の課題」『乳業技術』第50号.
生源寺眞一 (2000e)「解題」『のびゆく農業』第908号，農政調査委員会.
生源寺眞一 (2001)「経営所得安定対策：背景と論点」『全国畜産経営安定基金協会だより』第72号.
生源寺眞一 (2002)「日本の稲作が最大限に力を発揮する政策を」『月刊JA』第48巻第2号.
生源寺眞一 (2003a)『新しい米政策と農業・農村ビジョン』家の光協会.
生源寺眞一 (2003b)「変わる米政策：生産調整を中心に」『農業と経済』第69巻第3号.

生源寺眞一（2004）「調査研究の総括：実態分析研究会」農政調査委員会『平成15年度畜産に係る直接支払制度調査研究事業報告書』.
荘林幹太郎（2003）『OECD農業の多面的機能レポート：いかなる場合にいかなる政策が必要か？』日本農業土木総合研究所.
食品工業改善合理化研究会（1967）『食品工業白書』大成出版社.
食品工業対策懇談会（農林省農林経済局企業流通部監修，1969）『食品工業の近代化：動向と問題点対策の方向』地球出版.
食品産業問題研究会（1987）『21世紀の食品産業』地球社.
新谷正彦（1983）『日本農業の生産関数分析』大明堂.
鈴木宣弘（2003）「フードシステムと競争促進政策」白石正彦・生源寺眞一編『フードシステムの展開と政策の役割』農林統計協会.
関谷俊作（2002）『日本の農地制度（新版）』農政調査会.
高橋正郎（1997）「フードシステムとその分析視角」高橋正郎編著『フードシステム学の世界』農林統計協会.
高橋正郎（1998）「『食』と『食品産業』と『農』をつなぐ論理」『フードシステム研究』第5巻第2号.
高橋正郎（2001）「『フードシステム学全集』の刊行に当たって」高橋正郎・斎藤修編『フードシステム学の理論と体系』農林統計協会.
谷口洋志（1998）「産業政策」長谷川啓之編著『現代経済政策入門（新訂版）』学文社.
谷口洋志（1999）「どうやって決めるか」加藤寛編『入門公共選択（改訂版）』三嶺書房.
田淵俊雄（1999）『世界の水田・日本の水田』農山漁村文化協会.
玉城哲（1979）『水の思想』論創社.
玉城哲（1982）『日本の社会システム』日本経済評論社.
茅野甚治郎（1985）「稲作における規模の経済と技術進歩」崎浦誠治編『経済発展と農業開発』農林統計協会.
茅野甚治郎（1991）「稲作における構造政策の評価と今後の方向」黒柳俊雄編『農業構造政策—経済効果と今後の展望』農林統計協会.
茅野甚治郎（1994）「稲作における構造変動の要因分析」森島賢編『農業構造の計量分析』富民協会.
辻村江太郎（1977）『経済政策論』筑摩書房.
辻村江太郎（1981）『計量経済学』岩波書店.
時子山ひろみ・荏開津典生（1998）『フードシステムの経済学』医歯薬出版.
時子山ひろみ（1999）『フードシステムの経済分析』日本評論社.

所秀雄（2004）「農地制度の今昔：土地改良法の視点から」食・農・環境・研究普及センター『AROUND』第63号.
内閣府国民生活局（2002）『ソーシャル・キャピタル：豊かな人間関係と市民活動の好循環を求めて』日本総合研究所.
中島正道（1997）『食品産業の経済分析』日本経済評論社.
中嶋康博（1994）「日本の食品産業研究の現状と課題」『フードシステム研究』第1巻第1号.
中嶋康博（1999）「食の安全性とフードシステム」『フードシステム研究』第6巻第2号.
中嶋康博・森田明（2003）「食品製造業政策の構造と機能」白石正彦・生源寺眞一編『フードシステムの展開と政策の役割』農林統計協会.
永松美希（2004）『EUの有機アグリフードシステム』日本経済評論社.
並木正吉（1999）『欧米諸国の栄養政策』（全集：世界の食料世界の農村23）農山漁村文化協会.
新山陽子（1994）「フードシステム研究の対象と方法」『フードシステム研究』第1巻第1号.
西尾道徳（2003）「EU及びイギリスにおける農業環境政策の展開と現状」大日本農会編『環境保全型農業の課題と展望』大日本農会.
日本経済調査協議会・瀬戸委員会（2005）『農政の抜本改革：基本指針と具体像』日本経済調査協議会.
納口るり子（2002）「担い手の構造」生源寺眞一編『21世紀日本農業の基礎構造』農林統計協会.
農林水産省食品流通局監修（1980）『80年代の食品産業：その展望と課題』地球社.
農林水産省構造改善局管理課監修（1994）『土地改良法解説』全国土地改良区連合会.
農林水産省食糧部計画課（2004）「米政策の概要」『農産物検査とくほん』第150号.
農林水産省百年史編纂委員会編（1981）『農林水産省百年史』農林統計協会.
農林水産物貿易問題研究会（1995）『世界貿易機関（WTO）農業関係協定集』国際食糧農業協会.
橋本寿朗（2000）「規制緩和と日本経済」橋本寿朗・中川淳司編『規制緩和の政治経済学』有斐閣.
長谷部正（1989）「減反政策と地代」崎浦誠治編『米の経済分析』農林統計協会.
服部信司（1998）『アメリカ農業：現状・歴史・政策』輸入食糧協議会.
服部英雄（1991）「平家物語の時代と農業用水：宇佐公通と駅舘川流域の開発」石井進編『中世の村落と現代』吉川弘文館.

林良博（2000）「刊行のことば」東京大学大学院農学生命科学研究科編『農学・21世紀への挑戦』世界文化社.

速水融（2001）『歴史人口学で見た日本』文藝春秋.

速水佑次郎（1986）「農業構造の変革」速水佑次郎『農業経済論』岩波書店.

樋口貞三（1976）「農業におけるエントロピー・モデルの展開」加藤譲編『現代日本農業の新展開』御茶の水書房.

樋口貞三（1983）「稲作の規模拡大と収量変動」『農村研究』第57号.

樋口貞三（1985）「農業経営規模分布構造の構造変化」逸見謙三・加藤譲編『基本法農政の経済分析』明文書房.

平尾正之（1981）「農家の就業構造とシミュレーション」農業経営計量分析研究会編『農業生産のモデル化とシミュレーション』農林統計協会.

福井清一（1980）「互恵的刈分小作労働慣行へのゲーム論的接近」『農業経済研究』第51巻第4号.

福井清一（1983）「社会的相互連関（social interaction）と刈分小作制度―依頼人・代理人関係の理論（principal-agency relationship theory）の視点から」『農業経済研究』第55巻第2号.

福井清一（1990）「農家女子の労働力参加とその規定要因」『農業経済研究』第61巻第4号.

福与徳文（2004）「北海道の草地酪農地帯における中山間地域等直接支払制度の運用実態：別海町・標茶町の事例から」農政調査委員会『平成14年度畜産に係る直接支払制度調査研究事業報告書』.

渕上由美子（2001）「Challenge」『若き酪農家の研究第46集』日本酪農青年研究連盟.

堀江明子（1999）「景品・広告による不当な顧客誘引」後藤晃・鈴村興太郎編『日本の競争政策』東京大学出版会.

堀口健治（1987）「資本の系列化が進む加工食品産業」竹中久二雄・堀口健治編『転換期の加工食品産業』御茶の水書房.

本間正義（1994）「農業保護と労働の産業間移動」本間正義『農業問題の政治経済学』日本経済新聞社.

前田浩史（2003）「牛乳乳製品に関する表示とフードシステム」白石正彦・生源寺眞一編『フードシステムの展開と政策の役割』農林統計協会.

正村公宏（1997）『現代の経済政策』東洋経済新報社.

真勢徹（2003）「モンスーンアジアの農業水利」山崎農業研究所編『21世紀水危機』農山漁村文化協会.

真継隆（1985）「農村人口の流出要因と今後の動向」『農業経済研究』第57巻第2号.

松田裕子（2004）『EU農政の直接支払制度：構造と機能』農林統計協会.
松久勉（1992）「わが国の農家人口と農業労働力の将来推計」『農業総合研究』第46巻第2号.
松久勉（2002）「農業労働力と農家世帯員の動向」生源寺眞一編『21世紀日本農業の基礎構造』農林統計協会.
宮沢健一（1987）『産業の経済学第2版』東洋経済新報社.
茂木信太郎（1996）『外食産業テキストブック』日経BP出版センター.
八代尚宏（2000）「社会的規制はなぜ必要か」八代尚宏編『社会的規制の経済分析』日本経済新聞社.
八代尚宏・伊藤隆一（2000）「安全の規制改革」八代尚宏編『社会的規制の経済分析』日本経済新聞社.
矢作敏行（1996）『現代流通』有斐閣.
山下一仁（2000）『WTOと農政改革』農山漁村文化協会.
山下一仁（2001）『わかりやすい中山間地域等直接支払制度の解説』大成出版社.
横山英信（2005）「戦後小麦政策と小麦の需給・生産」『農業経済研究』第77巻第3号.
吉田泰治・中川光弘（1992）「1990年農業センサスよりみた農業構造の展望―西暦2000年の農家構成の予測」『農業総合研究』第46巻第2号.
吉田昌之（1975）「地域間人口流動要因に関する一考察」『農業経済研究』第47巻第3号.
頼平（1987）「農業政策の体系」頼平編『農業政策の基礎理論』家の光協会.
若杉隆平（1999）「不公正な取引方法に関する規制（1）：不当廉売及び優越的地位の濫用・下請取引」後藤晃・鈴村興太郎編『日本の競争政策』東京大学出版会.

〈欧文〉

Aoki, M. (2001) *Towards a Comparative Institutional Analysis*, MIT Press.

Clarke, R. (1985) *Industrial Economics*, Basil Blackwell（福宮賢一訳『現代産業組織論』多賀出版, 1989年）.

Fennell, R. (1997) *The Common Agricultural Policy: Continuity and Change*, Oxford University Press（荏開津典生監訳『EU共通農業政策の歴史と展望』食料・農業政策研究センター, 1999年）.

Godden, D. (1997) *Agricultural and Resource Policy*, Oxford University Press.

Hardin, G. (1968) "The Tragedy of the Commons", *Science*, Vol. 162.

Hardin, G. (1988) "Commons Failing", *New Scientist*, 22 October.

Hayami, Y. and Kikuchi, M. (1981) *Asian Village Economy at the Crossroad*, University of

Tokyo Press.
Hayami, Y. and Otsuka, K. (1993) *The Economics of Contract Choice : An Agrarian Perspective,* Oxford University Press.
Japanese National Committee of Commission on Irrigation and Drainage et al. eds. (2003) *Proceedings of Sessions on "Agriculture, Food and Water".*
Kuroda, Y. (1987) "The Production of Structure and the Demand for Labor in Postwar Japanese Agriculture, 1952-82" *American Journal of Agricultural Economics,* 69-2.
Lam, W. (1998) *Governing Irrigation System in Nepal : Institutions, Infrastructure, and Collective Action,* ICS Press.
Lee, J. H. (1980) "Farm Technological Change and Farm Land Prices : Postwar Japan"（『農経論叢』第 36 号）.
Mahé, L. et Magné, F. (2001) *Politique agricole : un modèle européen,* Presses de la Foundation Nationale des Sciences Politiques（塩飽二郎・是永東彦訳『現代農業政策論：ヨーロッパモデルの考察』農山漁村文化協会，2003 年）.
Marshall, A. (1890) *Principle of Economics,* Macmillan and Co. Ltd.（馬場啓之助訳『経済学原理』東洋経済新報社，1966 年）.
Milgrom, P. and Roberts, J. (1992) *Economics, Organization and Management,* Prentice Hall,（奥野正寛・伊藤秀史・今井晴雄・西村理・八木甫訳『組織の経済学』NTT 出版，1997 年）.
OECD (2001) *Multifunctionality : Towards an Analytical Framework,*（食料・農業政策研究センター国際部会『農業の多面的機能』農山漁村文化協会，2001 年）.
OECD (2003) *Multifunctionality : The Policy Implications,*（荘林幹太郎訳『農業の多面的機能：政策形成に向けて』家の光協会，2004 年）.
OECD (2004) *Agricultural Policies in OECD Countries : At a Glance*（生源寺眞一・中嶋康博訳『図表でみる OECD 諸国の農業政策：2004 年版』明石書店，2005 年）.
Putnam, R. D. (1993) *Making Democracy Work,* Princeton University Press（河田潤一訳『哲学する民主主義？　伝統と改革の市民的構造』NTT 出版，2001 年）.
Putnam, R. D. (2000) *Bowling Alone,* Simon and Schuster（柴内康文訳『孤独なボウリング』柏書房，2006 年）.
Randall, A. (1993) "The Problem of Market Failure" in R. Dorfman and N. Dorfman eds., *Economics of the Environment,* Norton & Company.
Shoard, M. (1980) *The Theft of the Countryside,* Paradin.
Sturgess, I. M. (1992) "Self-sufficiency and Food Security in the UK and EC", *Journal of Agricultural Economics,* 42 (3)（生源寺眞一訳「イギリスと EC における食料自給と

食料保障」『のびゆく農業』第908号,農政調査委員会,2000年).

Tang, S. (1992) *Institutions and Collective Action: self-Governance in Irrigation Systems,* ICS Press.

Tirole, J. (1988) *The Theory of Industrial Organization,* MIT Press.

Wade, R. (1988) *Village Republics: Economic Conditions for Collective Action in South India,* Cambridge University Press.

索　引

ア　行

IR 8　170
青の政策　174
アジェンダ 2000　74, 176
アジェンダ 21　197
アセアン 4　20
新しい産業組織論　233
新しい食料・農業・農村政策の方向　32
α ゾーンと β ゾーン　202
安定兼業農家　72
ESA（環境保全地域制度）　75, 173, 175, 178
EPA（経済連携協定）　19
EU の農産物市場政策　194
維持管理活動　153
稲作所得基盤確保対策　96
入会地　157
ウルグアイラウンド対策費　35, 39
ウルグアイラウンド農業合意　2, 191, 198
ウルグアイラウンド農業交渉　175
売れる米作り　93
栄養政策　219, 249
FTA（自由貿易協定）　19
OECD（経済協力開発機構）　2
open access resource　156
汚染者支払原則　178
汚染者負担原則　163, 174
卸売市場　224

カ　行

改革の主要 3 課題　26
外食産業　72, 256
開水路　158
改正食糧法　83
外部経済　59, 74, 164, 192
外部性　42, 153, 206
外部不経済　75, 163-164, 166, 171-172, 238, 250
開放経済　206, 211
改良品種　168
価格伝達問題　261
拡張効果　209
加工原料乳生産者経営安定対策　66
加工原料乳生産者補給金　80
梶井理論　139-140, 145
過剰農産物　195-196
家畜排せつ物法　77
価値財　237
GATT（関税と貿易に関する一般協定）　191, 197
過当競争　220
環境規範　55
環境支払い　177
環境と開発に関する国連会議　197
環境保全型農業　17, 43, 57, 87, 113, 174, 177, 181, 186-187, 200
慣行農法　113-114
関税化　197
黄色の政策　63, 198
基幹的農業従事者　7
危機管理　245
規制緩和　232-233
犠牲田　155
規模の経済　135
基本法農政　250
逆スプロール　16
旧村　16
供給熱量ベースの総合食料自給率　3
競争政策　218, 249
共通遵守事項　176
共通農業政策（CAP）　74, 194
共通農業政策改革　39, 173, 175, 176
共有資源　158
近代経済学　140-142, 145, 164
KULAP（環境保全助成プログラム）　75

282　索　引

グラビティ・モデル　143
クラブ財　221
グリーンツーリズム　114
クロスコンプライアンス　17, 44, 56-57, 175-176
ケアンズ・グループ　196
経営所得安定対策　65-66, 68-73, 79-82
経営所得安定対策等大綱　54
計画外流通米　85, 87
計画流通制度　85-86, 88
計画流通米　85
経済的規制　232, 237
経済余剰　171
経常賦課金　124, 126
景表法　235-236
結合生産　205
減反政策　27
限定合理性　236
原料問題　257
交易条件　144
工学的な条件不利　106-107
公共悪（パブリック・バッズ）　149
公共財　149, 198-200, 205, 224
耕作放棄　75-76
耕作放棄地　11, 46-47, 102, 116
交差効果　9, 186
交差要件　175
公正競争規約　236
構造改革特区　41
耕地整理組合　120
耕地整理法　120
効率的かつ安定的な農業経営　32
コーホート分析　137
コールドチェーン　253
国民栄養調査　5
穀物自給率　4-5
コブ・ダグラス型利潤関数　137
個別協定　110-112
米政策改革　27, 70, 83, 87
米政策改革基本要綱　94-95
米政策改革大綱　90, 112, 181
common property resource　156

コモンズ　147, 156-157, 161
コモンズの悲劇　156-158
混住化　73

サ　行

財産権　180
最小効率規模　137
最小律　264
財政負担型農政　261
再販売価格維持　234
作業受委託　142
参加型水管理組織　125
産業基盤政策　218, 221, 224-225, 228, 249
産業構造政策　218, 221-222, 227-228, 249, 266
産業政策　218-219, 222-223, 226-228, 249, 251
産業組織政策　218, 221-223, 227-228, 249
産業内貿易　20
3条資格者　122, 150
産地づくり対策　95-96
産直　188
G20　196
資源保全政策　41-43, 54-55, 147-148, 150
自作農主義　10
自主流通米価格形成センター　62
市場アクセスの改善　197
市場の失敗　78, 192, 200, 205, 210, 237-238, 266
施設型農業　13
自然人主義　48
地主資本　130
資本の自由化　228
市民農園　73, 114
社会的規制　218-219, 232, 237-240, 245, 249-250
JAS法　236
シャドウ・プライス　140
収益還元地価　141
集団化の経済　153
自由貿易　192

集落営農　34-36, 38, 46, 52
集落機能　16
集落協定　15, 43, 75-76, 101, 110-113, 115
主業農家　86
需要の価格弾力性　179
需要の所得弾力性　6
準主業農家　86
純所得安定口座　67
準地代　145
準要素代替型の生産関数　139
上級財　20
上限関税　205
条件不利地域　74-75, 112, 115
条件不利地域政策　15, 76, 101, 200, 205
消費者主権　241
消費者負担型農政　261
消費者保護政策　218, 249
消費の競合性　156
情報の咀嚼力　249
情報の非対称性　235-236, 249
飼養密度　175
ショード　183
食生活指針　218
「食」と「農」の再生プラン　27, 247
食農教育　8
食品安全委員会　28
食品安全基本法　28
食品安全政策　219, 249
食品衛生法　236
食品環境政策　219, 249
食品工業改善合理化研究会　228-229
食品工業対策懇談会　226, 229, 250
食品工業白書　258
食品コンビナート　228
食品産業政策　9
食品製造業　72
食品リサイクル法　218
食文化　244
殖民区画　121
食料安全保障　4, 26
食料安全保障政策　245
食糧管理法　84

食料産業　247
食料自給率　3, 5
食料自給率目標　29
食料需給表　4
食料・農業・農村基本計画　25, 181
食料・農業・農村基本計画工程表　30
食料・農業・農村基本法　25, 29, 59, 89, 102, 127, 186, 204
食料・農業・農村基本問題調査会　5, 27
食料・農業・農村政策審議会　25, 91
食糧法　60, 84-85
食料保障　192, 202
助成合計量　198
自立経営農家　144
新古典派経済学　219
親水機能　154
垂直面の競争政策　218, 249
水田アジア　18, 158
水平分業　20
水平面の競争政策　218, 249
水利慣行　158
水利組合法　120
水利施設　123-124, 127-128, 130, 152-154, 158, 160
水利組織　119-122, 127
政策評価　189
生産額ベースの総合食料自給率　3
生産可能性曲線　207-209
生産関数　168
生産組織　141
生産調整研究会　88-90, 92
生産調整政策　63-64, 70
生産目標数量　90
制度資金　36
生物学的な条件不利　106
政府の失敗　78-79
セーフガード　65
世界水フォーラム　125
セカンド・ベスト　209-210
絶対的な必需品　266
専業農家　72
線形計画　140

284　索　引

戦後自作農　128
全中（全国農業協同組合中央会）　52
全農（全国農業協同組合連合会）　97-98
戦略的な企業行動　233
操業停止点　172
双対性　137
ソーシャル・キャピタル　160
損益分岐点　171
ゾーニング　12

タ　行

dirty tariffication　197
大豆交付金　80
大豆作経営安定対策　66
代替効果　209
多角的懲罰の構造　121
ダグラス・有沢法則　142
WTO（世界貿易機関）　63, 205
WTO農業協定　63, 74, 102-103, 105, 117, 174-175, 191, 210
WTO農業交渉　28, 38-39, 196, 205, 210
多面的機能　26, 42, 59, 102-104, 113-114, 116, 164, 192, 204-213
多面的機能フレンズ国　205
タリフ・エスカレーション　260
炭素税　167
地域振興政策　31-32
地域水田農業推進協議会　94
地域水田農業ビジョン　33, 52, 83, 91, 94-96, 112
地域農業資源　42, 147
地域用水　159
地産地消　188
地代形成　140
地代負担力　38-39
中小企業近代化促進法　221
中小企業政策　221, 228
長期平均費用曲線　138
直接支払い　17, 60, 63, 74-76, 102-104, 108, 110-112, 114-116, 118, 174, 176, 200, 261
ティンバーゲン　186

デカップリング　74, 173-174, 176
適正営農基準　18, 176
適地適作　70, 93
出不足金　128
転作助成金　63-64
転作麦　63
伝統的な産業組織論　222
転用規制　12
頭首工　124, 151
動物福祉　175
ドーハ開発アジェンダ　197
特定農業団体　46, 55
特定農業法人　46-47
特定遊休農地　47
特定利用権　47
土地改良　49, 120
土地改良区　50, 119-126
土地改良事業　122, 124, 127-128, 131-132
土地改良制度　119, 122-123, 126-127, 130, 132
土地改良法　119-120, 122, 124, 127, 129-132, 150
土地係数　149
土地用益市場　139-140, 146
土地利用型畜産　113-114
土地利用型農業　13
土地利用型酪農推進事業　75
トランスログ型費用関数　137-138
取引費用　76
度量衡　224-225
トレーサビリティ　242, 264
トレードオフ　184-185

ナ　行

内部経済　164
中食　83-84
中山間地域　55
中山間地域等直接支払制度　15, 26, 29, 43, 59, 75, 101, 115, 181
二重の外部性　109, 110
ニセ牛缶事件　235

ニッチ型のマーケット　188
担い手経営安定対策　96
日本型食生活　256-257
日本フードシステム学会　247
入会林野近代化法　157
認定農業者　33-34, 55
認定農業者制度　52
値幅制限　61-62
農家主体均衡　141
農協事業改革　98
農業委員会　11, 50
農業環境政策　17-18, 103, 113-114, 163, 172-177, 179-180, 185-186, 189
農業基盤整備　154
農業基本法　6, 144
農業経営基盤強化促進法　10-11
農業構造政策　200
農業構造の効率の改善に関する規則　172
農業災害補償制度　27, 81
農業振興地域　48
農業水利施設　41
農業水利制度　119
農業水利のルール　155
農業生産環境政策　43, 55-56
農業生産指数　6
農業生産の3層構造　150
農業生産法人　10, 49
農業地域類型　14
農業の構造問題　135, 144-145
農業の集約度　170
農業保護政策　168
農業法
　　1985 年──　173, 175, 195
　　1990 年──　173, 195
農産物価格政策　60
農産物貿易摩擦　192
農場型農業　150
農村空間の多目的利用構造　159
農地市場　149
農地制度　10-11
農地制度改革　45, 48
農地保有合理化法人　47, 50

農地・水・環境保全向上対策　55-57
農用地区域　41
農用地利用改善団体　46
農用地利用規程　46
農用地利用増進事業　10
農用地利用増進法　10

ハ　行

ハーディン　156-157
ハーモナイゼイション　242
バイイングパワー　232, 234
排除不能性　156
パイプライン　154
80 年代の農政の基本方向　229-230, 257
パレート最適性　238
範囲の経済　206
番水慣行　125
BSE（牛海綿状脳症）　27, 247
非価値財　237
ピグー税　77-78, 171
非点源（面源）汚染　177
非貿易的関心事項　191-192
費用便益分析　123
品質表示　224-225
品目横断的政策　26, 32, 37-40, 51-55, 66, 70-71
フードシステム　217-218, 220-221, 223-224, 227-228, 230-237, 239-240, 242, 244-245, 248, 261, 263-264
フードセキュリティ　201-202
フードチェーン　9
副業的農家　86
不公正な取引方法　231, 235
不在村の農地所有者　11
不足払い　68
普通水利組合　120
不当表示　236
プライステイカー　178
ブレアハウス合意　192
プレッシャーグループ　180
分益小作制度　142

分割不能な資本財　153
閉鎖経済　206, 211
平地農業地域　105, 114
偏向的技術進歩　142
ボウモル＝オーツ税　78
保全留保計画　173
北海道土功組合法　121

マ 行

マーシャル　164
マスマーケット　188
マズロー　181
マルクス経済学　140
マルコフ・マトリックス　136
緑の政策　37, 74, 117, 175, 198-200, 207, 209
ミニマムアクセス　197
麦作経営安定資金　62
無差別曲線　203
メリット財　243
モラル・スタビリティ　204
モラル・ハザード　204

ヤ 行

野菜価格安定制度　262
有益費償還　49
優越的地位の濫用　234
遊休農地　11
有効保護率　259
有利誤認　236
優良誤認　236
雪印乳業の食中毒事故　247, 262
輸出補助金　195, 197
要素代替　142

ラ 行

利益相反　183
LISA（低投入持続型農業）　173
量水制　126
レスポンスカーブ　168
レプリカティブ・モデル　137
労働供給関数　143
労働節約型技術　135

著者略歴

1951年　愛知県に生まれる.
1976年　東京大学農学部卒業.
　　　　農林省農事試験場研究員
1981年　農林水産省北海道農業試験場研究員.
1987年　東京大学農学部助教授.
現　在　東京大学大学院農学生命科学研究科教授. 農学博士.

主要著書

『農地の経済分析』農林統計協会，1990年.
『農業経済学』（共著）東京大学出版会，1993年.
『現代農業政策の経済分析』東京大学出版会，1998年.
『アンチ急進派の農政改革論』農林統計協会，1998年.
『新しい米政策と農業・農村ビジョン』家の光協会，2003年.
『よくわかる食と農のはなし』家の光協会，2005年.

現代日本の農政改革

2006年3月10日　初　版
2007年5月23日　第2刷

［検印廃止］

著　者　生源寺眞一
　　　　しょうげんじ しんいち

発行所　財団法人　東京大学出版会
代表者　岡本　和夫
　　　　113-8654 東京都文京区本郷 7-3-1 東大構内
　　　　http://www.utp.or.jp/
　　　　電話 03-3811-8814　Fax 03-3812-6958
　　　　振替 00160-6-59964

印刷所　株式会社三陽社
製本所　誠製本株式会社

© 2006 Shinichi Shogenji
ISBN 978-4-13-071105-0　Printed in Japan

Ⓡ〈日本複写権センター委託出版物〉
本書の全部または一部を無断で複写複製（コピー）することは，著作権法上での例外を除き，禁じられています．本書からの複写を希望される場合は，日本複写権センター（03-3401-2382）にご連絡ください．

生源寺真一	現代農業政策の経済分析	A5・5800円
生源寺・谷口 藤田・森・八木	農業経済学	A5・3000円
泉田洋一	農村開発金融論	A5・6200円
寺西重郎	経済開発と途上国債務	A5・3500円
高橋昭雄	現代ミャンマーの農村経済	A5・9400円
森 建資	イギリス農業政策史	A5・6500円
八木宏典	カルフォルニアの米産業	A5・3800円
佐伯尚美	ガットと日本農業	A5・3200円
山田三郎	アジア農業発展の比較研究	A5・12000円
加納啓良編	中部ジャワ農村の経済変容	B5・25000円
和田照男編	大規模水田経営の成長と管理	A5・8000円
宮崎 毅	環境地水学	A5・3800円
吉野正敏 福岡義隆編	環境気候学	A5・4600円

ここに表示された価格は本体価格です．御購入の際には消費税が加算されますのでご了承下さい．